国家出版基金项目
NATIONAL PUBLICATION FOUNDATION

"十三五"国家重点出版物出版规划项目
偏振成像探测技术学术丛书

多谱段偏振成像探测技术研究

付　强　李英超　史浩东
段　锦　张　肃　战俊彤　著

科学出版社
北　京

内 容 简 介

　　本书系统介绍多谱段偏振成像探测基础理论、目标特性、传输特性、图像处理、典型应用等,旨在使读者深入了解偏振成像探测的相关内容。本书共 9 章。第 1 章介绍多谱段偏振成像探测研究的目的意义和国内外研究现状。第 2 章阐述偏振成像探测基础理论。第 3 章阐述目标偏振二向反射特性。第 4 章介绍红外偏振成像探测基础理论。第 5 章阐述偏振传输特性。第 6 章和第 7 章阐述偏振图像去雾算法和图像融合方法。第 8 章和第 9 章分别从透雾霾多谱段偏振成像、机载高分辨多谱段偏振成像两个方面进行论述。

　　本书可供光学工程、光电测控、光信息科学与技术等相关领域理论研究和工程技术人员阅读,也可作为高等院校研究生的参考用书。

图书在版编目(CIP)数据

多谱段偏振成像探测技术研究 / 付强等著. —北京:科学出版社,
2022.11

　(偏振成像探测技术学术丛书)

　"十三五"国家重点出版物出版规划项目　国家出版基金项目

　ISBN 978-7-03-073937-7

Ⅰ. ①多⋯　Ⅱ. ①付⋯　Ⅲ. ①偏振光–成像处理　Ⅳ. ①TN911.73

中国版本图书馆 CIP 数据核字(2022)第 221124 号

责任编辑:魏英杰　张艳芬 / 责任校对:王　瑞
责任印制:师艳茹 / 封面设计:陈　敬

科 学 出 版 社 出版

北京东黄城根北街 16 号
邮政编码:100717
http://www.sciencep.com

中国科学院印刷厂印刷

科学出版社发行　各地新华书店经销

*

2022 年 11 月第　一　版　开本:720×1000　B5
2022 年 11 月第一次印刷　印张:17 1/4
字数:326 000

定价:138.00 元
(如有印装质量问题,我社负责调换)

"偏振成像探测技术学术丛书"序

信息化时代的大部分信息来自图像，而目前的图像信息大都基于强度图像，不可避免地存在因观测对象与背景强度对比度低而"认不清"，受大气衰减、散射等影响而"看不远"，因人为或自然进化引起两个物体相似度高而"辨不出"等难题。挖掘新的信息维度，提高光学图像信噪比，成为探测技术的一项迫切任务，偏振成像技术就此诞生。

我们知道，电磁场是一个横波、一个矢量场。人们通过相机来探测光波电场的强度，实现影像成像；通过光谱仪来探测光波电场的波长(频率)，开展物体材质分析；通过多普勒测速仪来探测光的位相，进行速度探测；通过偏振来表征光波电场振动方向的物理量，许多人造目标与背景的反射、散射、辐射光场具有与背景不同的偏振特性，如果能够捕捉到图像的偏振信息，则有助于提高目标的识别能力。偏振成像就是获取目标二维空间光强分布，以及偏振特性分布的新型光电成像技术。

偏振是独立于强度的又一维度的光学信息。这意味着偏振成像在传统强度成像基础上增加了偏振信息维度，信息维度的增加使其具有传统强度成像无法比拟的独特优势。

(1) 鉴于人造目标与自然背景偏振特性差异明显的特性，偏振成像具有从复杂背景中凸显目标的优势。

(2) 鉴于偏振信息具有在散射介质中特性保持能力比强度散射更强的特点，偏振成像具有在恶劣环境中穿透烟雾、增加作用距离的优势。

(3) 鉴于偏振是独立于强度和光谱的光学信息维度的特性，偏振成像具有在隐藏、伪装、隐身中辨别真伪的优势。

因此，偏振成像探测作为一项新兴的前沿技术，有望破解特定情况下光学成像"认不清""看不远""辨不出"的难题，提高对目标的探测识别能力，促进人们更好地认识世界。

世界主要国家都高度重视偏振成像技术的发展，纷纷把发展偏振成像技术作为探测技术的重要发展方向。

近年来，国家 973 计划、863 计划、国家自然科学基金重大项目等，对我国偏振成像研究与应用给予了强有力的支持。我国相关领域取得了长足的进步，涌现出一批具有世界水平的理论研究成果，突破了一系列关键技术，培育了大批富有创新意识和创新能力的人才，开展了越来越多的应用探索。

　　"偏振成像探测技术学术丛书"是科学出版社在长期跟踪我国科技发展前沿，广泛征求专家意见的基础上，经过长期考察、反复论证后组织出版的。一方面，丛书汇集了本学科研究人员关于偏振特性产生、传输、获取、处理、解译、应用方面的系列研究成果，是众多学科交叉互促的结晶；另一方面，丛书还是一个开放的出版平台，将为我国偏振成像探测的发展提供交流和出版服务。

　　我相信这套丛书的出版，必将对推动我国偏振成像研究的深入开展起到引领性、示范性的作用，在人才培养、关键技术突破、应用示范等方面发挥显著的推进作用。

王家骐

二〇一九年十一月廿八日

前　言

光电探测时常受到雾霾、烟尘等环境干扰，探测目标又处于复杂背景中，使得传统光电成像探测识别能力下降。物体的偏振特性决定了偏振成像探测一定程度上具有实现"凸显目标"、"穿透烟雾"、"辨别真伪"的独特优势。多谱段偏振成像探测技术利用可见光、短波红外、长波红外等多谱段强度、偏振信息，结合多维图像融合处理技术，在复杂环境下进行成像探测识别。因此有望发展为复杂环境下低可探测目标的探测与识别的一种有效手段，与现有成像探测手段互补，提高目标探测与识别能力。

自 2016 年作者所在团队在科学技术部、国家自然科学基金委员会、吉林省科技厅和教育厅等持续支持下，针对多谱段偏振成像探测技术开展了系统性研究。本书系统总结归纳偏振探测理论、红外偏振成像理论、目标偏振特性、偏振光传输特性、偏振图像去雾算法和融合方法、透雾霾多谱段偏振成像和机载高分辨多谱段偏振成像等内容，为不同学科背景、不同行业领域的读者介绍多谱段偏振成像相关的基础知识和前沿动态，促进偏振成像探测领域基础理论和技术方法研究，拓展此类方法在不同领域的应用。

本书获得以下项目资助：国家重点研发计划项目(2017YFC0803806)、国家自然科学基金青年科学基金项目(61705017、61905025)，吉林省科技攻关项目(20160204066GX、20190103156JH)，吉林省教育厅(JJKH20181140KJ、JJKH20181089KJ、JJKH20220737KJ、JJKH20220744KJ)特此致谢。

感谢西安交通大学朱京平教授、中国工程物理研究院褚松楠副研究员，长春理工大学赵海丽教授、谭勇教授、王超副教授、刘壮讲师、祝勇讲师、刘嘉楠讲师，对本书提供的技术支持和宝贵建议。与他们开展的方案研究和学术讨论，使我们受益匪浅。

感谢实验室的博士和硕士研究生所做出的艰苦科研工作，他们是朱瑞、刘阳、王稼禹、杨帅、孙洪宇、王凯凯、吴幸锴等博士，邓宇、柳祎、于津强、陈天威、司琳琳、张萌、赵凤、王佳林、谢国芳、王丽雅、柳帅、顾黄莹、范新宇、张月、罗凯明、刘轩玮、刘楠、杨威、曲颖、孔晨晨、程才等硕士，在本书的编辑、制图和排版中等辅助工作中的付出。

限于作者水平，书中难免存在不足之处，恳请读者批评指正。

目　　录

第1章 绪 论

1.1 研究目的和意义

2013 年以来,由于汽车尾气、道路扬尘和建筑施工扬尘、工厂的二次污染、冬季取暖燃烧煤炭低空排放的污染物等,城市空气中的液滴和固体小颗粒浓度大幅升高,引起雾霾天气。近年来多次出现雾霾天气造成城市里大面积低能见度的情况:全国中东部地区陷入严重的雾霾和污染中,从东北到西北,从华北到中部,无论是黄淮还是江南地区,都出现了大范围的雾霾天气。雾霾对人们生活产生巨大影响,已成为制约我国经济健康发展的重要因素之一。严重雾霾天气会导致交通事故频发,军事目标无法实现,甚至危害国家安全。

在雾霾天气条件下,为增加可视距离,及时避免事故的发生,对穿透雾霾技术及设备的需求十分迫切。随着雾霾的加重,国内外都在竞相开展相关透雾霾技术的研究。目前常见的方法为可见光成像、红外成像、光谱成像、偏振成像等。本书在分析现有方法的基础上,采用集成红外透雾成像技术、可见光成像和近红外波段成像,重点开展红外偏振技术研究,实现穿透雾霾的目标。

PM2.5 是雾霾的主要成分,所谓的 PM2.5,即直径小于等于 2.5μm 的颗粒物。雾霾是雾和霾的混合物,在早上或夜间相对湿度较大的时候,形成的是雾;在白天气温上升、湿度下降的时候,逐渐转化成霾。雾霾天对自然光的遮蔽作用导致场景能见度下降,对公路、铁路、民航交通、城市监控、军事目标观测预警等领域造成不利影响。据统计,由大雾造成的高速公路交通事故占事故总数的 1/4 以上,事故率在逐年增加,同时,大雾经常造成高速公路封闭,间接损失估算高达每年每百公里 1000 万元以上。因此,对穿透雾霾技术及设备的需求十分迫切。系统研制成功后,应用领域极其广泛,既可应用于道路、治安监控,又可应用于舰船航行、目标搜索及预警、边防缉私,在当前军用、民用领域都具有十分重要的意义。

1. 民用领域

雾霾会导致多种公路、铁路、航空事故频发,严重影响交通安全、治安监控、环境监控、森林防火的实施效果。

目前，城市公路、治安监控、交通监控、环境监控、数量防火等视频系统均采用可见光成像系统，在雾天成像将变得模糊，严重的情况下图像一片雪白，造成城市安防系统瘫痪。近年来发展起来的动车、高铁等现代化高速交通工具，由于速度快、人员多，其行车安全尤为重要，恶劣天气对其行车安全影响极大。为了能够在恶劣气象条件下保证交通的正常运转，完成监督和管理任务，研制一种具有透雾霾成像功能的光电系统十分必要。

2. 军用领域

我国很多陆上边境线、海岛条件极其恶劣，不适于人员常年驻守，采用视频监视是最好的方法。随着周边形势的变化和反恐、防走私需求的增加，对海上目标的监控任务也越来越紧迫。海面天气通常为轻雾和中雾，能见度较低，一般边海防视频监控系统中的可见光成像系统经常受到海洋大气及雾天的影响，无法实现对远处目标的观察。军舰、潜艇的光电观察系统也绝大部分为可见光或单一红外系统，受海洋雾气环境影响极大。因此，同样急需能穿透雾霾的装备。坦克、导弹等特种车辆特殊条件辅助驾驶等装备同样需要穿透雾霾设备。综上所述，为解决雾霾、海雾等复杂环境对光电成像装备造成的"看不远""认不清""辨不出"难题，本书研究具有穿透雾霾能力的光电成像系统，对民用和军用的诸多领域都具有十分重要的意义。为了对多维度复合探测技术进行可靠且深入的研究，促进相关基础理论和技术的发展，本书设计分析了多维度复合成像探测光学系统，为深入研究偏振光谱成像技术提供了平台基础。

1.2　多谱段偏振技术优势

多谱段偏振成像技术将强度成像、光谱成像、红外辐射、偏振成像结合在一起，大大提高了光电设备探测成像性能，具有以下方面优势。

(1) 研究提高雾霾环境下光能透过率，增加探测距离技术。

基于红外偏振信息具有在散射介质中特性保持能力比强度散射更强的特性，红外偏振成像具有可增加雾霾、烟尘中的作用距离的优势。图 1.1 为在雾霾环境下进行的偏振成像实验，对比(a)、(b)两图可以发现，偏振成像能够极大地提高图像的对比度。

(2) 研究增强雾霾环境下成像的对比度和信噪比，提升凸显目标能力。

基于人造目标与自然背景的偏振特性差异明显的特性，红外偏振成像在复杂背景中凸显人造目标方面具有独特优势。研究表明，目标和背景偏振度差别较大，

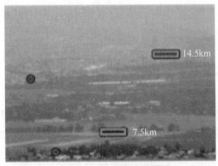

(a) 雾霾天气中强度成像效果　　　　　　　　(b) 雾霾天气中偏振成像效果

图 1.1　在雾霾环境下进行的偏振成像实验

光滑表面偏振度较大，粗糙表面偏振度较小，而人造物体表面比较光滑，自然物体的表面相对粗糙，因此人造物体和自然物体之间的偏振度差别较大。信杂比 (signal-to-clutter ratio，SCR)是目标成像识别的重要指标，SCR > 10 表明目标极易识别，1 < SCR < 10 表明目标可以识别，SCR < 1 表明目标极难识别。以色列对复杂背景中车辆的红外偏振成像技术进行研究，图 1.2 为普通红外成像与红外偏振成像效果对比，(a)图采用红外成像来提高探测效能；(b)图采用红外偏振成像来提高探测效能，(b)图中 SCR 从(a)图的 0.264 提高到 52.6，成像质量大大提高。

(a) 红外成像　　　　　　　　　　(b) 红外偏振成像

图 1.2　普通红外成像与红外偏振成像效果对比

(3) 研究一种实时透雾算法实现穿烟透雾

　　传统方法的透雾算法大致分为两类：一类是非模型的图像增强方法，其通过增强图像的对比度、满足主观视觉的要求来达到清晰化的目的；另一类是基于模型的图像复原方法，它考查图像退化的原因，将退化过程进行建模，采用逆向处理，以最终解决图像的复原问题。

　　图像增强方法采用直方图均衡化、滤波变换方法和基于模糊逻辑的方法。直方图均衡化方法是一种全局化方法，运算量小但对细节的增强不够；局部均衡方法效果较好，但可能引入块状效应，计算量大、噪声易被放大、算法效果不易控制。滤波变换的透雾算法通过局部处理能够获得相对较好的处理结果，但它们的计算量巨大、资源消耗多、不适于实时性要求较高的设备。基于模糊逻辑的方法透雾的效果不够理想。基于增强的方法能在一定程度上提高图像的对比度，并通过增强感兴趣区域来提升可识别度。但是，该方法未能从图像退化过程的原因入手来进行补偿，因此它只能改善视觉效果而不能获得很好的透雾效果。

图像复原的方法采用滤波方法、最大熵方法与图像退化函数估计法等。整体而言，该方法计算量较大。最大熵方法能够获得较高的分辨率，但是其为非线性、计算量大、数值求解困难。图像退化函数估计法大多依据一定的物理模型(如大气散射模型与偏振特性的透雾模型)来设计，需要在不同的时间点采集多幅图像作为参考图像，以便确定物理模型中的多个参数，而最终求解得到无雾状态下的结果图像。这一点限制了此类方法在实时监控中的应用。

本书采用实时透雾技术，在充分分析穿透雾霾理论的优势与不足，并进行深入的研究探索后，提出一种实时穿透雾霾技术。该技术基于大气光学原理，对图像不同区域景深与油雾浓度进行滤波处理，进而获得准确、自然的穿透雾霾图像。在大气透射模型的基础上融合图像增强与图像复原的技术优势，从而能够获得较为理想的实际工程化图像效果。如果实时透雾技术能够与视频压缩、智能分析技术相结合，那么将会产生更大的价值。对于数据图像处理，一方面采用图像压缩实时处理，缩短处理时间，便于快速显示与传输；另一方面进行无压缩实时存储，便于后续处理和调用。由于目前主流的视频压缩算法都是有损压缩，会对图像中对比度较低的细节造成损伤，而有雾视频一般对比度低、细节偏少，因此被编码压缩后往往模糊不清且无法恢复。采用实时透雾技术能够有效地增强图像对比度和细节，保证有价值的信息不会被编码压缩丢失，显著提高信息有效性。经过实时透雾技术处理的图像，其分析结果的错误率尤其是漏报率能够显著降低，从而大幅提高智能分析系统的实用性。该实时穿透雾霾技术能够根据雾霾情况的变化自动调整从而适应各种应用场景，避免出现近景发黑而远景模糊的情况；同时兼顾了实现的效率与复杂度，保证了整个透雾的实时性与可工程化。

1.3　国内外研究现状

1.3.1　国外研究现状

美国早在 20 世纪 70 年代便开展了偏振成像的研究，实现了目标两个互相垂直方向上的红外热辐射线偏振强度探测，经过多年研究基本摸清了目标起偏机理与偏振特性传输规律，并初步实现了偏振成像设备的小型化和实用化。其 U-2R/S 飞机加载的光电成像设备 SYERS 系统，在 2003 年后升级加装了偏振成像仪；美国陆军偏振成像样机也已经在红石靶场对俄制装甲车进行了7天24小时连续监测试验研究，技术已趋于成熟。以上设备不仅可识别战场上的伪装目标，而且在雾霾和尘土等不利于观测的环境下仍有良好的成像性能。除美国外，法国、日本、荷兰等 10 多个国家也相继开展理论、器件、系统与应用研究，且广泛应用于军事、工业等领域。

1990 年，Rogne 等[1]利用红外偏振探测技术进行针对目标及背景的对比度实验，观察对象涉及车辆、飞机、铁板、水泥路面等，测试背景有草地、树林、云雾等。

利用热像仪加旋转偏振片的方法得到偏振相关信息，对样本开展研究。图 1.3 为目标与背景的对比度。(a)图为灰度图像探测目标和测试背景对比度的情况，(b)图为偏振图像探测目标和背景对比度的情况。

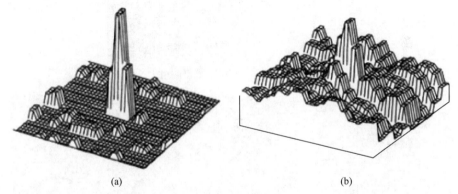

(a)   (b)

图 1.3 目标与背景的对比度

通过两幅图片的对比可知，对于灰度图像，采用偏振探测方式时，背景的干扰得到了有效降低，且探测目标有较高凸显，使得目标和背景对比度得到了提高，便于目标识别。

1999 年，Nordin 等[2]研制了一种分焦平面偏振探测器，图 1.4 为 2×2 微偏振像元结构图。和传统探测器相比，分焦平面偏振探测器缺少分光装置，而是在探测器像元表面附上偏振片，利用单次的曝光可以得到四个方向起偏数据，图 1.5 为斯托克斯矢量 S_0、S_1、S_2 分量图像，其中(a)图为 S_0 图像，(b)图为 S_1 图像，(c)图为 S_2 图像。

2000 年，美国空军实验室选取铝板作为实验对象进行了偏振成像实验，将 12 块铝板分别涂上美国联邦标准材料，并对 $0.9 \sim 1.0 \mu m$ 波长范围的数据进行了详细分析，结果表明，涂料不同，其铝板表面表现的偏振特性也不同，这为军事领域伪装目标的识别奠定了基础[3]。

2000 年，美国将牛奶、油雾作为散射介质，开展了偏振成像实验。结果显示，偏振成像可以加强散射介质中测试图像的对比度，特别是对全斯托克斯的偏振图像处理后，图像的对比度更高。

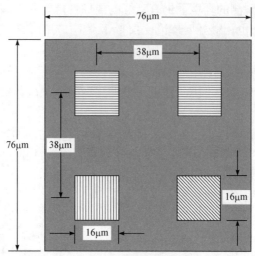

图 1.4　2×2 微偏振像元结构图

(a) S_0图像　　　　　　　(b) S_1图像　　　　　　　(c) S_2图像

图 1.5　斯托克斯矢量 S_0、S_1、S_2 分量图像

　　2000 年，荷兰开展了以沙地、森林为背景的地雷偏振探测实验，得到如下结论：以沙地为背景环境，可见光探测成像较中波红外偏振探测成像效果更好；以森林为背景环境，中波红外偏振探测成像较可见光探测成像效果更好。

　　2001 年，美国研制了一种液晶型 Sagnac 干涉成像光谱仪，光谱范围为 400～800nm，拥有 55 个光谱通道，可以测量出目标的空间图像信息、光谱信息及偏振信息[4]。

　　2002 年，英国利用红外偏振手段进行了扫雷实验测试。图 1.6 为红外偏振成像扫雷实验，其中(a)图为红外强度图像，(b)图为红外偏振图像。通过对比两幅图能够看出，相比于红外成像，偏振成像能够更好地使得地雷从背景中突显出来[5]。

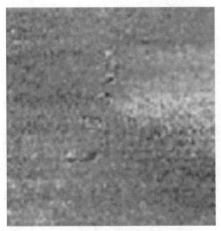

|(a) 红外强度成像|(b) 红外偏振成像|

图 1.6　红外偏振成像扫雷实验

2002 年，美国的罗切斯特大学通过 DIRSIG 软件开展偏振特性建立模型并进行仿真测试，得到相对完整的太阳、天空背景、月球、地面辐射偏振等的数据模型。

2003 年，瑞典的国防研究所开展了利用偏振成像进行金属板探测试验，该金属板覆盖三层伪装网，针对不同偏振状态，通过双向反射分布函数描述了探测目标表面反射率。

2008 年，美国陆军研究室和空军研究室对草地背景下不同金属和电解质板块进行偏振实验研究。结果表明，金属和电解质板块等人造目标和自然背景的偏振特性存在较大差异，可以利用这种差异区分目标和背景，提高识别目标准确性[6]。

2009 年，以色列开展了在雾霾环境中的偏振探测成像测试试验，证明了利用偏振成像可以减少或消除一部分散射介质的影响，可以有效提高成像效果及成像距离。

2010 年，美国的武器研究开发工程中心使用一种偏振探测器开展测量试验，测试目标为俄制榴弹炮，通过试验测试得到了多组长波波段的红外偏振探测图像信息。

2012 年，美国研究出了一种偏振成像技术[7]，该技术基于新型圆偏振滤镜光片(图 1.7 为全偏振片示意图)，这种偏振片能够得到入射光中线偏振及圆偏振的分量。圆偏振光在特定环境(云、雾)中具有较好的保偏能力[8]，能够使探测系统穿透云、雾能力增强。此项技术可以对全偏振进行实时成像，因此具有广泛的应用前景和应用价值。

2015—2016 年，法国设计并构建出一种新型红外成像探测系统[9-11]，利用该系统测试了野外背景下典型的目标，得到了通过探测目标和自然物体间偏振差异能够很好地辨别目标的结论。

图 1.7　全偏振片示意图

2019 年，荷兰开展野外环境目标的偏振成像研究，采用偏振分光计测试仪，测量了距离几公里处的野外多种目标。试验结果表明，利用圆偏振监测陆地植被具有优势。

2019 年，美国空军基地军需品局空军研究实验室使用多波段被动偏振和主动红外成像系统测量不同样品组的光学特征，支持材料分类的创新研究，利用材料反射率和偏振信息的不同可大大提高目标探测效率[12]。

2020 年，美国、欧洲发射太阳轨道器用于太阳耀斑的遥感观测，搭载了偏振和日震成像仪，利用偏振探测技术探测太阳表面的磁场分布。

2020 年，英国 Tektonex 公司研究了复杂背景下目标的自动检测跟踪与识别问题，通过使用宽谱段偏振信息来抵消简单图像数据处理的性能缺陷，可以最大限度地提高信噪比。该公司提出了联合频谱偏振权重图的概念，并利用图中高杂波情况下的目标说明了该方法在目标探测上的优势[13]。

在多谱段偏振成像技术研究方面，20 世纪 80 年代中期到 90 年代早期，人们进行了光谱成像技术与偏振成像技术融合的尝试，但实验装置采用的都是旋转滤光片结构，从严格意义上讲，这并不能算作具有光谱测量功能。2005 年，美国亚利桑那大学联合美国陆军坦克机动车辆与武器司令部相关科研人员共同提出了新型的探测成像系统，该系统在光谱仪后端的 CCD 可以形成多个波段不同的探测区域，该系统工作波段为 400～720nm，光谱分辨率为 10nm，因原理有所限制，2048×2048CCD 中只有 75×75 像素可以用作成像，且图像的分辨率低[14]。

2001 年，欧洲提出了一种结构复杂的静态无电调控的四探测器分振幅全息光栅型偏振成像的实时探测装置，探测波段为 520～750nm，光谱的分辨率为 7～12nm[15]。

2009 年，Vannier 等科研人员[9]研制出四波段的偏振成像探测系统，可探测波段包括可见光、短波红外、中波红外及长波红外，如图 1.8 所示。该系统可见光探测通道由 6 个波段滤光片组成，其中四波段成像探测系统前端放置了偏振片，可实现同时一致旋转，进而获取四个不同方向的偏振图像。

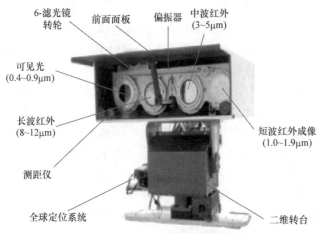

图 1.8 四波段偏振成像系统

2011 年，美国开展了偏振成像实验，该实验利用长波红外分焦平面探测器测试飞机模型[16]。图 1.9 为实验环境与飞机模型。该实验测试得到了可见光图像、长波红外图像及长波红外偏振图像。图 1.10 为相同目标的不同成像，通过对比可知，长波红外偏振探测成像对复杂背景起到了很好的抑制作用，更好地凸显出目标的信息。

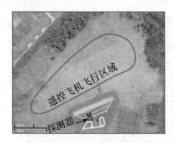

图 1.9 实验环境与飞机模型

(a) 可见光图像　　　　　　　(b) 长波红外图像　　　　　　　(c) 偏振度图像

图 1.10 相同目标的不同成像

2018 年，法国开展海洋污染的偏振检测，利用研制的四通道偏振探测仪，通过试验证明了偏振海洋污染检测性能，表明清洁海域和污染海域的偏振区别主要是由单反射散射和噪声造成的。

2018 年，美国北极星传感器技术公司研制了基于液晶型偏振测量系统，波段可拓宽至 1.5～1.8μm，通过偏振器以每秒 120 转的旋转速度连续旋转测量线偏振信息，并采用液氮冷却补偿热稳定性。

2019 年，美国研制多角度沟道光谱偏振计，采用双光束光谱偏振调制，将线性偏振状态编码为强度的周期性变化，能够获得较高的偏振精度。

2020 年，美国华盛顿特区海军研究实验室遥感部研究了使用多光谱、高角度成像旋光仪反演气溶胶和水溶胶光学特性的可能性。收集了从可见光到近红外光谱不同视角的几组偏振图像，并与使用矢量辐射传输(vector radiative transmission, VRT)代码进行模拟比较。结果表明，不同角度测量的偏振遥感反射率可用于区分气溶胶和水溶胶的光学特征，这项研究提供了一种研究海洋和大气颗粒物的微物理特性之间各种关系的方法[17]。

1.3.2　国内研究现状

我国的偏振成像技术始于 20 世纪 90 年代末,主要以追踪国外仪器研制为主,大多针对大气(气溶胶、冰晶云、卷云等)、地物资源、环境保护等领域。北京大学、清华大学、北京理工大学、长春理工大学、西安交通大学、中国科学院安徽光学精密机械研究所、中国科学院上海光学精密机械研究所、中国科学院长春光学精密机械与物理研究所、中国科学院西安光学精密机械研究所等 20 多家单位在偏振探测方面开展了理论仿真、测试、实验、装置研究。

其中，中国科学院上海技术物理研究所研制了偏振卷云计，用于大气卷云、冰晶云探测预报。同时，研制了一台实验型四通道偏振计原理性样机和六通道可见红外全偏振探测仪器样机，实现对目标辐射的偏振特性进行探测。中国科学院安徽光学精密机械研究所研制了偏振辐射度计和航空多波段偏振相机，进行大气气溶胶、光学厚度方面的研究。西安交通大学提出了全光调制高光谱全偏振成像探测技术，并研制了相关设备。长春理工大学开展了分焦平面型微纳格栅滤光片工艺实现新方法的研究。西安应用光学研究所研制了中波/长波红外偏振成像装置，波段范围为 3～5μm 和 8～12μm，线偏振度为 95%，消光比大于 100∶1。其研究结果表明，采用红外偏振技术可以有效地实现对伪装目标、人工假目标和空中隐身目标的探测和识别。

1996 年，中国科学院上海技术物理研究所研制了一种近红外偏振探测系统，该系统应用于"神舟三号"飞船上，进行卷云探测，这也是我国第一次得到的近红外偏振数据信息[18,19]。

　　1999 年，中国科学院上海技术物理研究所研制了一种分振幅光度式偏振测量系统，并且对系统进行了定标和性能的校对。图 1.11 为分光棱镜型光度式偏振测量系统[20]。

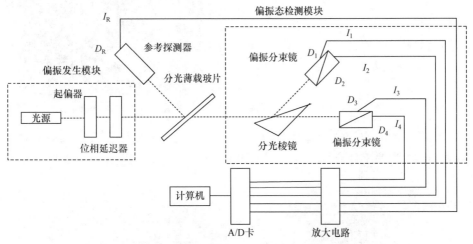

图 1.11　分光棱镜型光度式偏振测量系统

　　2001 年，中国科学院安徽光学精密机械研究所研制出三通道航空偏振成像仪，该仪器由三台 CMOS 相机组合而成。探测波段包含可见光波段、近红外波段。每一个通道各自选择对应的波片。并且，还利用研制的偏振辐射度计、航空多波段偏振相机开展了光学厚度、大气气溶胶等方面的研究。

　　2003 年，中国科学院上海技术物理研究所研制出六通道分光偏振计[21]。该系统能够达到全偏振测量，并且可以在空中得到地面上不同探测目标的相关数据。

　　2003 年，西北工业大学利用液晶位相延迟器和液晶可调滤光片结构进行了400～720nm 光谱范围线偏振光测量，工作波段数为 33 个，光谱分辨率为 10nm，完成一次单一视场全谱段探测需约 1min。

　　2003 年，北京航空航天大学也采用了液晶位相延迟器的结构，不同的是其滤波由声光可调谐滤光片来完成，同时为实现全偏振探测，至少需增加一块液晶相位调制器，进一步降低了系统光通量及探测速度。

　　2004 年，中国科学院西安光学精密机械研究所进行了红外偏振探测技术方面的研究，研制出了中波红外偏振和长波红外偏振成像的系统样机。

　　2004 年，昆明物理研究所研究了中波红外偏振成像图像处理及评价，与热图像相比，处理后的偏振图像梯度更高、对比度更强、细节更加清楚。图 1.12 为昆明物理研究所研制的中波红外偏振成像仪样机。

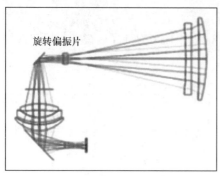
旋转偏振片

图 1.12　昆明物理研究所研制的中波红外偏振成像仪样机

实验过程中使用的偏振片是基底为 CaF_2 的金属丝栅偏振片的旋转偏振片。图 1.13 为偏振片分别在 0°、45°、90°、135°时获取的图像，图 1.14 为融合图像。

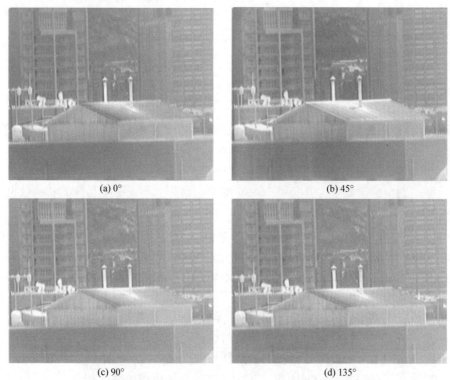

(a) 0°　　　　　　　　　　　　　　　　　(b) 45°

(c) 90°　　　　　　　　　　　　　　　　(d) 135°

图 1.13　偏振片分别在 0°、45°、90°、135°时获取的图像

2005 年，北京理工大学开展了红外偏振探测技术的理论和实验研究。图 1.15 为北京理工大学测得的红外、偏振度、偏振角图像[22-31]。

图 1.14 融合图像

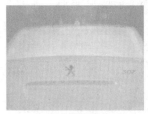

(a) 红外图像

(b) 偏振度图像

(c) 偏振角图像

图 1.15 北京理工大学测得的红外、偏振度、偏振角图像

2005 年，西北工业大学的赵刚等[32]提出了一种融合方法，该方法首先将 IHS (intensity-intensity-hue-saturation-saturation)变换和小波变换相结合，通过计算偏振图像信息 I 、Q 、U ，并提取三个通道，得到 (I_R, I_G, I_B) 、(Q_R, Q_G, Q_B) 、(U_R, U_G, U_B) ，然后将其映射至 IHS 空间，并且对全色图像的 I 、Q 、U 及映射后得到的偏振信息进行小波分解，最后通过加权融合得到彩色图像。

2006 年，中国科学院安徽光学精密机械研究所的叶松等[33]提出了应用在遥感图像的融合算法，并利用 HIS 柱形表征来映射，可以将高、低频信息分别进行处理，但是该算法没能准确结合多个波段的色彩。

2007 年，北京理工大学的倪国强等[34]研究了基于 Wax man 模型的改进，主要对偏振成像系统的发展动态进行总结。

2008～2009 年，国防科技大学国防科技重点实验室的张朝阳等[35-37]针对伪装目标涂层偏振散射特征进行了研究。实验结果表明，自然背景与伪装涂层的偏振度及偏振角的相关信息存在显著差异，因此可以通过偏振成像探测对探测目标图像中的伪装涂层进行较好的识别，故针对伪装目标探测方面，偏振成像探测技术具有广泛的应用前景；在复杂背景下，选择合适的观测角度及波段开展偏振成像探测技术，对伪装的目标进行探测具有重要的研究意义。

2010 年，北京理工大学的陈振跃等[38]在实验采集阶段选择了三个不同中心波长的滤光片，同时采集了三个波段的偏振图像进行偏振特性解算，结合 I 、Q 、U

及偏振度和偏振角五个偏振特性，组成非负矩阵，首先将其映射到 IHS 空间，然后转换回 RGB 空间，并且进行多组实验，验证了其算法更加适合于人眼的视觉特性。

2011 年，中国科学院长春光学精密机械与物理研究所李光鑫等[39]提出了一种颜色传递技术，此技术可以将处于同一场景下的可见光图像、红外图像存在的差异形成一个 YC_bC_r 空间。将自然彩色图像作为参考图像，用两种不同融合算法进行颜色传递。

2012 年，北京理工大学开展了大气环境对红外偏振成像影响的研究，并且对短波红外偏振特性、中波红外偏振特性及长波红外偏振特性分别完成了仿真计算及分析，并提出：短波红外波段下，若背景、目标反射率有明显差别，则可见光探测比偏振探测效果好；中波红外波段下，若目标、背景对比度复杂，且探测目标偏振特性明显，则偏振探测比可见光探测效果好；长波红外波段下，产生的是自发辐射，当探测目标与背景偏振特性存在较大差异时，偏振探测比可见光探测效果更好[40,41]。

2012 年，脉冲功率激光技术国家重点实验室研制了一套多光谱偏振探测系统，在 400～1000nm 波段内对林地型背景中的铁板和迷彩伪装板进行了多光谱偏振探测实验。结果表明，地物背景和迷彩伪装板的偏振特性各不相同，与自然背景相比，伪装目标的偏振特性非常显著，利用偏振探测技术能够凸显背景中的伪装目标，提高目标探测和场景识别的准确度[42]。

2013 年，西安交通大学李杰等提出一种多信息融合的静态傅里叶变换超光谱全偏振成像方法，可实现可见光图像、光谱、全偏振信息一体获得，为新型空间遥感的开发提供了基础理论及实践支持[43]。

2013 年，北京师范大学遥感科学重点实验室选取了三种表面结构不同的叶片进行光谱测量试验，探索了观测角度与不同波段叶片偏振度之间的关系[44]。

2016 年，中国科学院长春光学精密研究所利用多线阵分焦平面型偏振探测器开展了偏振遥感探测试验研究，得到光学系统及非理想情况下偏振片的偏振传递矩阵，同时对相对应参数数据进行标定，得到了较好的探测精度[45]。

2016 年，长春理工大学开展了传输特性实验研究，主要探讨油雾环境下浓度对传输特性的影响，该研究测试对象为烟煤粒子，分别测试水平方向、垂直方向及 +45°方向线偏振光和左旋圆偏振光、右旋圆偏振光在不同浓度介质中传输时偏振度的变化情况[46]。

2016 年，北京环境特性研究所光学辐射重点实验室研究了采用长波红外高光谱偏振技术的目标探测实验。研究结果表明，温度和观测角度对目标的光谱偏振特性有较大影响，目标表面的红外光谱偏振特性随辐射温度差值及探测角度差值的增大而增大，并具有波段选择性。利用目标温度和观测角度的差异对目标光谱偏振特性的影响，进行有效的探测与识别，并为探测器的波段选择提供参考依据[47]。

2017 年，山东交通学院首次分析了不同雾霾浓度下，浓度对植物、土、泥等典型反射率的光谱曲线产生的影响，此研究对于分析雾霾环境下的探测目标拥有深刻意义[48]。西安交通大学针对金属、涂层探测目标提出三参量偏振双向反射分布函数模型，该模型可以准确表征涂层及金属表面的偏振散射特性[49]。

2017 年，西安电子科技大学综合考虑水体吸收和不同波段的成像特异性，将海水对光的选择吸收特性加入物理模型中，提出了浅海被动水下偏振成像技术，解决了水下自然光场景的水体吸收和颜色失真等问题[51]。

2018 年，中国海洋大学实验室研制了一种小型的探头式的水下拉曼光谱装置系统。该系统具有较高的灵敏度，可以实现对水下多种材料的原位探测[50]。李代林等针对水下成像装置的缺点，设计了一种水下目标成像系统，该系统通过获取斯托克斯参量，并对其进行特征分析，实现提高材质对比度的效果[52]。

2019 年，针对典型非球形粒子的偏振传输特性问题，长春理工大学开展了传输特性实验研究，此研究利用 T 矩阵算法研究了圆柱、椭球和切比雪夫粒子偏振传输特性及与球形粒子偏振传输特性的差异[53]。

2020 年，长春理工大学开展了模拟油雾环境下典型地物目标的传输特性研究。研究表明，当油雾浓度达到 0.046mg/kg、偏振度达到 60°时，人造植物增加了 20%～30% 的反射率，自然植物变化不明显，能够有效区分人造植物和自然植物；在同等条件下，当油雾浓度增加时，铝板反射率增加了 10%，当油雾浓度达到 0.031mg/kg 时，偏振反射率达到最大，木板的变化不明显，故而能够有效区分两者[54]。

2020 年，中国科学院长春光学精密机械与物理研究所研究了海天背景下基于全偏振信息的偏振去雾技术，利用全偏振信息探测系统对轻雾天气条件下的真实海空场景进行成像实验，该方法对图像信息丰富度、对比度及细节和边缘信息有提高作用[55]。

2021 年，中国科学科院上海技术物理研究所研究了海雾中舰船目标的偏振探测能力，提出基于海面偏振特性的背景辐射抑制方法来增强目标对比度，分析不同条件下海雾的大气透过率与红外热辐射之间的关系、海面辐射的偏振特征，然后建立了场景偏振对比度与强度对比度的数学模型[56]。

1.3.3 研究现状对比分析

1. 发展趋势

1) 国内外应用领域逐渐扩展

在偏振成像和光谱探测研究领域，国外一直处于领先水平，早在二十世纪七八十年代，国外在偏振成像方面和光谱探测方面就做了诸多研究并取得了很多有效的成果，已经广泛应用于军事、工业等行业。国内相关研究起步相对较晚，科研人员主要在偏振成像与光谱探测领域开展了大量研究。

2) 国外偏振成像应用场景广泛

国外研究的工作重点集中于偏振成像在军事方面的应用，为此他们进行了实地测量、模拟仿真等试验，并收集了丰富的偏振数据，进行了归纳分析。国外对偏振成像探测的具体研究有：不同外部条件下地雷探测、军用车辆的探测、军用帐篷探测、军用防水布探测、榴弹炮探测、坦克的探测及仿真、飞机模型的探测、水下目标的探测、金属表面涂料的偏振特性及外部环境对偏振成像的影响等。

3) 开展多谱段偏振成像技术研究十分必要

在复杂环境下，目标识别非常复杂，主要是雾霾、扬尘、烟幕、水汽和隐身技术应用等造成目标难以识别、区分，这已成为复杂环境下目标探测与识别无法回避的共性问题。多谱段多维度目标探测技术是实现目标探测与识别的有效手段之一。开展多谱段偏振成像技术研究，可以增强复杂环境下态势感知能力、光电对抗能力，填补该领域空白，为复杂环境下低可探测目标光电探测设备的研制提供科学依据。

2. 主要差距

1) 偏振成像方面理论及验证技术研究基础薄弱，急须取得突破

在红外偏振成像方面，国外已在系统理论和实验验证的基础上建立了目标红外偏振特性、大气传输特性、成像探测系统模型，并开发了仿真软件。相关理论和技术尚对我国封锁。国内对目标红外偏振信息的研究分析主要表现为实验研究，结论均为对偏振现象的简单验证，急须对红外偏振成像的理论及影响偏振信息的因素进行深入分析；急须开展红外偏振成像系统探测性能理论及其验证技术的研究，建立典型红外偏振成像系统优化设计平台，突破新型偏振探测系统的技术瓶颈。

2) 复杂环境下多维度偏振复合探测技术落后，急须开展研究

从 20 世纪 60 年代开始，美国陆军、空军和海军开展了大量的研究工作，基本摸清了目标光谱、起偏机理与传输规律，在红外偏振成像探测应用方面，国外在空间目标探测、地面目标探测、海面目标探测、伪装目标探测等方面开展了较深入的偏振探测应用研究，并初步实现了多光谱偏振成像设备的小型化和实用化。他们正在开展新概念大视场、高分辨率、远距离识别能力的多谱段偏振成像及复杂环境适应性研究。与之相比，我国多谱段偏振复合探测技术与西方发达国家形成了较大的差距，急须继续开展研究，突破多维度复合探测技术，以适用于雾霾、海雾等复杂环境。

1.4　本书的主要内容

根据国内外研究现状对比分析，为解决雾霾、海雾等复杂环境影响下地面、海面目标"看不远""认不清""辨不出"等难题，提出多维度复合探测技术与方法，从偏振基本原理、目标起偏特性、偏振传输特性、多维度复合探测总体方案与光学设计、外场试验测试与结果分析五个方面开展研究。图 1.16 为本书结构图，其中可见光、近红外、长波红外三谱段下偏振、强度多维度成像复合探测是本书的重点研究内容。

本书具体章节安排如下：

第 1 章为绪论。阐述复杂环境下多维度复合探测技术的概念内涵，阐述本书的研究背景及意义。梳理多维度偏振成像技术的国内外研究现状，并总结归纳发展趋势，凝练主要差距。

第 2 章为偏振探测理论基础。开展偏振光的基本表征方法、偏振成像理论研究，根据探测方式对其进行分类，详细介绍各种偏振成像方法，并总结各自的优缺点。在此基础上对可见光、近红外、长波红外三谱段下偏振、强度多维度成像复合探测进行理论研究。

第 3 章为目标偏振双向反射特性。研究了目标双向反射特性，对粗糙表面偏振特性影响因素进行分析，并建立目标偏振特性模型，对模型机制、模型种类进行了研究。开展目标偏振特性测试，验证模型的准确性。

第 4 章为红外偏振探测基础理论。通过对第 2 章建立的含有遮蔽函数的物体表面红外辐射偏振度数学模型进行仿真，利用长波红外偏振成像系统和近红外偏振成像系统对不同景物进行图像采集，实验结果验证仿真结果的正确性。

第 5 章为复杂环境下偏振光传输特性。首先对目标起偏特性基本原理进行研究，建立典型目标偏振双向反射模型并进行典型目标偏振双向反射特性测试，分为室内测试和外场测试。然后对偏振传输特性基本原理进行了研究，完成了大气-海雾环境下偏振特性建模仿真，并进行雾霾环境下偏振传输特性测试。

第 6 章为偏振图像的去雾算法。首先基于数字图像处理基本知识，研究图像复原、图像增强及基于大气散射模型的偏振图像去雾算法，最终通过实验验证提出的去雾算法的有效性。

第 7 章为偏振图像的融合方法。研究基于 NSCT 变换和基于引导滤波的图像融合算法原理，根据两种融合算法各自的特点设计两种用于偏振图像融合的方法，并进行实验分析。

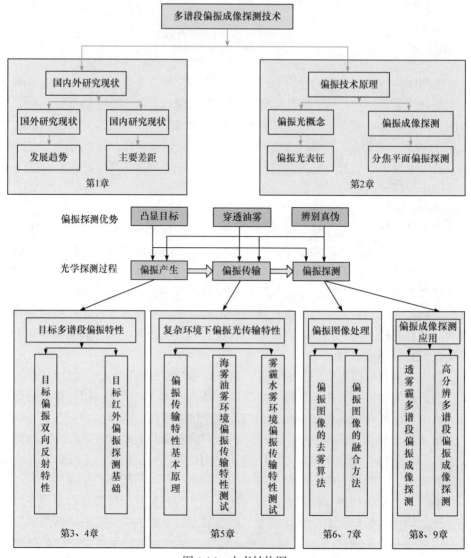

图 1.16　本书结构图

　　第 8 章为透雾霾多谱段偏振成像探测装置。首先利用红外偏振相机开展探测试验，通过对室内去雾霾实验及海雾环境下目标成像外场实验验证红外和偏振探测手段的透雾霾成像性能。

　　第 9 章为高分辨多谱段偏振成像探测装置。首先设计高分辨多谱段偏振成像探测装置总体方案，研究目标起偏特性及其与背景差异规律、基于微偏振片的偏振探测成像、多维信息融合、增强处理算法，最终进行高分辨率偏振成像仪器研制与实验。

参 考 文 献

[1] Rogne T J, Smith F G, Rice J E. Passive target detection using polarized components of infrared signatures[C]//Polarimetry: Radar, Infrared, Visible, Ultraviolet, and X-ray, 1990.

[2] Nordin G P, Meier J T, Deguzman P C, et al. Micropolarizer array for infrared imaging polarimetry[J]. Journal of the Optical Society of America A, 1999, 16(5): 1168-1174.

[3] Goldstein D H. Polarimetric characterization of Federal Standard paints[C]//Society of Photo-Optical Instrumentation Engineers(SPIE) Conference Series, 2000: 112-123.

[4] Sellar R G, Rafert J B, Effects of Aberrations on spatially modulated Fourier transform spectrometers[J]. Optical Engineering, 1994, 33(9): 3087-3092.

[5] Gruev V, Ortu A, Lazarus N, et al. Fabrication of a dual-tier thin film micropolarization array[J]. Optics Express, 2007, 15: 4994-5007.

[6] Kristan Gurton, Melvin Felton, Robert Mack, et al. Mid IR and LWIR polarimetric sensor comparison study[C]//Proceedings of SPIE, 2010, 7764: 1-14.

[7] AFRL. Polarization imaging: Seeing through the fog of war. http://www.Science news line.com/articles/2012020215050001.htm1[2012-02-01].

[8] Laan J D, Scrymgeour D A, Kemme S A, et al. Range and contrast imaging improvements using circularly polarized light in scattering environments[C]//SPIE Defense, Security, and Sensing. International Society for Optics and Photonics, 2013.

[9] Vannier N, Goundail F, Plassart C, et al. Active polarimetric imager with near infrared laser illumination for adaptive contrast optimization[J]. Applied Optics, 2015, 54(25): 7622-7631.

[10] Vannier N, Goundail F, Plassart C, et al. Comparison of different active polarimetric imaging modes for target detection in outdoor environment[J]. Applied Optics, 2016, 55(11): 2881-2891.

[11] Vannier N, Goundil F, Plassert C, et al. Infrared active polarimetric imaging system controlled by image segmentation algorithms: Application to decamouflage[C]//Spie Commercial + Scientific Sensing & Imaging. SPIE, 2016, 9853: 98530C.

[12] Brown J P, Wagner M C, Roberts R G, et al. Experiments in detecting obscured objects using longwave infrared polarimetric passive imaging[C]//Infrared Imaging Systems: Design, Analysis, Modeling, and Testing XXX. 2019.

[13] Brown J, Holtsberry B L, Card D, et al. Experiments in multiple-waveband passive polarimetric and active infrared imaging for material classification[C]//Polarization: Measurement, Analysis, and Remote Sensing XIV. 2020.

[14] Smith W H, Hammer P D. Digital array scanned interferometer: sensors and results[J]. Applied Optics, 1996, 35(16): 2902-2909.

[15] Hammer P D, Johnson L F, Strawa A W, et al. Surface reflectance mapping using interferometric spectral imagery from a remotely piloted aircraft[J]. IEEE Transacctions on Geoscience and Remote Sensing, 2001, 39(11): 2499-2506.

[16] Rathff B M, Lemaster D A, Villeneuve P V. Detectiontracking of RC model aircraft inLWIR microgrid polarimeter data[J]. Proceedings of SPIE-The International Society for Optical Engineering, 2011, 8160(20): 25-31.

[17] Gilerson Alexander Carrizo Carlos, Ibrahim Amir, et al. Hyperspectral polarimetric imaging of

the water surface and retrieval of water optical parameters from multi-angular polarimetric data. Applied Optics, 2020, 59(10): C8-C20.

[18] Zhang Z, Wang P. Polarimetry for four Stockes parameters in space[J]. 中国科学 e 辑(英文版), 2002, 45(3): 300-305.

[19] 邵卫东, 王培纲, 王桂平, 等. 分光偏振计技术研究[J]. 中国激光, 2003, 30(1): 60-64.

[20] 李力, 刘旭. 分光棱镜型分振幅光度式偏振测量系统的研究[J]. 光学仪器, 1999(z1): 159-165.

[21] 邵卫东, 王培纲, 王桂平, 等. 分光偏振计技术研究[J]. 中国激光, 2003, 1: 60-64.

[22] 罗睿智, 乔延利, 曹汉军, 等. 航空型多波段偏振遥感探测及其光学系统的研究与设计[J]. 量子电子学报, 2002, (2): 143-148.

[23] 宋志平, 洪津, 乔延利. 机载多波段偏振 CCD 相机原理样机的电子学系统设计研究[J]. 光电子技术与信息, 2002, (4): 11-14.

[24] 王峰, 洪津, 乔延利, 等. 专用偏振成像智能遥感器设计研究[J]. 传感技术学报, 2007, (6): 1448-1452.

[25] 邵卫东, 王培纲, 郑亲波. 多通道分光偏振计技术研究[J]. 红外, 2000, (9): 7-11.

[26] 邵卫东, 王培纲, 王桂平, 等. 分光偏振计技术研究[J]. 中国激光, 2003, (1): 60-64.

[27] 赵慧洁, 张颖, 赵海博, 等. 变焦距全偏振光谱成像探测系统: CN200910076358.1[P]. 2009-01-14.

[28] 常凌颖, 赵葆常, 邱跃洪, 等. AOTF 成像光谱仪光机系统设计[J]. 应用光学, 2010, (3): 345-349.

[29] 王新全, 相里斌, 黄旻, 等. 静态成像光谱偏振仪[J]. 光电子激光, 2011, (5): 689-692.

[30] 崔燕, 计忠瑛, 高静, 等. 空间调制干涉光谱成像仪光谱辐射度定标方法研究[J]. 光学学报, 2005, (12): 1718-1721.

[31] 赵葆常, 杨建峰, 薛彬, 等. 嫦娥一号干涉成像光谱仪的定标[J]. 光子学报, 2010, (5): 769-775.

[32] 赵刚, 赵永强, 潘泉, 等. 基于 IHS 与小波变换的多波段偏振图像融合[J]. 计算机测量与控制, 2005, 13(9): 992-994.

[33] 叶松, 汤伟平, 孙晓兵, 等. 一种采用 IHS 空间表征偏振遥感图像的方法[J]. 遥感信息, 2006(2): 11-13.

[34] 倪国强, 肖蔓君, 秦庆旺, 等. 近自然彩色图像融合算法及其实时处理系统的发展[J]. 光学学报, 2007, 27(12): 2101-2109.

[35] 张朝阳, 程海峰, 陈朝辉, 等. 伪装遮障的光学与红外偏振成像[J]. 红外与激光工程, 2009, 38(3): 424-427.

[36] 张朝阳, 程海峰, 陈朝辉, 等. 偏振遥感在伪装目标识别上的应用及对抗措施[J]. 强激光与粒子束, 2008, 20(4): 553-556.

[37] 张朝阳, 朝辉, 海峰, 等. 偏振散射及其影响因素研究[J]. 郑州大学学报, 2009, 30(1): 148-151.

[38] 陈振跃, 王霞. 基于 HSI 颜色空间和小波变换的多光谱图像和偏振图像融合实验研究[C]// 中国光学学会 2010 年光学大会论文集, 2010: 43-47.

[39] 李光鑫, 徐抒岩, 赵运隆, 等. 颜色传递技术的快速彩色图像融合[J]. 光学精密工程, 2010,

18(7): 1637-1647.

[40] Zou X, Xia W, Jin W, et al. Atmospheric effects on infrared polarization imaging system[J]. Infrared&Laser Engineering, 2012, 30(5): 447-451.

[41] Wang X, Zhang M, Jin W. Study of atmospheric erects on infrared polarization imaging system based on polarized Monte Carlo method[C]//SPIE Optical Engineering + Applications. 2012: 85120H.

[42] 邹晓风, 王霞, 金伟其, 等. 大气对红外偏振成像系统的影响[J]. 红外与激光工程, 2012, 41(2): 304-308.

[43] 李杰, 朱京平, 齐春, 等. 静态傅里叶变换超光谱全偏振成像技术[J]. 物理学报, 2013, 62(4): 44206.

[44] 孙仲秋. 积雪表面偏振特性及其与积雪性质之间关系研究[D]. 长春: 东北师范大学, 2013.

[45] 张海洋, 张军强, 杨斌, 等. 多线阵分焦平面型偏振遥感探测系统的标定[J]. 光学学报, 2016(11): 311-318.

[46] 张肃, 战俊彤, 白思克, 等. 油雾浓度对偏振光传输特性的影响[J]. 光学学报, 2016, 36(7): 729001.

[47] 徐飞飞, 曾朝阳, 陈杭. 复杂地物背景下的车辆目标激光主动偏振成像研究[J]. 激光与光电子学进展, 2016(53): 171-176.

[48] 冯海霞, 孙大志, 沈丽, 等. 雾霾对典型地物光谱曲线测量的影响分析[J]. 光谱学与光谱分析, 2017, 37(5): 1329-1333.

[49] Zhu J, Wang K, et al. Polarization based on the three-component pBRDF model for metallic surface[J]. Optics and Laser Technology, 2018, 99: 160-166.

[50] 刘庆省, 郭金家, 杨德旺, 等. 小型高灵敏度水下拉曼光谱系统[J]. 光学精密工程, 2018, 26(1): 8-13.

[51] 徐文斌, 陈伟力, 李军伟, 等. 采用长波红外高光谱偏振技术的目标探测实验[J]. 红外与激光工程, 2017, 46(5): 504005-1-504005-7.

[52] 李代林, 于洋, 李贵雷, 等. 水下材质识别技术的研究[J]. 激光与光电子学进展, 2018, 55(7): 206-213.

[53] 张肃, 战俊彤, 付强, 等. 不同形状的非球形粒子对偏振传输特性的影响[J]. 光学学报, 2019, 39(6): 629001.

[54] 郭红芮, 付强, 宋宇, 等. 油雾浓度对目标偏振光谱特性的影响实验研究[J]. 长春理工大学学报(自然科学版), 2020, 43(2): 105-113.

[55] 张玉鑫. 基于全偏振信息探测的海空背景图像去雾关键技术研究[D]. 长春: 中国科学院大学(中国科学院长春光学精密机械与物理研究所), 2020.

[56] 倪歆玥, 余书田, 唐玉俊, 等. 海雾中舰船目标的偏振探测能力研究[J]. 红外与毫米波学报, 2021, 40(1): 96-101.

第 2 章 偏振探测理论基础

2.1 偏振的基本理论

光波是横波，光向量与光波传播方向垂直，因此要完全描述光波，还必须指明光场中任一点、任一时刻光向量的方向，光的偏振现象是光向量性质的表现[1,2]。实验表明，在光和物质相互作用的过程中，起主要作用的是光波中的电向量 $\boldsymbol{E}$，故在讨论光的偏振现象时，只需要考虑电向量 $\boldsymbol{E}$ 特性。

在光传播方向的垂直方向上光矢量的振动强度存在不均匀现象，因此光具有偏振性。将光矢量 $\boldsymbol{E}$ 沿 x 和 y 两个正交方向进行分解(图 2.1)，可描述为

$$\begin{cases} E_x(z,t) = E_{ox}(t)\cos(\tau + \delta_x(t)) \\ E_y(z,t) = E_{oy}(t)\cos(\tau + \delta_y(t)) \end{cases} \tag{2-1}$$

式中，$\tau = kz - \omega t$；δ_x 和 δ_y 为电场分量的相位；E_{ox} 和 E_{oy} 分别为 x 和 y 方向的电场分量振幅的大小。为了便于分析电场矢量的运动轨迹，将式(2-1)中的 τ 消去，可得

$$\left(\frac{E_x}{E_{ox}}\right)^2 + \left(\frac{E_y}{E_{oy}}\right)^2 - 2\frac{E_x E_y}{E_{ox} E_{oy}}\cos\delta = \sin^2\delta \tag{2-2}$$

式中，$\delta = \delta_x - \delta_y$。

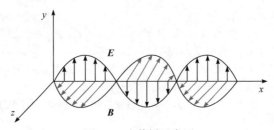

图 2.1 光传播示意图

当 $\delta = \dfrac{\pi}{2} + 2\pi m (m = 0, \pm1, \pm2, \cdots)$ 时，即 $\sin\delta > 0$，E_y 的相位比 E_x 的相位超前 $\dfrac{\pi}{2}$，因此其合成矢量的端点描绘一个顺时针旋转的圆。相对于观察者迎着光观察

时端点向右旋转，此时光波为右旋圆偏振光。

当 $\delta = -\dfrac{\pi}{2} + 2\pi m \,(m = 0, \pm 1, \pm 2, \cdots)$ 时，即 $\sin\delta < 0$ ，E_y 的相位比 E_x 的相位落后 $\dfrac{\pi}{2}$ ，因此其合成矢量的端点描绘一个逆时针旋转的圆。相对于观察者迎着光观察时端点向左旋转，此时光波为左旋圆偏振光。

当 δ 取其他任意值时，电场矢量轨迹为椭圆，图 2.2 为椭圆偏振光传播示意图。当 $\sin\delta > 0$ 时，光为右旋椭圆偏振光，当 $\sin\delta < 0$ 时，光为左旋偏振光。定义椭率 $e = \dfrac{b}{a}$ 为椭圆短半轴与长半轴的比值，椭率角 $\varepsilon = \arctan e$ ，当 e 表示椭圆旋向时，e 为正对应右旋椭圆偏振，e 为负对应左旋偏振。定义方位角 θ 为椭圆的主轴与 x 轴正轴之间的夹角，取值范围为 $-\dfrac{1}{2}\pi \leqslant \theta \leqslant \dfrac{1}{2}\pi$ ，图 2.3 为椭圆偏振和参数。

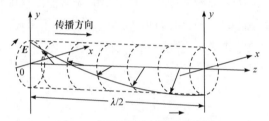

图 2.2 椭圆偏振光传播示意图

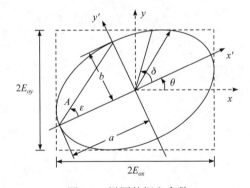

图 2.3 椭圆偏振和参数

当光波中 δ 为等概率的随机数时，光为非偏振光。当光波中既包含偏振光又包含非偏振光时，光为部分偏振光。

由上述分析可知，光按照偏振特性主要分为非偏振光、部分偏振光、线偏振光、圆偏振光和椭圆偏振光。为了更好地表述光的偏振信息，这里引入偏振度和偏振角的概念。偏振度是对光偏振程度的量化描述，范围为 0~1。偏振角是光矢量振动方向与参考方向的夹角。设部分偏振光强为 I_i，非偏振光强为 I_n，完全偏振光强为 I_p，则偏振度 P 可以表述成

$$P = \frac{I_p}{I_i} = \frac{I_p}{I_n + I_p} \tag{2-3}$$

2.2　偏振的表征方法

为了便于计算，偏振光采用三种常用的表示方法，即琼斯矢量、斯托克斯矢量和庞加莱球。

2.2.1　琼斯矢量表示方法

1941 年，琼斯提出了琼斯矢量法，是最早的光偏振特性的描述方法。将电场 E 分解成 x、y 轴两个方向，每个方向的振幅分别为 E_{ox} 和 E_{oy}，相位分别为 δ_1 和 δ_2，则使用一个列矩阵来表示电场矢量在 x、y 方向的分量为

$$\begin{bmatrix} E_x \\ E_y \end{bmatrix} = \begin{bmatrix} E_{ox}\mathrm{e}^{i\delta_1} \\ E_{oy}\mathrm{e}^{i\delta_2} \end{bmatrix} \tag{2-4}$$

式(2-4)称为琼斯矢量。典型偏振态的归一化琼斯矢量如表 2.1 所示。

表 2.1　典型偏振态的归一化琼斯矢量

偏振态	归一化琼斯矢量
0°线偏振光	$[1 \quad 0]^{\mathrm{T}}$
45°线偏振光	$\frac{1}{\sqrt{2}}[1 \quad 1]^{\mathrm{T}}$
90°线偏振光	$[0 \quad 1]^{\mathrm{T}}$
135°线偏振光	$\frac{1}{\sqrt{2}}[1 \quad -1]^{\mathrm{T}}$
右旋圆偏振光	$\frac{1}{\sqrt{2}}[1 \quad -i]^{\mathrm{T}}$
左旋圆偏振光	$\frac{1}{\sqrt{2}}[1 \quad i]^{\mathrm{T}}$

该矩阵称为琼斯矢量。然而，其只能表示完全偏振光，不能表示自然光和部分偏振光，而实际应用中绝大多数光是部分偏振光，这限制了琼斯矢量的应用。

2.2.2 斯托克斯矢量表示方法

斯托克斯矢量由三个独立的参量描述(振幅 E_x、E_y 和相位差 δ),是最常选用的三个宏观可测的量。因此,在散射介质与偏振光的相互作用求解中,采用斯托克斯矢量来描述光的偏振态。斯托克斯矢量由四个参数写成下列矩阵形式[3]:

$$\boldsymbol{S} = \begin{bmatrix} S_0 \\ S_1 \\ S_2 \\ S_3 \end{bmatrix} = \begin{bmatrix} \langle |E_x|^2 \rangle + \langle |E_y|^2 \rangle \\ \langle |E_x|^2 \rangle - \langle |E_y|^2 \rangle \\ \langle 2E_x E_y \cos \delta \rangle \\ \langle 2E_x E_y \sin \delta \rangle \end{bmatrix} \tag{2-5}$$

式中,E_x 和 E_y 为电矢量在所选坐标系中沿 x、y 方向的分量;δ 为两振动分量在研究瞬间的位相差;符号"$\langle\,\rangle$"表示对时间的平均;S_0 表示 x 方向和 y 方向上的强度和;S_1 为 x 方向和 y 方向的强度差;S_2 为 +45° 和 –45° 方向上的强度差;S_3 表示右旋(或左旋)偏振光。用这一组四维矢量可以表示包括偏振度在内的任意偏振光的状态。对于完全偏振光,有如下的关系式:

$$S_0^2 = S_1^2 + S_2^2 + S_3^2 \tag{2-6}$$

式(2-6)表明,这四个参量不是完全独立的。

对于部分偏振光,有如下关系:

$$S_0^2 > S_1^2 + S_2^2 + S_3^2 \tag{2-7}$$

偏振度(degree of depolarization, DOP)作为整个强度中完全偏振光的比例,用下式表示:

$$P = \frac{\sqrt{S_1^2 + S_2^2 + S_3^2}}{S_0} \tag{2-8}$$

斯托克斯的四个参量都是强度的量纲,可由光电方法测定。

在待测光路中,引入起偏和相位延迟器件(1/4 波片),通过测量调制光强求得斯托克斯矢量。若入射光的偏振态用斯托克斯矢量 $\boldsymbol{S}_{in} = \begin{bmatrix} I & Q & U & V \end{bmatrix}^T$ 表示,经一组光学器件后,相应出射光的偏振态用斯托克斯矢量 $\boldsymbol{S}_{out}$ 表示,则 $\boldsymbol{S}_{out}$ 可以经过如下矩阵运算得到:

$$\boldsymbol{S}_{out} = \begin{bmatrix} S_0 \\ S_1 \\ S_2 \\ S_3 \end{bmatrix}_{out} = \boldsymbol{M} \times \boldsymbol{S}_{in} = \begin{bmatrix} m_{11} & m_{12} & m_{13} & m_{14} \\ m_{21} & m_{22} & m_{23} & m_{24} \\ m_{31} & m_{32} & m_{33} & m_{34} \\ m_{41} & m_{42} & m_{43} & m_{44} \end{bmatrix} \times \begin{bmatrix} S_0 \\ S_1 \\ S_2 \\ S_3 \end{bmatrix}_{in} \tag{2-9}$$

式中，4×4 矩阵 M 称为缪勒矩阵，当有多个光学偏振元件时，可以写成级联矩阵的形式。

系统中，可变液晶相位延迟片的缪勒矩阵为

$$M_{\text{LCVR}} = \begin{bmatrix} 1 & 0 & 0 & 0 \\ 0 & \cos^2 2\beta + \sin^2 2\beta \cos\delta & \cos 2\beta \sin 2\beta (1-\cos\delta) & -\sin 2\beta \sin\delta \\ 0 & \cos 2\beta \sin 2\beta (1-\cos\delta) & \sin^2 2\beta + \cos^2 2\beta \cos\delta & \cos 2\beta \sin\delta \\ 0 & \sin 2\beta \cos\delta & -\cos 2\beta \sin\delta & \cos\delta \end{bmatrix}$$

$$(2\text{-}10)$$

式中，β 为快轴与水平方向的夹角；δ 为相位延迟量的大小。

若采用 X 方向检偏器，则偏振片的缪勒矩阵为

$$M_{90} = \frac{1}{2} \begin{bmatrix} 1 & 1 & 0 & 0 \\ 1 & 1 & 0 & 0 \\ 0 & 0 & 0 & 0 \\ 0 & 0 & 0 & 0 \end{bmatrix} \tag{2-11}$$

则入射光的斯托克斯矢量经过检偏器与液晶相位延迟器后得到的新的斯托克斯矢量可表示为

$$S_{\text{out}} = M_{P90} \times M_{\text{LCVR}} \times S_{\text{in}} \tag{2-12}$$

确定液晶相位延迟器的 β 值，改变液晶相位可变延迟器(liquid crystal variable retarders，LCVR)的电压值，得到四组 LCVR 的相位延迟，每组对应一个系统的缪勒矩阵 M 和一个可探测到的光强 I，通过逆矩阵求解并合成后，即可得到输入光的斯托克斯参数：

$$\begin{bmatrix} S_0 \\ S_1 \\ S_2 \\ S_3 \end{bmatrix} = \begin{bmatrix} A_{00} & A_{01} & A_{02} & A_{03} \\ A_{10} & A_{11} & A_{12} & A_{13} \\ A_{20} & A_{21} & A_{22} & A_{23} \\ A_{30} & A_{31} & A_{32} & A_{33} \end{bmatrix} \times \begin{bmatrix} I_1 \\ I_2 \\ I_3 \\ I_4 \end{bmatrix} \tag{2-13}$$

通常已知 4 个强度测量值就能求出该光束的斯托克斯矢量，按如下形式给出 4 个斯托克斯参量的值：

$$\begin{cases} S_0 = I_x + I_y \\ S_1 = I_x - I_y \\ S_2 = 2I_p - \left(I_x + I_y \right) \\ S_3 = 2I_r - \left(I_x + I_y \right) \end{cases} \tag{2-14}$$

式中，I_x、I_y、I_p 分别表示让测量的光束通过一个偏振分析器(线偏振)方位设置为 $0°$、$90°$、$45°$ 时测得的光强；I_r 表示光束通过方位为 $0°$ 的 1/4 波片时探测到的强度。通过计算得到入射光的偏振度和偏振角 θ，进而完成入射光全偏振参数的探测。

$$\begin{cases} \mathrm{DOP} = \dfrac{\sqrt{S_1^2 + S_2^2 + S_3^2}}{S_0} \\ \theta = \dfrac{1}{2}\arctan\left(\dfrac{S_2}{S_1}\right) \end{cases} \tag{2-15}$$

2.2.3　庞加莱球表示方法

1892 年，庞加莱提出使用庞加莱球来表示偏振光，这是一种斯托克斯矢量图形表示方法，如图 2.4 所示。任意偏振态的偏振光可由两个方位角表示，这两个方位角能够在庞加莱球上用球的纬度与经度来表示，因此任何一种偏振态的光都可以由球上一点表示，球上全部点的集合包含光矢量所有可能的偏振态[4]。

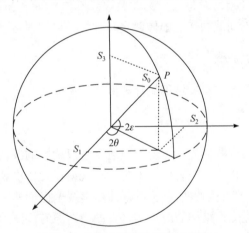

图 2.4　偏振光的庞加莱球表示法

图 2.4 中，P 为偏振度，ε 为椭圆的椭率角，θ 为椭圆的方位角。当 I 为总光强时，直角坐标与球坐标的关系为

$$\begin{bmatrix} S_0 \\ S_1 \\ S_2 \\ S_3 \end{bmatrix} = I \begin{bmatrix} 1 \\ \cos 2\varepsilon \cos 2\theta \\ \cos 2\varepsilon \sin 2\theta \\ \sin 2\varepsilon \end{bmatrix} \tag{2-16}$$

P 的位置代表了光的偏振态。当 P 在球面时满足关系式 $S_0^2 = S_1^2 - S_2^2 + S_3^2$，

表示完全偏振光。当 P 在球内时满足关系式 $S_0^2 > S_1^2 - S_2^2 + S_3^2$，表示部分偏振光。当 P 在球心时表示无偏振光。当 P 在球的外部时，没有实际物理意义。

对于球面上的点，庞加莱球图示法有如下特征：

(1) 在赤道上的任意一点表示不同偏振方向的完全偏振光。当 $\theta = 0$ 时，表示水平偏振光，当 $\theta = \frac{\pi}{2}$ 时，表示垂直偏振光。

(2) 在球的北极点上表示右旋圆偏振光，在球的南极点上表示左旋圆偏振光。

(3) 在下半球面时，表示左旋椭圆偏振光，在上半球面时，表示右旋椭圆偏振光。

2.3　偏振的探测方法

根据获取偏振图像方式的不同，偏振成像方式可分为非实时偏振成像和实时偏振成像[5]。非实时成像原理是在连续的时间内依次获得目标的不同偏振角度下的偏振图像，实时性差，对移动目标成像效果不佳[6-10]。实时成像原理则是在单次曝光中获取目标不同偏振态的图像，实时性好，可以对运动目标成像[11-13]。

2.3.1　非实时型偏振成像

常见的分时探测方法有旋转偏振片和液晶可调滤光片。

1. 旋转偏振片

旋转偏振片是在探测器光学系统前面放置可以旋转的线偏振片，图 2.5 为非实时偏振探测系统。在成像时，使用电机旋转线偏振片依次获得线偏振片角度为 $0°$、$45°$、$90°$ 和 $135°$ 的偏振信息，可以计算出线偏振度的大小和偏振角。旋转偏振片成像系统的优点是结构简单、实现方便，在原有探测器的基础上加上偏振光学器件就可以实现。它的缺点是需要目标处于静止状态，这个条件在实际情况下很难满足，限制了该系统的应用。

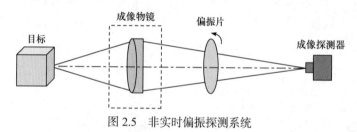

图 2.5　非实时偏振探测系统

2. 液晶可调滤光片

通过给液晶施加不同的电压可以得到入射光的不同相位延迟量，从而获得不同的偏振态，用于偏振成像。目前用于偏振成像的液晶器件主要有 LCVR 和液晶可调谐滤光片(liquid crystal tunable filter，LCTF)。图 2.6 为全偏振测量系统，通过调节滤光片来选择探测波段，控制两个 LCVR 的四组驱动电压来产生四个不同的相位延迟量，获得目标的四个偏振分量信息。基于 LCVR 的偏振成像系统避免了旋转偏振片时光束漂移和帧间波动现象，同时具有易于实现、体积小等优点，但对运动目标成像效果差。

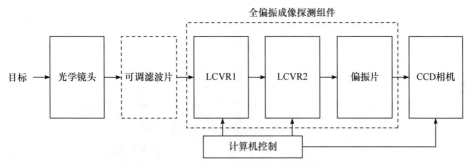

图 2.6　LCVR 全偏振测量系统

2.3.2　实时型偏振成像系统

实时偏振成像系统可以同时获取不同的偏振态图像，从而实时获取目标的偏振信息，因此应用广泛。根据获取方式的不同，实时偏振成像系统可以分为分振幅偏振成像系统、分孔径偏振成像系统和分焦平面偏振成像系统。

1. 分振幅偏振成像系统

1979 年，Garlick 首次提出了分振幅偏振成像系统，利用振幅分割的方式组成双通道系统，获取了相互垂直的偏振方向的偏振图像。图 2.7 为双通道分振幅偏振成像系统示意图。20 世纪 90 年代，分振幅偏振成像系统发展到了可以同时获取四个偏振方向，可以测得完整的斯托克斯矢量。图 2.8 为四通道分振幅偏振成像系统示意图。它包含四个独立的焦平面探测器，入射光透过一系列的偏振分光镜和偏振延迟器，在四个探测器上获得不同起偏角度的偏振图像，由四幅偏振图像计算入射光的偏振信息。

分振幅偏振成像系统的优点是可以完成对运动目标的检测，实时探测目标偏振信息。它的缺点是：整个探测系统结构复杂、造价昂贵、体积较大；分振幅后强度衰减很大，不利于弱小目标的探测；多套偏振探测系统之间需要校准。

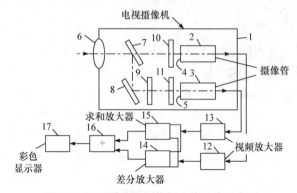

图 2.7 双通道分振幅偏振成像系统示意图

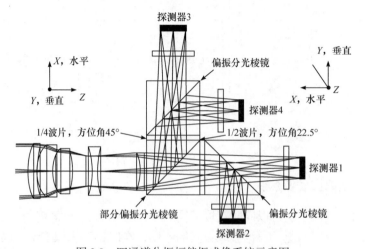

图 2.8 四通道分振幅偏振成像系统示意图

2. 分孔径偏振成像系统

分孔径偏振成像系统利用一套光学系统将光路分为四个通道，在每个通道后面放置不同偏振方向的偏振器件，在同一个探测器上进行成像，这样确保了四个通道视场共轴，同时获取了四个不同偏振方法的图像。图 2.9 为分孔径偏振成像系统示意图。

分孔径偏振成像系统的优点是：相比于分振幅偏振成像系统，其信号强，有利于对弱小目标的探测。它的缺点是：采用多个镜头和光栅，导致成本高；损失了空间分辨率。

3. 分焦平面偏振成像系统

分焦平面偏振探测器是将微偏振光学元件直接附在探测器的焦平面阵列(focal plane array，FPA)上，如图 2.10 所示。在相邻四个像元上具有四个不同方向

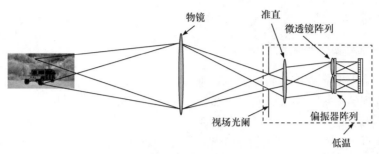

图 2.9　分孔径偏振成像系统示意图

(0°、45°、90° 和 135°)的微偏振片，可以同时获取三个斯托克斯矢量，实时获取入射光中线偏振信息。

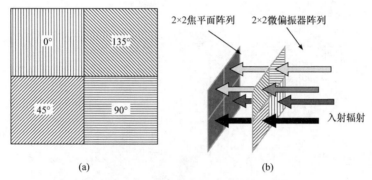

图 2.10　分焦平面偏振探测器结构示意图

分焦平面探测器的优点是[14]：相较于分振幅偏振成像系统和分孔径偏振成像系统，其系统结构简单，只需将微偏振片与焦平面探测器集成，无需多个偏振片和多个镜头，多个探测器即可实现偏振实时成像，保障了较高的辐射强度，是未来偏振成像的发展方向。分焦平面探测器的缺点是：微偏振阵列与探测器成像阵列集成难度大；存在像元串扰、视场角不均匀、微偏振透射率不均匀等问题。

2.4　分焦平面偏振成像探测原理

2.4.1　分焦平面偏振成像技术

分焦平面偏振成像技术始于 20 世纪末,研究者设计的将不同偏振方向的线偏振片集成到同一 CCD 相机上就是这种成像方式最早的雏形。最初的分焦平面偏振传感器的偏振调制方向只有两个，随着微纳加工工艺的进步和纳米光子学技术的发展，生产出结构紧凑的多方向高分辨率分焦平面偏振传感器已成为现实。目前，分焦平面偏振成像技术主要是通过周期单元为 2×2 的偏振片阵列来解算出斯托克斯矢量[15]。

1. 分焦平面偏振成像原理

分焦平面偏振成像指将偏振元件阵列(微偏振片)直接集成到探测器的感光芯片上，阵列的每一个偏振调制单元都对应感光芯片的单个影像单元，偏振元件阵列通过在微偏振片上光刻金属光栅实现。

图 2.11 为偏振分焦平面像素阵列示意图。图中，每 2×2 排列的四个像素组成一个基本周期，称之为超像素。在一个超像素内，每个像素为光经过微偏振片上不同偏振调制方向的单元所获取的偏振信息，通常情况下这四个像素分别为对应0°、45°、90°、135° 这四个不同偏振调制方向的偏振信息。

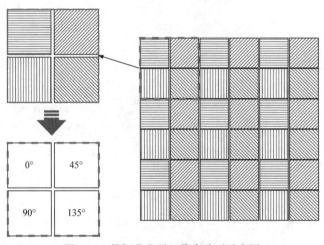

图 2.11　偏振分焦平面像素阵列示意图

在一个超像素内，四个紧密排列的不同偏振调制方向的像素点极其微小，因此在宏观条件下可以理想化认为四个像素点获取的信息为一个像素点的四个不同偏振调制方向的偏振信息。可以通过一个超像素同时采集四个不同偏振调制方向的偏振信息，重构出入射光的斯托克斯矢量、偏振度、偏振角等偏振信息，实现对目标的偏振成像。

分焦平面偏振成像可以实现同时获取四个方向的偏振信息，打破了拍摄条件中要求拍摄期间相机和目标物不发生位移变化的限制，不仅适用于静态场景的实验探测研究，而且适用于动态场景的实验研究，特别是外场实验中成像目标和成像仪器的相对位置会随时间变化而变化的场合。分焦平面偏振成像虽然损失了分辨率，但是并不影响在外场实验中通过大视角成像获取目标场景的大视角偏振信息。

分焦平面偏振成像以牺牲空间分辨率为代价，获得了高集成度和实时性，因此具有结构紧凑、功耗低、使用便捷、能同时成像等优点。

2. 分焦平面偏振成像误差分析

虽然分焦平面偏振成像方式具有系统集成度高、功耗低、使用便捷等优点，但也存在有瞬时视场误差的缺陷。在分焦平面偏振成像技术中，做如下初始假定：在一个超像素内，四个紧密排列的不同偏振调制方向的像素点极其微小，因此在宏观条件下可以理想化地认为四个像素点获取的信息为同一个像素点的四个不同偏振调制方向的偏振信息[16]。如果图像比较平滑、平坦，那么这种计算方式没有问题，不会对结果产生明显影响。但是在图像中强度变化大的地方，这种方式就行不通了。

图 2.12 为小轿车边界分焦平面偏振成像超像素放大示意图。从小轿车探测图像的超像素放大示意图中可以发现，在小轿车边界处一个超像素内强度值变化巨大。也就是说，采集的这一个超像素内四个不同方向的偏振信息是无法理想化地认为是同一个像素点的信息，依然采用前面的假设会让结果产生很大的误差[17]。

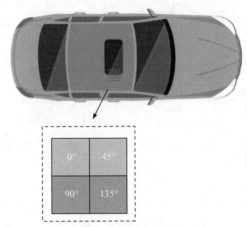

图 2.12　小轿车边界分焦平面偏振成像超像素放大示意图

在斯托克斯矢量的计算中，参量 S_1 为 0° 和 90° 线偏振光强之差，参量 S_2 为 45° 和 135° 线偏振光强之差。求解这些斯托克斯矢量所需的相减运算，会在偏振特征图像的计算中产生虚假的边缘信息，造成偏振信息的不准确。

因此，需要进行校正，通过插值的方法计算出同一像素点其他三个方向的偏振信息，将缺失的偏振信息恢复出来，再重构出入射光的斯托克斯矢量、偏振度、偏振角等偏振信息。

图 2.13 为分焦平面偏振原图像结构示意图，显示了直接采集到的偏振原图像的结构。将图中偏振调制方向为 0°、45°、90°、135° 的像素分别提取出来，得

到四个不同方向的偏振信息。图 2.14 为原始图像中提取的四个不同方向的偏振信息。

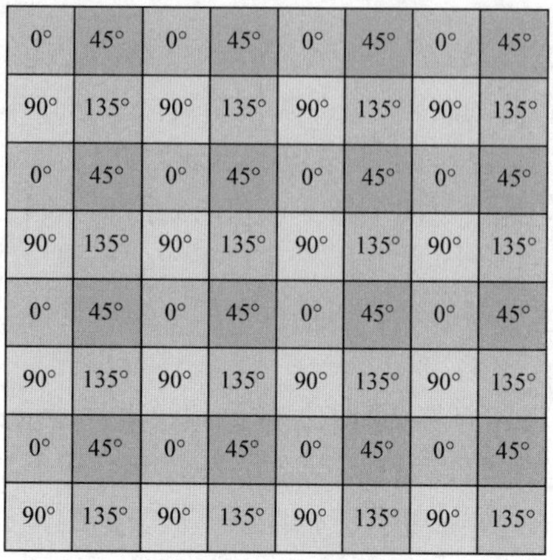

图 2.13　分焦平面偏振原图像结构

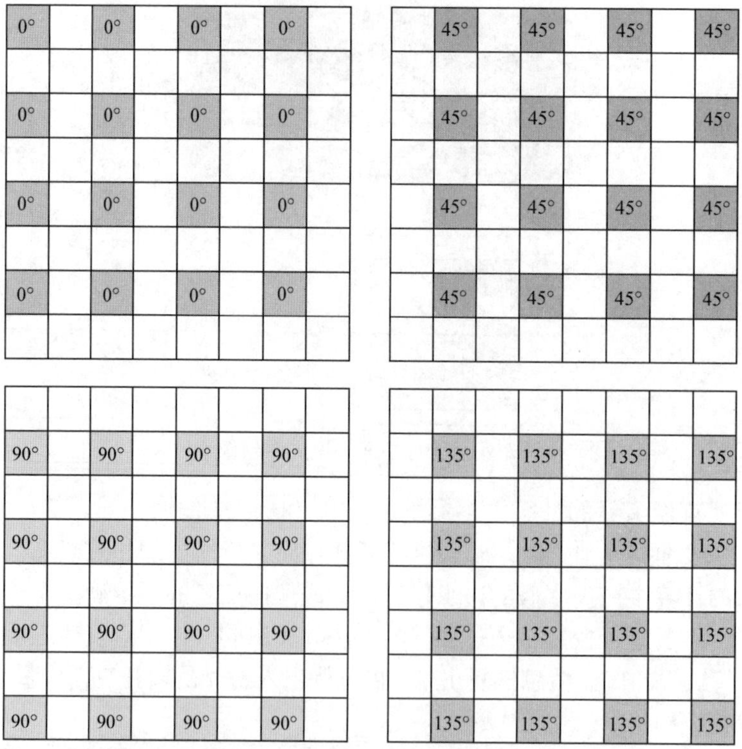

图 2.14　原始图像中提取的四个不同方向的偏振信息

图 2.14 中白色的部分即为缺失的偏振信息，需要通过插值算法补齐。图 2.15

为插值补齐后四个不同偏振调制方向的信息。

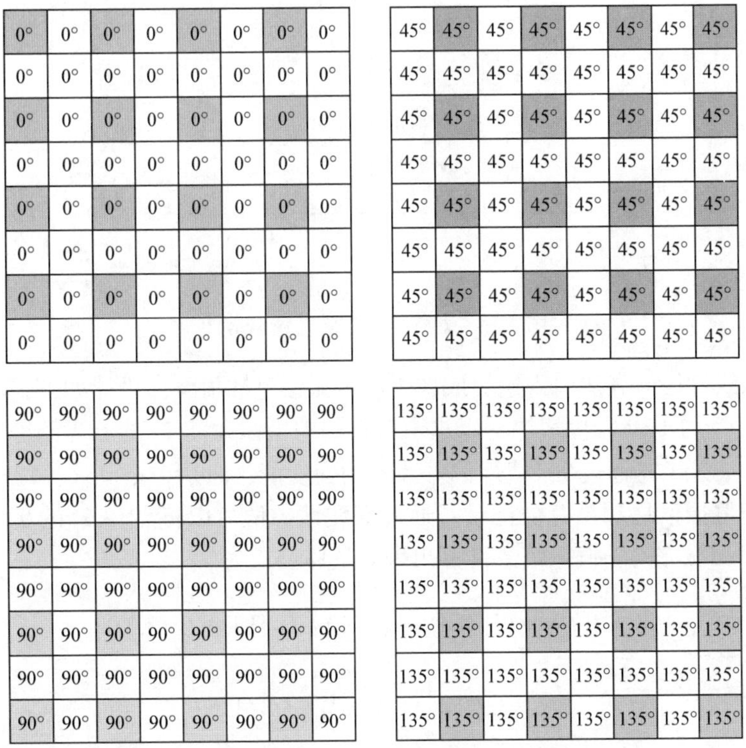

0°	0°	0°	0°	0°	0°	0°	0°
0°	0°	0°	0°	0°	0°	0°	0°
0°	0°	0°	0°	0°	0°	0°	0°
0°	0°	0°	0°	0°	0°	0°	0°
0°	0°	0°	0°	0°	0°	0°	0°
0°	0°	0°	0°	0°	0°	0°	0°
0°	0°	0°	0°	0°	0°	0°	0°
0°	0°	0°	0°	0°	0°	0°	0°

45°	45°	45°	45°	45°	45°	45°	45°
45°	45°	45°	45°	45°	45°	45°	45°
45°	45°	45°	45°	45°	45°	45°	45°
45°	45°	45°	45°	45°	45°	45°	45°
45°	45°	45°	45°	45°	45°	45°	45°
45°	45°	45°	45°	45°	45°	45°	45°
45°	45°	45°	45°	45°	45°	45°	45°
45°	45°	45°	45°	45°	45°	45°	45°

90°	90°	90°	90°	90°	90°	90°	90°
90°	90°	90°	90°	90°	90°	90°	90°
90°	90°	90°	90°	90°	90°	90°	90°
90°	90°	90°	90°	90°	90°	90°	90°
90°	90°	90°	90°	90°	90°	90°	90°
90°	90°	90°	90°	90°	90°	90°	90°
90°	90°	90°	90°	90°	90°	90°	90°
90°	90°	90°	90°	90°	90°	90°	90°

135°	135°	135°	135°	135°	135°	135°	135°
135°	135°	135°	135°	135°	135°	135°	135°
135°	135°	135°	135°	135°	135°	135°	135°
135°	135°	135°	135°	135°	135°	135°	135°
135°	135°	135°	135°	135°	135°	135°	135°
135°	135°	135°	135°	135°	135°	135°	135°
135°	135°	135°	135°	135°	135°	135°	135°
135°	135°	135°	135°	135°	135°	135°	135°

图 2.15　插值补齐后四个不同偏振调制方向的信息

2.4.2　偏振插值算法

插值算法一般应用在图像放大中，较为经典的方法有双线性插值、双三次插值等[18]。下面对偏振信息的插值方法进行研究，通过插值技术将缺失的偏振信息补齐，并提出一种基于边缘的偏振信息插值方法。

1. 传统的偏振插值算法

目前插值在分焦平面偏振成像技术中的应用方法主要为双线性插值法和双三次插值法[19]。

1) 双线性插值法

双线性插值的原理是根据采样点与周围四个相邻点之间的距离来确定相应的权重，计算出待采样的像素值。其插值核函数数学表达式为

$$h(x) = \begin{cases} 1-|x|, & 0 \leqslant |x| < 1 \\ 0, & \text{其他} \end{cases} \tag{2-17}$$

图 2.16 为双线性插值算法核函数图。

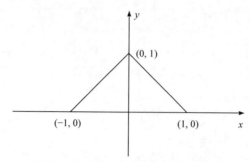

图 2.16　双线性插值算法核函数图

将双线性插值算法引入偏振成像中的偏振信息插值具体设计如下：

图 2.17 为 4×4 的像素块。以这个像素块中坐标为 (2,2) 的点为例进行阐述。该像素点记录了光通过 90° 线性偏振片时的强度值，但是 0°、45°、135° 三个偏振方向的偏振信息却没有被记录。通过双线性插值可以将点 (2,2) 的 0°、45°、135° 三个偏振方向的偏振信息计算出来。具体公式为

$$I_{0°}(2,2)=\frac{1}{4}[I_{0°}(1,1)+I_{0°}(1,3)+I_{0°}(3,1)+I_{0°}(3,3)] \tag{2-18}$$

$$I_{45°}(2,2)=\frac{1}{2}[I_{45°}(1,2)+I_{45°}(3,2)] \tag{2-19}$$

$$I_{135°}(2,2)=\frac{1}{2}[I_{135°}(2,1)+I_{135°}(2,3)] \tag{2-20}$$

$I_{0°}(1,1)$	$I_{45°}(1,2)$	$I_{0°}(1,3)$	$I_{45°}(1,4)$
$I_{135°}(2,1)$	$I_{90°}(2,2)$	$I_{135°}(2,3)$	$I_{90°}(2,4)$
$I_{0°}(3,1)$	$I_{45°}(3,2)$	$I_{0°}(3,3)$	$I_{45°}(3,4)$
$I_{135°}(4,1)$	$I_{90°}(4,2)$	$I_{135°}(4,3)$	$I_{90°}(4,4)$

图 2.17　4×4 的像素块

通过式(2-18)～式(2-20)即可计算出坐标为 (2,2) 的点上 0°、45°、135° 三个

偏振方向的偏振信息。要计算其他坐标点缺失的三个方向的偏振信息，只需要依照式(2-18)~式(2-20)更改对应坐标点进行计算。

利用双线性插值可补全缺失的偏振信息，获得完整偏振信息的图像。但是，双线性插值方法没有考虑相邻点间变化率的影响，会损失偏振图像的重要细节，使处理后的偏振图像变得模糊不清[20]。

2) 双三次插值法

双三次插值也称为立方卷积插值。该方法在考虑待插值点四个相邻像素值的基础上还考虑了四个邻近像素值之间的变化率，因此对图像具有更好的处理效果。其插值核函数数学表达式为

$$h(x) = \begin{cases} \dfrac{3}{2}|x|^3 - \dfrac{5}{2}|x|^2 + 1, & 0 \leqslant |x| < 1 \\[2mm] -\dfrac{1}{2}|x|^3 - \dfrac{5}{2}|x|^2 - 4|x| + 2, & 1 \leqslant |x| < 2 \\[2mm] 0, & \text{其他} \end{cases} \tag{2-21}$$

图 2.18 为双三次插值算法的核函数图。

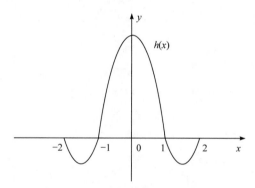

图 2.18　双三次插值算法的核函数图

将双三次插值算法引入偏振成像中的偏振信息插值具体设计如下：

图 2.19 为基于双三次插值算法的偏振图像插值，是一个 5×5 的传感器阵列模型，深灰色的部分为已知 0° 方向的偏振信息，浅灰色区域为待插值区域，即坐标 (3,4)、(4,3)、(4,4)、(4,5) 和 (5,4) 处是需要通过插值计算出 0° 方向偏振信息的点。这些像素值的计算是要基于已知像素的强度值和 5×5 像素区域内水平、垂直、对角三个空间导数组成的 16 个方程进行计算，即

$$f_i(x,y) = \sum_{i=0}^{3} \sum_{j=0}^{3} a_{ij} x^i j^i \tag{2-22}$$

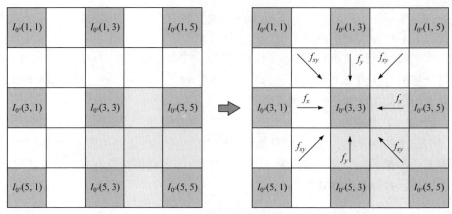

图 2.19　基于双三次插值算法的偏振图像插值

在上述方程中确定了 16 个插值系数后即可求解出 5 个待插值像素点的值，16 个系数分成三部分来确定。第一部分的 4 个系数根据四个角的像素强度值直接确定，第二部分的 8 个系数通过水平方向和垂直方向上的空间导数确定，第三部分的 4 个系数根据对角推导出的公式确定。同理，可计算出其他方向上缺失的偏振信息，进而计算出斯托克斯矢量。

双三次插值法可以得到更接近原始真实信息的偏振图像，但针对偏振图像的边缘等重要细节依然会有一定的损失。

2. 基于边缘的偏振插值算法

传统插值算法对偏振图像的重要细节损失较多。Li 等提出一种对边缘像素点进行协方差权重插值的方案[21]，但是该方法算法复杂度过高，难以在嵌入式平台实现。为了减小插值过程中的计算复杂度，本节提出一种算法复杂度较低且具有较好插值效果的基于边缘的偏振图像插值方法。图 2.20 为基于边缘的偏振插值算法流程，判断像素是否为边缘像素点，对边缘像素点和非边缘像素点分别采用边缘自适应权重插值法和双线性插值法进行插值。

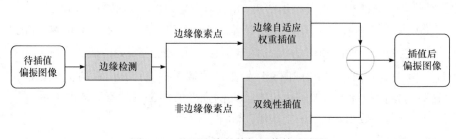

图 2.20　基于边缘的偏振插值算法流程

下面进行边缘像素和非边缘像素的判定。以 0° 方向的偏振图像为例，规定 Y_h

为原图大小的高分辨率偏振图像，X_i 是 0° 方向的偏振像素点提取重组后仅为 Y_h 四分之一大小的低分辨图像，$Y(2i-1,2j-1)=X(i,j)$。将待判断位置的像素点分为对角、水平、垂直三类，分别用 $Y(2i,2j)$、$Y(2i-1,2j)$、$Y(2i,2j-1)$ 表示。图 2.21 为三类待插值像素与周围像素的关系。

图 2.21(a)为对角像素，点 $Y(2i-1,2j-1)$、$Y(2i-1,2j+1)$、$Y(2i+1,2j-1)$、$Y(2i+1,2j+1)$ 为待插值像素 $Y(2i,2j)$ 的四邻域像素，像素 $Y(2i,2j)$ 的局部方差等于四邻域像素的方差。如果其值小于阈值 T_1，那么 $Y(2i,2j)$ 就判定为非边缘像素；反之就判定为边缘像素。同理，可得到另外两类像素点的判定结果。

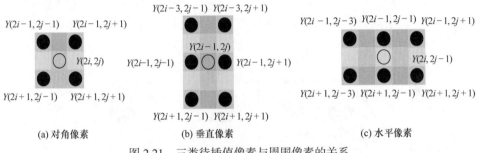

(a) 对角像素　　　　　　(b) 垂直像素　　　　　　(c) 水平像素

图 2.21　三类待插值像素与周围像素的关系

非边缘像素直接采用双线性偏振插值，前面已经介绍过。下面介绍边缘像素的插值方法。

同上，规定 Y_h 为原图大小的高分辨率偏振图像，X_i 是 0° 方向的偏振像素点提取重组后仅为 Y_h 四分之一大小的低分辨图像。图 2.22 为 0° 方向上偏振图像待插值示意图，图中黑色背景的 A 代表图像 X_i 上的像素点，即原图像中 0° 方向偏振光方向的像素点；B 和 C 代表图像 Y_h 上待估的像素点，即其他偏振方向的像素点被提取之后需要进行插值处理的像素点。

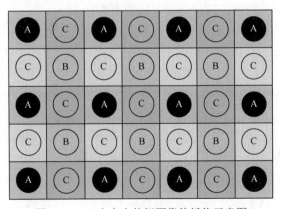

图 2.22　0° 方向上偏振图像待插值示意图

　　为了便于对算法进行解释，这里将待插值边缘像素点归为两类。第一类是图像的垂直和水平插值(即图中 C 点)；第二类是图像的对角插值(即图中 B 点)。

1) 第一类边缘像素点插值

　　以像素点 $Y(2i,2j-1)$ 为例进行说明。假设该点记录的是 90° 的偏振信息，缺少 0° 方向的偏振信息。通过周围 2×3 邻域内 6 个 0° 方向上的偏振信息进行判断，计算得出该点 0° 方向的偏振信息 q。图 2.23 为边缘区域像素点 $Y(2i,2j-1)$ 的插值示意图，通过周围 2×3 邻域内 6 个 0° 方向的偏振信息计算 3 个方向上的像素差值，分别用 d_1、d_2、d_3 表示，$d_1=\left|Y(2i-1,2j-3)-Y(2i+1,2j+1)\right|$，$d_2=\left|Y(2i-1,2j-1)-Y(2i+1,2j-1)\right|$，$d_3=\left|Y(2i-1,2j+1)-Y(2i+1,2j-3)\right|$。选择三者之中的最小值 $d_{\min}$，沿着最小值方向上的两个 0° 的偏振信息进行加权计算即可得到待插值的偏振信息。

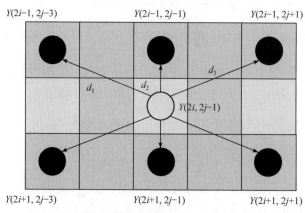

图 2.23　边缘区域像素点 $Y(2i,2j-1)$ 的插值示意图

　　例如当 $d_{\min}=d_1$ 时，$q=(Y^2(2i-1,2j-3)+Y^2(2i+1,2j+1))/(Y(2i-1,2j-3)+Y(2i+1,2j+1))$，同理可得其他情况下的偏振信息。

2) 第二类边缘像素点插值

　　以像素点 $Y(2i,2j)$ 为例进行说明。记 p 为点 $Y(2i,2j)$ 的 0° 方向的偏振信息。求解 p 时，像素点 $Y(2i,2j)$ 为周围邻域像素 0° 方向偏振信息皆已存在。其中，对角方向上为原有的 0° 方向的偏振信息，如图 2.24 边缘区域像素点 $Y(2i,2j)$ 插值示意图中的黑色圆点所示；垂直和水平方向上的偏振信息已通过前面的插值计算出来，如图 2.24 边缘区域像素点 $Y(2i,2j)$ 插值示意图中的灰色圆点所示。因此，采用 p 周围 3×3 邻域内 8 个像素点的 0° 方向偏振信息进行判断。计算 4 个方向上的差值，分别用 f_1、f_2、f_3、f_4 表示，$f_1=\left|Y(2i-1,2j-1)-Y(2i+1,2j+1)\right|$，$f_2=\left|Y(2i-1,2j)-Y(2i+1,2j)\right|$，$f_3=\left|Y(2i-1,2j+1)-Y(2i+1,2j-1)\right|$，$f_4=\left|Y(2i,\right.$

$2j-1)-Y(2i,2j+1)\big|$。四者之中最小值 $f_{\min}$ 即为待插值点 $Y(2i,2j)$ 的 $0°$ 方向偏振信息的插值方向。沿着该方向，取该方向上两个点的 $0°$ 偏振信息进行加权计算即可得到点 $Y(2i,2j)$ 的 $0°$ 方向偏振信息 p。

例如当 $f_{\min}=f_1$ 时， $p=(Y^2(2i-1,2j-1)+Y^2(2i+1,2j+1))/(Y(2i-1,2j-1)+Y(2i+1,2j+1))$。同理，可求解其他偏振调制方向上缺失的偏振信息。

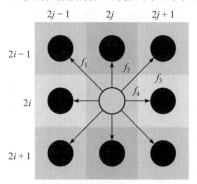

图 2.24 边缘区域像素点 $Y(2i,2j)$ 的插值示意图

2.4.3 偏振参量解算

图 2.25 为偏振参量解算流程。

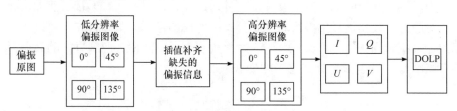

图 2.25 偏振参量解算流程

DOLP-线偏振度(degree of linear polarization)

通过微偏振片获得的偏振原图像，经过像素点的提取重组后，可得到方向分别为 $0°$、$45°$、$90°$ 和 $135°$ 方向上的线偏振光图像，每幅图像分辨率只有原图大小的四分之一。通过插值算法将缺失的像素点补齐，这样就获得了 $0°$、$45°$、$90°$ 和 $135°$ 方向高分辨率线偏振光图像 $I_{0°}$、$I_{45°}$、$I_{90°}$ 和 $I_{135°}$。

利用式(2-23)计算出斯托克斯矢量 $(I,Q,U,V)^{\mathrm{T}}$ 来表示偏振信息，其中 I(即 S_0) 表示光波的总强度， Q(即 S_1) 表示 $0°$ 和 $90°$ 方向线偏振光的差值； U(即 S_2) 表示 $45°$ 和 $135°$ 方向线偏振光的差值； V(即 S_3) 表示圆偏振分量，即左旋偏振分量与右旋偏振分量的差值。

$$S = \begin{bmatrix} S_0 \\ S_1 \\ S_2 \\ S_3 \end{bmatrix} = \begin{bmatrix} I \\ Q \\ U \\ V \end{bmatrix} = \begin{bmatrix} I_{0°} + I_{90°} \\ I_{0°} - I_{90°} \\ I_{45°} + I_{135°} \\ I_{\text{right}} + I_{\text{left}} \end{bmatrix} \tag{2-23}$$

在自然光中 V 特别小，因此这里不考虑 V，即 $V = 0$，可得

$$S = \begin{bmatrix} I \\ Q \\ U \end{bmatrix} = \begin{bmatrix} I_{0°} + I_{90°} \\ I_{0°} - I_{90°} \\ I_{45°} + I_{135°} \end{bmatrix} \tag{2-24}$$

在此基础上，利用斯托克斯矢量 $(I,Q,U,V)^{\text{T}}$ 的分量，利用式(2-25)即可计算线偏振图像[22]。线偏振度计算公式为

$$\text{DOLP} = \frac{\sqrt{Q^2 + U^2}}{I} \tag{2-25}$$

2.4.4　实验及结果分析

为了对不同方法的插值效果进行评估，这里对一幅与插值后的偏振图像大小相同的偏振原图像进行分析。分焦平面偏振成像技术生成的只能是低分辨率的偏振图像，因此无法将插值后的偏振图像与真实的偏振图像进行比较。

为了解决这个问题，本书设计了一种通过在普通灰度 CCD 相机前加旋转偏振片对静态目标物进行拍摄来获得高分辨率偏振图像的方法。首先，通过将旋转偏振片分别转到0°、45°、90°、135°，从而获得不同偏振调制方向的高分辨率偏振原图像。图 2.26 为理想参考图像获取的实验原理。

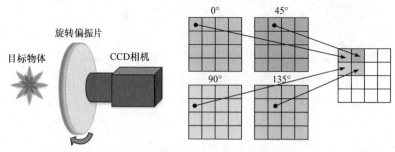

图 2.26　理想参考图像获取的实验原理

然后，通过模拟分焦平面偏振成像方式，分别对四个不同偏振调制方向的偏振图像进行采样重组，来获得用于插值计算的缺失偏振信息的原图像。最后，将插值后的偏振图像和高分辨率偏振原图像分别进行偏振参量计算，通过比较求出的偏振特征图像来分析不同插值算法在偏振成像中应用效果的优劣。

　　对于目标物本书选择了带有刻度标记的金属材质，一方面是因为金属材质的偏振成像效果较好，另一方面带有刻度便于对插值算法的效果进行观测。算法实验环境及模型参数设置如下：Intel(R)Core(TM)i7-6700CPU(4.00GHz)，Windows 7 64 位操作系统，软件为 Visual Studio 2015。

　　图 2.27 为真实线偏振图像和插值算法校正后解算得到的线偏振图像的第一组实验结果。(a)图为高分辨率偏振原图像直接进行偏振参量解算得到的真实线偏振图像。(b)~(d)图皆为高分辨率偏振原图像模拟分焦平面成像方式进行采样，获得四幅低分辨率偏振图像，经过插值算法校正后，进行偏振参量解算得到的线偏振图像。图 2.28 为图 2.27 中对应图像的局部细节放大。

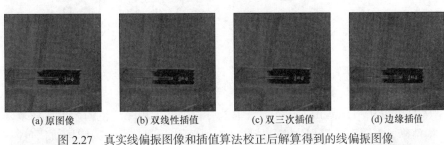

(a) 原图像　　　　(b) 双线性插值　　　　(c) 双三次插值　　　　(d) 边缘插值

图 2.27　真实线偏振图像和插值算法校正后解算得到的线偏振图像

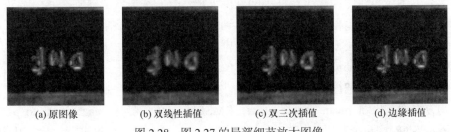

(a) 原图像　　　　(b) 双线性插值　　　　(c) 双三次插值　　　　(d) 边缘插值

图 2.28　图 2.27 的局部细节放大图像

　　从图中可以看出，基于边缘插值校正的偏振成像算法得到的图像更加清晰明显，细节处更接近真实线偏振图像，效果优于其他两种方法。基于双线性插值和双三次插值方法得到的图像细节效果略微模糊，损失了部分偏振信息。对比双线性插值方法和双三次插值方法发现，双三次插值方法得到的偏振参量图像效果更好一些，略优于双线性插值算法。

　　图 2.29 为真实图像 I 和插值算法校正后解算得到的图像 I 的第二组实验结果。(a)图为高分辨率偏振原图像直接进行偏振参量解算得到的真实偏振光强图像 I。(b)~(d)图皆为高分辨率偏振原图像模拟分焦平面成像方式进行采样，获得四幅低分辨率偏振图像，经过插值校正算法后，进行偏振参量解算得到的偏振光强图像 I。图 2.30 为图 2.29 中对应图像的局部细节放大。

　　　(a) 原图像　　　　　　(b) 双线性插值　　　　　(c) 双三次插值　　　　　(d) 边缘插值

图 2.29　真实图像 I 和插值算法校正后解算得到的图像 I

　　　(a) 原图像　　　　　　(b) 双线性插值　　　　　(c) 双三次插值　　　　　(d) 边缘插值

图 2.30　图 2.29 的局部细节放大图像

　　从图 2.29 中可以看出，三组方法中最后一个基于边缘插值的偏振成像效果最好，最清晰，无明显的模糊失真。从图 2.30 中可以看到，由于采样导致信息不全，插值后的图像与原图像相比在细小的刻度上依然会有锯齿状的缺陷。其中，基于双线性和双三次插值偏振成像算法所得到的图像 I 锯齿状缺陷较为明显。基于边缘插值偏振成像算法得到的图像 I 依稀也可以看到锯齿状边缘，但是已经细小到可以忽略不计，局部细节放大后与原图像最为接近。

　　为了对本章的偏振成像算法的有效性进行更加科学、客观的评判，本书选择了均方根误差(root mean square error，RMSE)和峰值信噪比(peak signal to noise ratio，PSNR)这两个基于理想参考图像的评价指标对实验的结果进行评价。其中，RMSE 值越小说明结果图像质量越好；PSNR 值越大说明结果图像质量越好。

　　表 2.2 和表 2.3 为两组实验客观评价指标所得结果。从表中可以看出，基于边缘插值偏振成像算法的效果明显优于其他两种偏振成像算法；在其他两种偏振成像算法中，基于双三次插值的偏振成像算法效果略优于双线性插值偏振成像算法。客观评价结果与基于人眼观察的主观分析结果一致。

表 2.2　第一组实验客观评价结果

指标	双线性插值	双三次插值	边缘插值
RMSE	0.1090	0.1001	0.0790
PSNR	37.8481	39.2036	43.3752

表 2.3　第二组实验客观评价结果

指标	双线性插值	双三次插值	边缘插值
RMSE	2.2873	2.1973	1.7958
PSNR	41.9128	42.5521	45.5109

2.5　本 章 小 结

　　本章主要进行了基于分焦平面偏振成像的插值与参量解算研究。首先对分焦平面偏振成像技术进行研究，分析了分焦平面偏振成像技术产生瞬时视场误差的原因；然后研究了传统插值方法在分焦平面偏振成像中对瞬时视场误差进行校正的方法；接着分析了传统方法的不足，提出了一种基于边缘的偏振插值方法，并进行参量解算；最后进行了实验。实验结果表明，与其他插值方法相比，本书所提方法得到的偏振特征图像最接近理想参考图像，在主观视觉感受和客观评价方面都有较大的提升。

参 考 文 献

[1] 王宇. 长线列红外中长波图像融合关键技术研究[D]. 上海: 中国科学院研究生院(上海技术物理研究所), 2014.

[2] 王洪亮. 中波红外光谱偏振成像技术及系统研究[D]. 长春: 中国科学院大学(中国科学院长春光学精密机械与物理研究所), 2018.

[3] 韩平丽. 水下目标偏振成像探测技术研究[D]. 西安: 西安电子科技大学, 2018.

[4] 张海洋. 分振幅偏振成像系统定标研究[D]. 长春: 中国科学院大学(中国科学院长春光学精密机械与物理研究所), 2018.

[5] 岳振. 实时红外偏振融合关键技术研究[D]. 上海: 中国科学院研究生院(上海技术物理研究所), 2015.

[6] Azzam R M A. Photopolarimeter using two modulated optical rotators[J]. Optics letters, 1977, 1(5): 181-183.

[7] Stenflo J O, Povel H. Astronomical polarimeter with 2-D detector arrays[J]. Applied optics, 1985, 24(22): 3893-3898.

[8] Laude-Boulesteix B, De Martino A, Drévillon B, et al. Mueller polarimetric imaging system with liquid crystals[J]. Applied optics, 2004, 43(14): 2824-2832.

[9] Halajian J D, Hallock H B. Computerized polarimetric terrain mapping system: U.S. Patent 3, 864, 513[P]. 1975-02-04.

[10] Pezzaniti J L, Chenault D B. A division of aperture MWIR imaging polarimeter[C]//Polarization Science and Remote Sensing Ⅱ. International Society for Optics and Photonics, Bellingham, 2005: 58880.

[11] Garlick G F J, Steigmann G A, Lamb W E. Differential optical polarization detectors: U.S.

Patent 3, 992, 571[P]. 1976-11-16.

[12] Barter J D, Lee P H Y, Thompson Jr H R, et al. Stokes parameter imaging of scattering surfaces[C]//Polarization: Measurement, Analysis, and Remote Sensing. International Society for Optics and Photonics, San Diego, 1997, 3121: 314-320.

[13] Lara D, Dainty C. Double-pass axially resolved confocal Mueller matrix imaging polarimetry[J]. Optics letters, 2005, 30(21): 2879-2881.

[14] Zhao X, Bermak A, Boussaid F, et al. Liquid-crystal micropolarimeter array for full Stokes polarization imaging in visible spectrum[J]. Optics express, 2010, 18(17): 17776-17787.

[15] 闫佩正. 分焦平面型光学测量系统的器件与算法研究[D]. 合肥: 中国科学技术大学, 2015.

[16] 黄飞. 红外偏振探测关键技术研究[D]. 上海: 中国科学院大学(中国科学院上海技术物理研究所), 2018.

[17] Kimbrough B T. Pixelated mask spatial carrier phase shifting interferometry: Algorithms and associated errors[J]. Applied Optics, 2006, 45(19): 4554-4562.

[18] 钟宝江, 陆志芳, 季家欢. 图像插值技术综述[J]. 数据采集与处理, 2016, 31(6): 1083-1096.

[19] 陈亚芹. 基于插值方法的偏振图像处理技术研究[D]. 长春: 长春理工大学, 2016.

[20] 王潇. 基于 DoFP 传感器的偏振图像插值与去噪的数字算法研究[D]. 深圳: 深圳大学, 2016.

[21] Li X, Orchard M T. New edge-directed interpolation[J]. IEEE Transactions on Image Processing, 2001, 10(10): 1521-1527.

[22] 莫春和. 浑浊介质中偏振图像融合方法研究[D]. 长春: 长春理工大学, 2014.

第 3 章 目标偏振双向反射特性

现实应用中的目标表面通常是粗糙的，因此在目标偏振特性研究中，对粗糙目标表面的研究是重点。无论目标表面粗糙程度有多大，入射光到达目标表面都可能会发生遮挡，在某一观测角方向也会有些散射光被遮挡不能到达探测器。因此，本章研究粗糙目标表面的微观分布对目标红外偏振特性的影响。

3.1 双向反射特性

3.1.1 双向反射分布函数

目标表面的反射率取决于其自身材料特性和表面纹理(或粗糙度)，因此美国学者 Nicodemus 提出双向反射分布函数(bidirectional reflectance distribution function，BRDF)。

BRDF 在光的辐射度学上的严格定义最早由 Nicodemus 于 20 世纪 70 年代提出：入射光入射到物体表面经过反射后的出射辐射亮度与入射光辐射照度的比值，其表达式为[1]

$$f_{\mathrm{BRDF}}\left(\theta_i,\varphi_i,\theta_r,\varphi_r,\lambda\right)=\frac{\mathrm{d}L_r\left(\theta_r,\varphi_r,\lambda\right)}{\mathrm{d}E_i\left(\theta_i,\varphi_i,\lambda\right)} \tag{3-1}$$

式中，E_i 为入射光辐射照度；L_r 为反射光辐射亮度；角度 θ 和 φ 分别为天顶角和方位角，并且 i 和 r 分别代表入射方向和反射方向；λ 为波长。

入射辐照度可以用入射辐亮度的形式表示为

$$\mathrm{d}E\left(\theta_i,\varphi_i,\lambda\right)=\mathrm{d}L\left(\theta_i,\varphi_i,\lambda\right)\cos\theta_i\mathrm{d}\Omega_i \tag{3-2}$$

式中，Ω_i 为包含入射辐照度的立体角，$\Omega_i=\mathrm{d}\theta_i\mathrm{d}\varphi_i$。

本章的微面元模型采用高斯分布作为粗糙物体表面的微面元法线分布的概率分布函数，表达式为[2,3]

$$p\left(\alpha\right)=\frac{1}{2\pi\sigma^2\cos^3\alpha}\exp\left[\frac{-\tan^2\alpha}{2\sigma^2}\right] \tag{3-3}$$

式中，α 为物体表面法线与微面元法线间的夹角；$\tan\alpha$ 为局部表面斜率；σ 为物体表面粗糙度均方根。

BRDF 具有如下特性：

(1) 互异性。互异性也称为交换性，即将入射光天顶角同反射光天顶角互换，入射光方位角同反射光方位角互换之后，f_{BRDF} 的值不变，用数学公式来表示为

$$f_{\mathrm{BRDF}}(\theta_i, \varphi_i, \theta_r, \varphi_r) = f_{\mathrm{BRDF}}(\theta_r, \varphi_r, \theta_i, \varphi_i) \tag{3-4}$$

(2) 能量守恒性。当入射光到达目标表面时，会产生反射、透射和吸收过程。由于出射能量不能大于入射能量，对 BRDF 进行归一化处理后，其反射率应该小于等于 1，即

$$\int f_{\mathrm{BRDF}} \cos\theta_i \mathrm{d}w_i \leqslant 1 \tag{3-5}$$

(3) 线性。反射模型需要通过计算大量 BRDF 得到，也就是说，入射光经过目标表面反射后，全部的反射辐照亮度值是在半球范围内每个通过 BRDF 计算的反射辐照亮度值的线性叠加总和。

3.1.2　微面元双向反射分布函数模型

微面元 BRDF 模型是由 Torrance 和 Sparrow 研究并提出的。Torrance 和 Sparrow 对模型做了一个几何光学假设，即大多数表面粗糙度发生在比散射光波长要大很多的尺寸上，这就消除了在散射界面对衍射干涉建模的需要。该模型假设粗糙目标表面是由无数个小的"镜面"表面组成，这些小"镜面"的法线方向相对于物体整体表面法线方向以不同角度定向。因此，也就是说当入射光到达物体表面时，在各个观测方向都可能得到反射光。

图 3.1 为微面元 BRDF 模型几何关系示意图。z 轴为物体表面法线方向，n 轴为微面元法线方向，β 为入射光线方向与微面元法线之间的夹角。根据球面三角学公式，θ_i、φ_i、θ_r、φ_r、α、β 各角度之间满足以下关系：

$$\cos(\alpha) = \frac{\cos(\theta_i) + \cos(\theta_r)}{2\cos(\beta)} \tag{3-6}$$

$$\cos(2\beta) = \cos(\theta_i)\cos(\theta_r) + \sin(\theta_i)\sin(\theta_r)\cos(\varphi_r - \varphi_i) \tag{3-7}$$

角度 η_i 表示平面 ioz 和平面 ion 之间的夹角，角度 η_r 表示平面 roz 和平面 ron 之间的夹角。η_i、η_r 与 θ_i、θ_r、β 满足如下关系式：

$$\cos(\eta_i) = \frac{\dfrac{\cos\theta_i + \cos\theta_r}{2\cos\beta} - \cos\theta_i \cos\beta}{\sin\theta_i \sin\beta} \tag{3-8}$$

$$\cos(\eta_r) = \frac{\dfrac{\cos\theta_i + \cos\theta_r}{2\cos\beta} - \cos\theta_r \cos\beta}{\sin\theta_r \sin\beta} \tag{3-9}$$

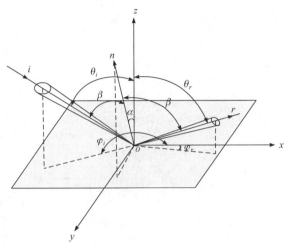

图 3.1　微面元 BRDF 模型几何关系示意图

当目标表面不是理想光滑的平面时，会有部分散射光被截止，物体表面越粗糙发生遮蔽-掩饰效应的概率就越大，从而对粗糙物体表面的散射特性产生影响，因此在建立适用于粗糙目标表面的函数模型时需要考虑遮蔽效应的影响。

带有遮蔽函数的微面元 BRDF 模型的表达式如下：

$$f_{\mathrm{BRDF}}(\theta_i, \varphi_i, \theta_r, \varphi_r, \lambda) = \frac{1}{2\pi} \frac{1}{4\sigma^2} \frac{1}{\cos^4 \alpha} \frac{\exp\left(\dfrac{-\tan^2 \alpha}{2\sigma^2}\right)}{\cos\theta_r \cos\theta_i} G(\theta_i, \varphi_i, \theta_r, \varphi_r) \tag{3-10}$$

式中，$G(\theta_i, \varphi_i, \theta_r, \varphi_r)$ 表示物体表面遮蔽函数；θ_i 为入射光线方向与宏观物体表面法线之间的夹角；θ_r 为反射光线方向与宏观物体表面法线之间的夹角；φ_i 为入射光线的方位角；φ_r 为反射光线的方位角。

3.1.3　遮蔽函数

遮蔽效应为入射到粗糙物体表面的光线被截止的现象，掩饰效应为反射光线在观测方向上被截止的现象。图 3.2 为遮蔽效果示意图。

假设材质表面为各向同性，设 $\varphi_i = 0$，则遮蔽函数可简化为关于 θ_i、θ_r、φ_r 的函数 $G(\theta_i, \theta_r, \varphi_r)$。角 θ_{ip}、θ_{rp}、β_p 分别表示角 θ_i、θ_r、β 的球面投影，利用逼近公式可将遮蔽函数改写为[4]

$$G(\theta_i, \theta_r, \varphi_r) = \frac{1 + \dfrac{\omega_p \left|\tan\theta_{ip} \tan\theta_{rp}\right|}{1 + \sigma_r \tan\beta_p}}{(1 + \omega_p \tan^2\theta_{ip})(1 + \omega_p \tan^2\theta_{rp})} \tag{3-11}$$

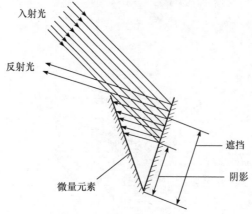

入射光

反射光

遮挡

阴影

微量元素

图 3.2　遮蔽效果示意图

式中

$$
\begin{cases}
\omega_p = \sigma_p\left(1 + \dfrac{u_p \sin\alpha}{\sin\alpha + v_p\cos\alpha}\right) \\[3mm]
\tan\theta_{ip} = \tan\theta_i \dfrac{\sin\theta_i + \sin\theta_r\cos\varphi_r}{2\sin\alpha\cos\beta}
\end{cases}
\tag{3-12}
$$

$$
\begin{cases}
\tan\theta_{rp} = \tan\theta_r \dfrac{\sin\theta_r + \sin\theta_i\cos\varphi_r}{2\sin\alpha\cos\beta} \\[3mm]
\tan\beta_p = \dfrac{|\cos\theta_i - \cos\beta|}{2\sin\alpha\cos\beta}
\end{cases}
\tag{3-13}
$$

式中，σ_p、σ_r、u_p、v_p 为经验参数，与表面粗糙度参数密切相关。通常将四个参数取以下经验值：$\sigma_p = 0.0136$，$\sigma_r = 0.0136$，$u_p = 9.0$，$v_p = 1.0$。

　　根据上述理论分析，不同入射角度对应的遮蔽函数变化趋势如图 3.3 所示。图中，不同类型曲线代表不同入射角的遮蔽函数。从图中可以看出，随着入射角增大遮蔽函数值明显降低，这是由于在入射角大的情况下，粗糙表面微面元之间的分布存在强烈的遮蔽效应，对入射光起到了衰减的作用。当入射角度为 0°、散射角为 0°时，遮蔽函数值接近于 1，此时遮蔽效应较弱；随着散射角的增大，在60°～90°范围内，遮蔽函数值迅速减小，说明在这个范围内遮蔽效应变得更加明显；当散射角接近 90°时，即接近水平观测时，遮蔽函数值接近 0，说明此时遮蔽效应最为明显。

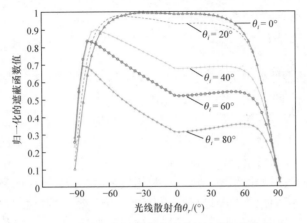

图 3.3 随入射角与散射角变化的遮蔽函数曲线

3.2 目标偏振特性建模

上述关于微面元 BRDF 的讨论是在非偏振的背景下进行的。然而，它可以很容易地推广到偏振情况。偏振 BRDF 是标量 BRDF 的进一步表征形式，完整地描述了材料的反射特性，不但可以量化方向散射的大小，还能够给出散射的偏振特性[5-7]。如果入射光是部分偏振的，那么只有偏振 BRDF 能正确地表示出总反射系数的大小。若入射光和反射光用斯托克斯向量来表示，那么这个偏振 BRDF 就变成缪勒矩阵了。偏振 BRDF 可以表示为[8]

$$\mathrm{d}L_r(\theta_i,\theta_r,\phi)=F_r(\theta_i,\theta_r,\phi,\lambda)\mathrm{d}E(\theta_i,\phi) \tag{3-14}$$

缪勒矩阵的概念一般用来描述传播介质特性，它是 4×4 的无单位矩阵，并且这个矩阵常常被标准化，也就是使矩阵的第一个元素值变为 1，同时舍弃提取到矩阵外面的常值系数，此概念以丢失绝对辐射值为代价来描述介质的偏振特性。但是，使用缪勒矩阵描述 BRDF 时，单位立体角的单位是 sr，且其常值系数不能舍去。在这种情况下，F_r 的第一个元素 f_{00} 依然等于标量 BRDF 值 f_r。

假设自然表面反射光没有圆偏振光，此时，斯托克斯向量只包含三个元素，因此缪勒矩阵也就减小为 3×3 的矩阵。对于这个三维的矩阵和向量，上述偏振 BRDF 的定义式可以描述为

$$\begin{bmatrix} L_0 \\ L_1 \\ L_2 \end{bmatrix}=\begin{bmatrix} f_{00} & f_{01} & f_{02} \\ f_{10} & f_{11} & f_{12} \\ f_{20} & f_{21} & f_{22} \end{bmatrix}\begin{bmatrix} E_0 \\ E_1 \\ E_2 \end{bmatrix} \tag{3-15}$$

式中，L_0、L_1、L_2 为反射辐射亮度的斯托克斯向量参数；E_0、E_1、E_2 为入射

辐射照度的斯托克斯向量参数。

3.2.1 模型比较

粗糙表面在自然界中很普遍，研究目标和背景的光学特性，需要分析粗糙表面对光的散射特性的影响。在现有理论中，根据表面的面型不同，可将光的反射分为理想镜面反射、理想漫反射及随机散射三种情况，前面两种反射的表面分别为镜面和理想朗伯表面，但在实际应用中很难出现，后一种反射的表面为无规律粗糙表面，是目标与背景材质的常见面型，因此是研究重点。

在研究随机散射的过程中，可以先对粗糙表面进行合理的面型假设，即将其假设为有规律的微面元分布与理想朗伯反射面的组合，再利用理想镜面反射和理想漫反射等理论相结合的方法，对随机散射现象进行有效的逼近模拟。图 3.4 为粗糙材质表面反射类型。从图中可以看出，复杂面型表面的反射现象经由理想镜面反射和理想漫反射以一定方式组合后，可以获得比较贴近实际的描述方式。

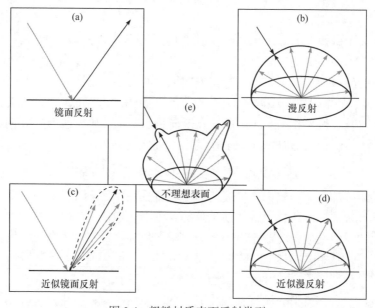

图 3.4 粗糙材质表面反射类型

粗糙表面的偏振 BRDF 与材料的复折射率、表面粗糙度、与表面粗糙度相关的阴影和遮挡效应因子、面型统计模型，以及入射光的偏振态、波长等相关。其中，材料的复折射率、入射光的波长及偏振态等对偏振 BRDF 的影响可以通过物理理论推导得到，而与表面粗糙度相关的阴影和遮挡效应因子、面型统计模型等则无法通过物理理论推导。因此，对偏振 BRDF 建模一般有三种方法：忽略物理意义而依据经验和数据处理获得经验模型；根据粗糙表面散射的物理意义通过理论推导获得物理模型；将两种方法相结合获得半经验模型。三种典型建模方法比较研究如表 3.1 所示[9-11]。

表 3.1　三种典型建模方法比较

模型	模型描述	特点	代表模型
经验模型	通过获取一定数量的数据，拟合出一个或一组方程，从而建立模型	简便，适用性强，参数较少，参数反演速度快，预测精度较高；但理论基础不完备，模型缺乏明确的物理意义，代表性差，应用范围有限	数值计算模型 Lambert 模型 模型 Phong
物理模型	通过合理的边界假设，利用物理理论推导得到模型，参数具有明确的物理意义，模型通常采用数学公式描述	模型具有明确的物理意义，应用范围广；但公式复杂，输入参数多，参数反演计算量大，经常无法获得数值解	Hapke 模型 几何光学模型 Ward 模型
半经验模型	采用经验模型和物理模型相结合的方式建模，理论基础比较完善，模型中的参数具有基本的物理意义	采用经验方法进行面型统计，采用物理方法进行偏振特性表征，精简模型使计算方便，同时又兼顾物理意义，保证模型精度，且有较大的适用范围	T-S 模型 B-M 模型 P-G 模型

3.2.2　模型机制的比较

在半经验模型中，可以采用两种不同的机制对偏振 BRDF 进行描述：基于矢量基尔霍夫衍射的散射模型和基于几何光学理论的散射模型[12-14]。

1. 基于矢量基尔霍夫衍射的散射模型

散射电场分布可以由下式表示：

$$E_s \cdot \boldsymbol{\delta} = i\exp(ik_0 R)\int k_0 \boldsymbol{\delta} \cdot \left[n_2(n'E) + Z_0(n'H)\right]\exp(-ik_0 n_2 \cdot r)\mathrm{d}A\Big/(4\pi R) \quad (3\text{-}16)$$

式中，$Z_0 = \left(\mu_0/\varepsilon_0\right)^{\frac{1}{2}}$；$E$ 和 H 为表面的电磁场；n'、n_2 为微元法线和散射元矢量；E_s 和 $\boldsymbol{\delta}$ 为散射电场和偏振元矢量；k_0、R 为散射波矢量和观察距离。

基尔霍夫的边界条件为

$$E_h^b = (1+R_h)E_h^i, \quad E_v^b = (1-R_v)E_v^i, \quad H_h^b = (1+R_v)H_h^i, \quad H_v^b = (1-R_h)H_v^i \quad (3\text{-}17)$$

式中，上标 b 和 i 分别为边界值和入射；R_h 和 R_v 分别为相对于入射面的 s 波和 p 波的菲涅耳反射系数。上述边界条件也需要假设波长小于微元的尺度。

入射电场和散射电场之间的关系为

$$E = \left[(1+R_h)(a \cdot h_1)h_1 + (1-R_v)(a \cdot v_1)v_1\right]E_0 \exp(ik_0 \cdot r) \quad (3\text{-}18)$$

式中，h_1 和 v_1 为微元上入射 s 波和 p 波的矢量；a 为入射偏振元矢量。对于粗糙

表面法线，即

$$n' = \left(-\frac{\partial \zeta}{\partial x}\hat{e}_x - \frac{\partial \zeta}{\partial y}\hat{e}_y + \hat{e}_z \right)\left[\left(\frac{\partial \zeta}{\partial x} \right)^2 + \left(\frac{\partial \zeta}{\partial y} \right)^2 + 1 \right]^{-1/2} \tag{3-19}$$

微元面积为

$$dA = \left[\left(\frac{\partial \zeta}{\partial x} \right)^2 + \left(\frac{\partial \zeta}{\partial y} \right)^2 + 1 \right]^{1/2} dxdy \tag{3-20}$$

式中，ζ 为表面起伏的高度。

假定微元表面法线分布独立于表面起伏高度，由以上各式可得

$$\langle \boldsymbol{E}_s \cdot \boldsymbol{\varepsilon} \rangle = \left(\frac{\langle \boldsymbol{G}_x(\boldsymbol{a}) \cdot \boldsymbol{\varepsilon} \rangle q_x + \langle \boldsymbol{G}_y(\boldsymbol{a}) \cdot \boldsymbol{\varepsilon} \rangle q_y}{q_z} + \langle \boldsymbol{G}_z(\boldsymbol{a}) \cdot \boldsymbol{\varepsilon} \rangle \right)$$

$$\cdot \left\langle \int \exp\left(ik_0 \left(q_x x + q_y y + q_z \zeta \right) \right) dxdy \right\rangle \times \frac{ik_0 \exp(ik_0 R)}{4\pi R} E_0 \tag{3-21}$$

式中，q_k 为 $\boldsymbol{q}$ 的第 k 个分量；$\boldsymbol{q}$-$\boldsymbol{n}_0$-$\boldsymbol{n}_2$ 表征入射光和出射光之间的相对坐标关系。式(3-21)的平均散射效果可以表示为

$$\left\langle (\boldsymbol{E}_s \cdot \boldsymbol{\varepsilon})(\boldsymbol{E}_s \cdot \boldsymbol{\delta})^* \right\rangle = \langle F(\boldsymbol{\varepsilon},\boldsymbol{\delta},\boldsymbol{a},\gamma,\alpha,\beta) \rangle \cdot \frac{k_0^2}{16\pi^2 R^2} \left\langle \int \exp\left(ik_0 \boldsymbol{q} \cdot (\boldsymbol{r} - \boldsymbol{r}') \right) d\boldsymbol{r} d\boldsymbol{r}' \right\rangle$$

$$\tag{3-22}$$

式中，$\boldsymbol{\varepsilon}$ 和 $\boldsymbol{\delta}$ 为散射单元矢量；γ 为 R_h、R_v、θ_1、θ_2、θ_3 的函数；α、β 为微元表面法线的函数，且有

$$\alpha = -\frac{\partial \zeta}{\partial x} \bigg/ \left\{ \left(\frac{\partial \zeta}{\partial x} \right)^2 + \left(\frac{\partial \zeta}{\partial y} \right)^2 + 1 \right\}^{1/2}, \quad \beta = -\frac{\partial \zeta}{\partial y} \bigg/ \left\{ \left(\frac{\partial \zeta}{\partial x} \right)^2 + \left(\frac{\partial \zeta}{\partial y} \right)^2 + 1 \right\}^{1/2}$$

$$\tag{3-23}$$

对于积分部分，利用 Beckmann-Spizzichino 方法可得

$$\left\langle \int \exp\left(ik_0 \boldsymbol{q} \cdot (\boldsymbol{r} - \boldsymbol{r}') \right) d\boldsymbol{r} d\boldsymbol{r}' \right\rangle = 2\pi A \cdot \int_0^\infty J_0\left(q_{xy}\tau \right) \exp\left(-g(1-C) \right) \tau \cdot d\tau \tag{3-24}$$

式中，$g = k_0^2 \sigma^2 q_z^2$，σ 为粗糙表面高度的变化范围；$q_{xy} = \sqrt{q_x^2 + q_y^2}$；$C$ 为相关系数；$\tau = |\boldsymbol{r} - \boldsymbol{r}'|$。当入射波长远大于表面高度，即 $g \gg 1$ 时，式(3-24)仅在 τ 附近对积分有贡献，并且 C 可以简化为

$$C(\tau) = 1 - \frac{\tau^2}{T^2} \tag{3-25}$$

式中, T 为粗糙相关长度。将式(3-25)代入进行积分, 即

$$\left\langle \int \exp(\mathrm{i}k_0 \boldsymbol{q}(\boldsymbol{r} - \boldsymbol{r}')\mathrm{d}\boldsymbol{r}\mathrm{d}\boldsymbol{r}' \right\rangle = \frac{\pi T^2 A}{k_0^2 \sigma^2 q_z^2} \exp\left(\frac{-q_{xy}^2 T^2}{4\sigma^2 q_z^2} \right) \tag{3-26}$$

微元表面的法线概率分布可用下式表示:

$$W(\alpha, \beta) = \frac{1}{\pi \left\langle \sigma_s^2 \right\rangle} \exp\left(\frac{-\left(\alpha^2 + \beta^2\right)}{\left\langle \sigma_s^2 \right\rangle} \right), \quad \left\langle \sigma_s^2 \right\rangle = \left(\frac{2\sigma}{T} \right)^2 \tag{3-27}$$

对于遮蔽函数, 首先判断光线是否入射到当前微面元, 然后判断被遮挡的程度, 两者的表达式为

$$S_1(\alpha, \beta) = \begin{cases} 1, & (-\boldsymbol{n}_0 \cdot \boldsymbol{n}') \geqslant 0 \text{且} (-\boldsymbol{n}_2 \cdot \boldsymbol{n}') \geqslant 0 \\ 0, & \text{其他} \end{cases}$$

$$S_2(\theta_1, \theta_2) = \left[\tanh\left(\left(\frac{\pi}{2} - \theta_1 \right) \middle/ \left(\frac{\sigma}{T} \right) \right) \cdot \tanh\left(\left(\frac{\pi}{2} - \theta_2 \right) \middle/ \left(\frac{\sigma}{T} \right) \right) \right] \tag{3-28}$$

于是, 偏振 BRDF 可以表示为

$$\left\langle F(\boldsymbol{\varepsilon}, \boldsymbol{\delta}, \boldsymbol{\alpha}, \gamma, \alpha, \beta) \right\rangle = \int W(\alpha, \beta) S_1(\alpha, \beta) S_2(\theta_1, \theta_2) F(\boldsymbol{\varepsilon}, \boldsymbol{\delta}, \boldsymbol{\alpha}, \gamma, \alpha, \beta) \mathrm{d}\alpha \mathrm{d}\beta \tag{3-29}$$

式中, $F(\boldsymbol{\varepsilon}, \boldsymbol{\delta}, \boldsymbol{\alpha}, \gamma, \alpha, \beta)$ 为反射的缪勒矩阵。

2. 基于几何光学理论的散射模型

几何光学就是忽略光的波动性把光视为直线传播的理论。在假定粗糙表面的尺度比波长大很多的前提下, 几何光学理论具有较好的近似性。

图 3.5 为光在材质表面的反射过程示意图。将粗糙表面等效为无数镜面微元的组合后, 可以把材料粗糙表面的反射过程分为 3 类: 第 1 类为直接在表面反射的镜面反射, 称其为一次反射, 这一类反射服从菲涅耳反射定律, 如图 3.5 中的 Ⓐ 所示; 第 2 类为经过材质中的原子和分子选择性吸收后, 又重新出现在材质的表面, 如图 3.5 中的 Ⓑ 所示; 但是对于大多数光子, 由于材质的折射率大于空气的折射率, 当超过一定的临界角时, 光子并不能马上出射, 当光子出现在表面上时, 会存在附加的表面特性(不仅仅是当前的镜面微元的特性), 称为第 3 类反射过程, 如图 3.5 中的 Ⓒ 所示。

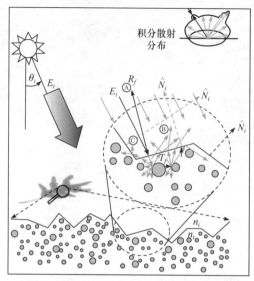

图 3.5　光在材质表面的反射过程示意图

在这样一种模型体制下，有 3 种常见的模型：T-S 模型、B-M 模型和 P-G 模型，上述模型主要是基于菲涅耳公式对 A 类光子的偏振特性进行理论建模，而对于面型分布及其他类光子则采用经验模型，与基于基尔霍夫理论的散射模型相似，在对远场特性进行分析时，两者并没有本质的区别，只是在模型的具体表达式方面存在一定差异。对几何模型而言，对非镜面反射部分采用经验模型进行描述，因此与实际的目标特性复合程度更好一些。

3.2.3　模型种类的比较

目前，基于几何光学模型的半经验模型中用于描述偏振双向反射特性主要有 T-S 模型、 B-M 模型、P-G 模型[15-17]。

1. T-S 模型

Torrance 和 Sparrow 于 1967 年发表了一篇文章，文中阐述了一种可以描述表面反射非镜向峰值的模型。粗糙度较小的表面在入射光方向存在一个反射波峰，而不是出现在光学反射方向上，为了解释这一偏离几何光学方向的波峰问题，Torrance 和 Sparrow 指出粗糙表面包含镜面反射和漫反射，为此提出了将漫反射和镜面反射融合到一个独立模型中的建模方法。

T-S 模型进行了一些几何光学方面的假设，即所谓的粗糙表面的粗糙度远大于入射光的波长，如此可以在构建模型时不用考虑反射光的衍射干涉问题。T-S 模型将粗糙表面看成无数类似镜面的小面元的集合，这些小面元的法线方向相对于表面平均法线以任意角度分布。事实上，他们建立了一个确定面元方向概率的高斯模型，即当面元法线与表面平均法线呈 α 角时，其概率为

$$P(\alpha) = b\mathrm{e}^{-c^2\alpha^2} \tag{3-30}$$

式中，c 为与表面粗糙度成正比的常数；b 为比例因子。T-S 模型的表达式为

$$f_r = \frac{F(\theta_i,\tilde{n})A_f G(\theta_i,\theta_r)P(\alpha)}{4\cos\theta_i\cos\theta_r} + \frac{a}{\mathrm{d}\omega_i} \tag{3-31}$$

式中，F 表示菲涅耳反射系数；A_f 为镜面微元的面积；$\mathrm{d}\omega_i$ 为入射立体角；P 为镜面微元表面法线方向的概率分布；函数 G 为遮蔽效应因子，由粗糙表面上面元杂乱分布所致。

T-S 模型虽然是一个标量模型，但是因其将粗糙表面假设为微面元的组合，并使用菲涅耳定律推导出反射系数，为模型的偏振极化预留了空间，使 T-S 模型演变成偏振 BRDF 模型成为可能。同时，该模型引入了法线分布函数、遮蔽效应函数，以及表征漫反射的常量，使模型预测结果与实测数据吻合度较好。T-S 模型是偏振 BRDF 建模的经典，后续在 T-S 模型结构及其建模思想的基础上，出现了一系列适应偏振特性描述的偏振 BRDF 模型。

2. B-M 模型

Maxwell 和 Beard 于 1973 年提出了零角双基扫描(zero angle bistatic scan, ZBS)的思想，即利用收发同轴的光源和探测系统对表面的面型进行探测，并构建函数以描述材质表面法线的分布情况。此外，他们还有两大创新：首先引入遮蔽因子，用以解决收发不同光线时的遮蔽问题；然后引入体散射的概念，解决在后向散射方向有峰值的问题，由于粗糙表面的腔效应(相当于积分球)，产生的消偏光在后向方向上比较集中。B-M 模型包括镜面反射和体散射两部分，其表达式为

$$
\begin{aligned}
f_r(\theta_i,\phi_i,\theta_r,\phi_r) &= f_{r_{\mathrm{surf}}} + f_{r_{\mathrm{vol}}} \\
&= \frac{R_{\mathrm{F}}(\beta)}{R_{\mathrm{F}}(0)}\frac{f_{\mathrm{ZBS}}(\theta_N)\cos^2(\theta_N)}{\cos\theta_i\cos\theta_r}\mathrm{SO}(\tau,\varOmega) + 2\frac{\rho_v f(\beta)g(\theta_N)}{\cos\theta_i + \cos\theta_r}
\end{aligned} \tag{3-32}
$$

式中，R_{F} 为菲涅耳反射系数；β 为入射角与表面法线的夹角；f_{ZBS} 为粗糙表面的描述函数；θ_N 为镜面微元表面法线与材质表面法线之间的夹角；体散射部分的 f 和 g 是依据试验数据调整的函数；遮蔽因子函数的表达式为

$$\mathrm{SO} = \left(\frac{1 + \dfrac{\theta_N}{\Omega} \mathrm{e}^{-2\beta/\tau}}{1 + \dfrac{\theta_N}{\Omega}} \right) \left(\frac{1}{1 + \dfrac{\phi_N}{\Omega} \dfrac{\theta_i}{\Omega}} \right) \tag{3-33}$$

1996 年，非传统勘察因子数据系统(nonconventional exploitation factor system，NEFDS)重新引入了朗伯反射，放弃了 M-B 模型中体散射部分的 f 和 g 两个函数，同时对遮蔽函数也进行了简化：

$$f_r\left(\theta_i, \phi_i, \theta_r, \phi_r\right)$$

$$= \frac{R_{\mathrm{F}}(\beta)}{R_{\mathrm{F}}(0)} \frac{f_{\mathrm{ZBS}}(\theta_N)\cos^2(\theta_N)}{\cos\theta_i \cos\theta_r} \left(\frac{1 + \dfrac{\theta_N}{\Omega} \mathrm{e}^{-2\beta/\tau}}{1 + \dfrac{\theta_N}{\Omega}} \right) + \rho_D + 2\frac{\rho_v}{\cos\theta_i + \cos\theta_r} \tag{3-34}$$

在 T-S 模型的基础上，上述两个模型对原有模型进行了结构优化。前一个模型将漫反射分量作为变量处理，描述为随实验数据变化的函数，同时对遮蔽函数进行了优化；后一个模型中将漫反射分量函数简化成与入射角和观测角相关的函数，并将遮蔽函数进行了进一步简化。两者虽然能够较准确地描述粗糙表面的散射特性，特别是散射光总能量，但对偏振的描述仅是理论上的，在模型中并没有直接描述的量，若想利用这些模型描述粗糙表面散射光的偏振特性，需要对模型预测数据进行重新处理，因此在对典型基础材质偏振双向反射特性的研究中不大适合使用。

3. P-G 模型

2000 年，Priest 和 Germer 正式发布了 P-G 模型，使用 4×4 维的缪勒矩阵来描述菲涅耳反射，同时用表面法线的概率分布 P 代替了 f_{ZBS}，并给出了明确的定义式，具体表示为

$$f_{jl}\left(\theta_i, \varphi_i, \theta_r, \varphi_r, \lambda\right) = f_{\mathrm{spec}} + f_{\mathrm{vol}}\left(\theta_i, \theta_r\right)$$

$$= \frac{m_{ij}\left(\beta, n, \kappa\right) f_{\mathrm{SO}}\left(\theta, \beta, \tau, \Omega\right) P\left(\theta, \sigma, B_n\right)}{4\cos\theta_i \cos\theta_r} + \rho_d + \frac{2\rho_v}{\cos\theta_i + \cos\theta_r}$$

$$\tag{3-35}$$

在表面法线概率分布中，P-G 模型给出了两种不同的分布形态，分别是高斯分布和柯西分布，具体表示为

$$高斯分布：P_{\mathrm{G}}\left(\theta,B_n,\sigma\right)=\frac{B_n\mathrm{e}^{-\frac{\tan^2\theta}{2\sigma^2}}}{2\pi\sigma^2\cos^3\theta}$$

$$柯西分布：P_{\mathrm{C}}\left(\theta,B_n,\sigma\right)=\frac{B_n}{\cos\theta\left(\sigma^2+\tan^2\theta\right)}$$

(3-36)

式中，τ 为目标表面粗糙度；θ 为微面元法线方向与平均法线方向的夹角。

同时，Priest 等还简化了遮蔽函数。至此，将 BRDF 和缪勒矩阵结合，便可以求解基础材质的偏振 BRDF 模型。

综上所述，虽然以上典型几何光学模型都可以描述粗糙表面散射光的偏振特性，但是除 P-G 模型外，其他模型在结构中都无法直接描述偏振特性。P-G 模型将缪勒矩阵与标量 BRDF 模型相结合，形成偏振 BRDF 矩阵，可以直接生成描述散射光偏振特性的物理量，因此本书选择 P-G 模型作为研究偏振双向反射特性的基础模型。

3.3　目标偏振双向反射特性测试

3.3.1　室内测试

本书主要采用比对测试法，即在相同的测试条件下，将测得样品反射光的电压值同已知反射率标准板对应角度的电压相比较，进而计算出样品的反射率。该方法的优点是能够有效去除系统误差，测量结果准确。

由于标准白板具有漫反射性好、反射比高、稳定性好等优点，可以选用接近朗伯板的标准白板作为参考板，即定标板，对实验数据进行定标[17]。

测量坐标系定义如图 3.6 所示。

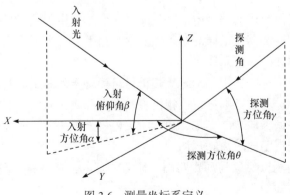

图 3.6　测量坐标系定义

测量过程中，被测样品放置在 xoy 平面上，x 轴方位角为 0°，逆时针方向为正(入射和探测均如此)。俯仰角为 0°，顺时针方向从 0°~180°变化。针对被测样品目前主要考虑各向同性，因此入射光只考虑在指定入射面内改变俯仰角作为输入条件，分别测量入射面的反射分布和半球空间的散射分布。

为了测量线偏振、圆偏振激光对目标材质特性的影响，采用可变偏振态的笼式立方与材质测量系统原有光源的有效耦合，从而对激光光源的偏振态进行调制，发射多种偏振态激光开展材质特性测量。

在材质偏振特性测量设备改造的基础上，需要对光源及探测器产生或接收线偏振及圆偏振特性的性能进行标定，从而实现对基础材质偏振散射特性的定量化测量，获取典型军事目标基础材质的偏振特性数据。

材料的 BRDF 测量首先需要对设备中使用的光源进行标定。标定过程如下：将偏振器件耦合到光度计前段，通过旋转偏振器件，获取对应的亮度值。BRDF 测量设备的光源可以近似看作自然光源。获得各偏振方向的亮度平均值和标准差。

材质全偏振特性的测量拟在相应光源、照射和探测角度的情况下，线偏振片转至 0°、45°、90°、135°进行测量以获取线偏振信息，线偏振结合 1/4 波片进行测量以获取圆偏振信息，从而获得该照射和探测角度下全斯托克斯参量 I、Q、U、V，并计算得到偏振度、偏振角等特性信息，之后变换角度，获取不同角度对应的基础材质偏振特性。

在室内可控条件下，结合氙灯光源或不同波长激光光源，在不同的观测方位角、高度角条件下，对目标和雾霾粒子背景环境的偏振特性进行测试；在外场条件下，对目标与背景环境的偏振特性进行连续测试，并测量必要的环境参数信息(如温度、湿度、太阳高度角、能见度等)，另外，还需要建立数据库，实现对各类数据的存储，以便事后分析处理。同时，还要综合利用建模、测试的结果分析偏振特性差异规律。

目标不同光谱波段的偏振散射特性测量转台主要用于承载光源、探测器和被试样品，并利用探测器测量样品在不同照射高角下，上半球空间内的散射特性。转台结构示意图如图 3.7 所示。

在室内条件下，拟选用 SALSA 相机对目标材质和缩比模型的不同光谱波段的偏振散射特性进行成像测量，该相机可以在有源或无源条件下实现全斯托克斯偏振成像，对偏振参数 DOP、DOLP、DOCP、AOP 和椭圆率进行动态计算。相机外观及原理示意图如图 3.8 所示。

背景材质的测试对象为沥青路面、修剪的草皮，背景材质测试对象如图 3.9 所示。

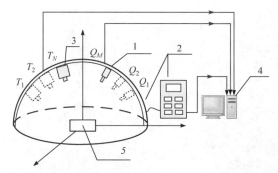

图 3.7　转台结构示意图

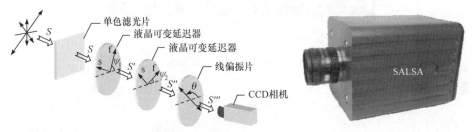

图 3.8　相机外观及原理示意图

图 3.9　背景材质测试对象

获取一个偏振分量的材质特性测量分为如下步骤：

(1) 测量入射面内的散射分布。被测样片(400mm×400mm)放置在转台上，照射光源在一定的方位角下，改变俯仰角，方位角选 0°，俯仰角选 10°；在同样方位角下，改变俯仰角使其从 20°变化到 160°，探测器进行测量；测量完毕后，改变照射俯仰角使其从 20°变化到 160°；如此往复，入射方位角不变，俯仰角的变化范围为 10°～90°。

(2) 固定入射角，探测半球空间。被测样片放置在转台上，照射光源在一定的方位角、俯仰角下，测量半球空间时，探测器方位角从 0°变化到 350°，每次间隔 10°；俯仰角从 10°变化到 170°，每次间隔 10°。测量场景图如图 3.10 所示。

图 3.10　测量场景图

图 3.11 为沥青路面偏振度随探测角度的变化曲线图,图 3.12 为修剪的草皮偏振度随探测角度的变化曲线图。

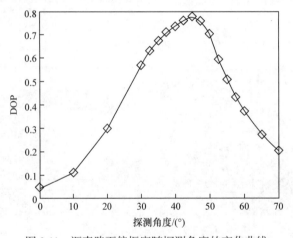

图 3.11　沥青路面偏振度随探测角度的变化曲线

对比可知,在相同的探测角度下,沥青路面的偏振度明显高于草皮的偏振度,表明人工偏振度高于自然的偏振度,对于沥青路面,其偏振度峰值出现在镜面反射方向附近,这为利用偏振特性进行军事伪装目标的识别提供了理论依据。草皮的偏振曲线并未表现出相应的性质,在探测角度范围内始终单调增加,体现出偏振探测的多角度特征,这对偏振仪器的探测角度设置具有指导意义。

3.3.2　外场测试

外场测试样板与测试设备如图 3.13 所示。该转台在±180°方位角、0°~60°俯仰角范围内可手动旋转;在转台的下方装有滚轮,方便外场实验时搬运。

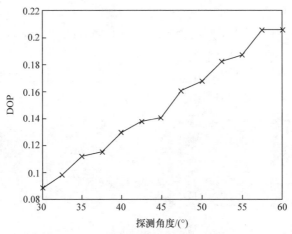

图 3.12 修剪的草皮偏振度随探测角度的变化曲线

(a) (b)

图 3.13 外场测试样板与测试设备

测试采用标准反射板，其直径为 50mm，光谱范围为 250～2500nm；反射率大于 95%；提供不同谱线上的反射率，其间隔为 10nm，800nm 谱段以上间隔为 50nm。标准漫反射板在可见光范围内的反射率标定值为 0.976。

测试时采用比较测量法，即在实验前，首先对标准漫反射板进行测试，将实验中的所有数据均与标准漫反射板的漫反射数据进行比对。

测试流程如下：①通过垫片，将标准漫反射板的上表面与转台回转中心尽可能调整到同一平面上；②以太阳所在平面为俯仰面，手动转动转台，实现对样品上半球空域的扫描；③在遮挡样品的条件下，对背景重新进行半球空域的扫描；④扫描完毕后，若使用相机则需更换滤波片，若使用光谱仪则需改变偏振片方向，再一次进行扫描；⑤对于相机，当三色滤光片下的测试全部完成，对于光谱仪，当偏振态测试全部完成时，将背景材质放置于转台上，重复步骤①～③，进行新一轮测试。

测试时应当注意以下 3 点：①光源的入射角尽可能大一些，保证在入射光的镜像方向附近存在较大的偏振度，保证偏振度的测量精度；②在大偏振度的位置处，尽可能使采样的密度大一些，方便模型参数的反演；③进行外场测试时，虽然标定用的标准漫反射板不需要多次测量，但是对背景材质的测试应尽可能在较短时间内完成，保证一个周期内光源的稳定性[18,19]。

上午 9 点、中午 12 点的可见光测试图像(I、Q、U、DOLP)如图 3.14 和图 3.15 所示，不同材质偏振图像的对比如表 3.2 所示。

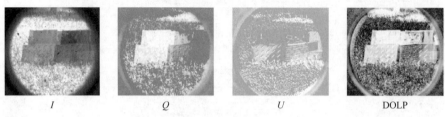

I　　　　　　　Q　　　　　　　U　　　　　DOLP

图 3.14　上午 9 点可见光测试图像(I、Q、U、DOLP)

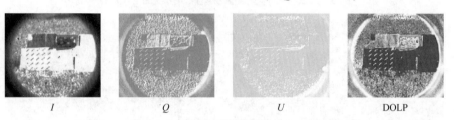

I　　　　　　　Q　　　　　　　U　　　　　DOLP

图 3.15　中午 12 点可见光测试图像(I、Q、U、DOLP)

表 3.2　不同材质偏振图像的对比

序号	材质	可见光强度/μW	9 点偏振度/%	12 点偏振度/%	目标与背景对比度/%
1	白色铝板	183.96	90.41	88.36	74
2	白色铁板	179.71	65.33	63.18	66
3	迷彩钢板	130.55	79.56	71.35	79
4	白色 PVC 板	168.03	50.67	46.91	59
5	白色木板	166.87	31.06	25.43	41
6	黄色木板	110.88	40.29	37.63	51
7	背景草地	99.11	13.00	11.35	0

注：PVC-聚氯乙烯(polyvinyl chloride)。

分析结果如下：

在光照下，白色铝板、白色铁板、白色 PVC 板、白色木板可见光强度值较大且数值相似，由此可见，颜色相近的物体无法用可见光强度值很好地区分。其次是迷彩钢板、黄色木板、背景草地，这三类物质可以用可见光强度值进行区分。

上午 9 点偏振度最大的是白色铝板，接下来依次是迷彩钢板、白色铁板、白色 PVC 板、黄色木板、白色木板、背景草地，由此可见金属偏振度比非金属大，彩色物体偏振度比白色物体大。草地偏振度较低，说明人造物体偏振度较大，可以由此识别人造物体与自然物体。受太阳高度角的影响，中午 12 点偏振度比 9 点偏振度低，但总体趋势相同。

为了便于对比不同目标物体偏振特性的差异，这里将其中一些材质作为目标，将另外一种材质作为背景，利用目标与背景的偏振度对比度来表示它们的对比度，定义如下：$C = (p_T - p_B)/(p_T + p_B)$，$C$ 为目标与背景的线偏振度对比度，p_T 为目标(T)的线偏振度，p_B 为背景(B)的线偏振度。线偏振度比值越大，两种材质之间的差异越大。由此可见，伪装目标迷彩钢板可由偏振探测识别，效果很好。

3.4　本 章 小 结

本章首先进行了目标起偏特性的研究，阐述了目标起偏特性的基本原理，分析了典型目标偏振双向反射模型。进行室内实验，材质的测试对象为沥青路面和修剪的草皮，本书主要采用比对测试法，对比结果可知，在相同的探测角度下，沥青路面的偏振度明显高于草皮的偏振度，表明人工偏振度高于自然的偏振度。外场测试的分析结果表明，在光照下，金属偏振度比非金属大，彩色物体偏振度比白色物体大。草地偏振度较低，说明人造物体偏振度较大，可以由此识别人造物体与自然物体。

参 考 文 献

[1] Torrance K E, Sparrow E M. Theory for off-specular reflection from roughed surfaces[J]. Journal of the Optical Society of America. 1967, 57(9): 1105-1114.

[2] Nicodemus F E, Richmond J C, Hsia J J. Geometrical Considerations and Nomenclature for Reflectance[M]. Ernest Ambler: Nation Bureau of Standards, 1977.

[3] 汪杰君, 王鹏, 王方原, 等. 材料表面偏振双向反射分布函数模型修正[J]. 光子学报, 2019, 48(1): 126001-126008.

[4] 王安祥, 吴振森. 光散射模型中遮蔽函数的参数反演[J]. 红外与激光工程, 2014, 43(1): 332-337.

[5] 赵永强, 潘泉, 程咏梅. 成像偏振光谱遥感及应用[M]. 北京: 国防工业出版社, 2011.

[6] 汪杰君, 杨杰, 李双, 等. 偏振二向反射分布函数测量误差分析[J]. 光学学报, 2016, 36(3): 312004-1-312004-8.

[7] 陈卫, 孙晓兵, 乔延利, 等. 海面耀光背景下的目标偏振检测[J]. 红外与激光工程, 2017, 46(B12): 6.

[8] 赵永强, 潘泉, 程咏梅. 成像偏振光谱遥感及应用[M]. 北京: 国防工业出版社, 2011.

[9] 杨杰. 大气对偏振遥感图像的影响分析及校正方法研究[D]. 桂林: 桂林电子科技大学, 2016.

[10] 隋意. 低成本太阳能聚集表面光谱辐射特性数值模拟与实验研究[D]. 哈尔滨: 哈尔滨工业大学, 2009.

[11] 刘卿, 战永红, 杨迪, 等. 粗糙表面偏振二向反射分布函数的影响参数及其反演[J]. 飞行器测控学报, 2015, 34(5): 481-488.

[12] 陈雅欣, 武文波. 基于 Roberts 梯度与 HSI 色彩空间的 SAR 图像伪彩色编码[J]. 2017, 40(4): 85-88.

[13] 陈伟力, 王淑华, 金伟其, 等. 基于偏振微面元理论的红外偏振特性研究[J]. 红外与毫米波学报, 2014, 33(5): 507-514.

[14] 赵彦玲, 张之超, 高振明, 等. 目标与背景的红外偏振特性研究[J]. 红外与激光工程, 2007, 36(5): 611-614.

[15] 王启超, 时家明, 赵大鹏, 等. 伪装目标与背景的偏振对比特性[J]. 强激光与粒子束, 2013, 25(6): 1354-1358.

[16] 朱京平. 目标材质偏振反射特性建模与分析: 金属与涂层[M]. 北京: 国防工业出版社, 2020.

[17] 付强, 刘阳, 李英超, 等. 一种多光场多角度多维度光谱偏振特性测量装置及方法: CN111948148A[P]. 2020-11-17.

[18] 白思克, 段锦, 鲁一倬, 等. 不同材质的偏振成像特性实验研究[J]. 应用光学, 2016, 37(4): 510-516.

[19] 郭红芮. 油雾浓度对目标偏振光谱特性的影响实验研究[J]. 长春理工大学学报, 2020, 42(2): 107-109.

第4章 红外偏振探测基础理论

4.1 红外偏振产生机理

4.1.1 反射辐射偏振

图 4.1 为光滑表面反射与折射的光传播示意图。将光矢量的振动方向分解成两个相互垂直的分量。p 分量平行于入射面，s 分量垂直于入射面。θ_1 为入射角，θ_1' 为反射角，θ_2 为折射角；E_p^i 为入射光波中与入射面平行的分量，E_s^i 为入射光波中与入射面垂直的分量；E_p^r 为反射光波中与入射面平行的分量、E_s^r 为反射光波中与入射面垂直的分量；E_p^t 为折射光波中与入射面平行的分量，E_s^t 为折射光波中与入射面垂直的分量[1,2]。

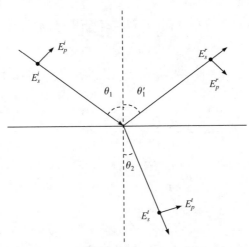

图 4.1 光滑表面反射与折射的光传播示意图

r_s、r_p 分别表示两分量的振幅反射比，t_s、t_p 分别表示两分量的振幅透射比。根据菲涅耳公式，可得两分量的振幅反射比为

$$r_s = \frac{E_s^r}{E_s^i} = \frac{n_1\cos\theta_1 - n_2\cos\theta_2}{n_1\cos\theta_1 + n_2\cos\theta_2} \tag{4-1}$$

$$r_p = \frac{E_p^r}{E_p^i} = \frac{n_2 \cos\theta_1 - n_1 \cos\theta_2}{n_2 \cos\theta_1 + n_1 \cos\theta_2} \tag{4-2}$$

可得两分量的振幅透射比为

$$t_s = \frac{E_s^t}{E_s^i} = \frac{2n_1 \cos\theta_1}{n_1 \cos\theta_1 + n_2 \cos\theta_2} \tag{4-3}$$

$$t_p = \frac{E_p^t}{E_p^i} = \frac{2n_1 \cos\theta_1}{n_2 \cos\theta_1 + n_1 \cos\theta_2} \tag{4-4}$$

如果不考虑其他方式造成的能量损失，那么根据能量守恒定律，可以得到反射率与折射率的表达式。反射率 **R** 的表达式为

$$R_s = r_s^2 = \left(\frac{E_s^r}{E_s^i}\right)^2, \quad R_p = r_p^2 = \left(\frac{E_p^r}{E_p^i}\right)^2 \tag{4-5}$$

折射率 **T** 的表达式为

$$T_s = t_s^2 = \left(\frac{E_s^t}{E_s^i}\right)^2, \quad T_p = t_p^2 = \left(\frac{E_p^t}{E_p^i}\right)^2 \tag{4-6}$$

根据能量守恒定律，介质表面的反射率和折射率满足

$$R_s + T_s = 1, \quad R_p + T_p = 1 \tag{4-7}$$

当入射角不为 0° 和 90° 时，将 $n_1 \sin\theta_1 = n_2 \sin\theta_2$ 代入式(4-7)，则反射率与折射率的表达式为[3]

$$
\begin{aligned}
R_s &= \frac{\sin^2(\theta_1 - \theta_2)}{\sin^2(\theta_1 + \theta_2)} \\
R_p &= \frac{\tan^2(\theta_1 - \theta_2)}{\tan^2(\theta_1 + \theta_2)} \\
T_s &= \frac{2\sin 2\theta_1 \sin 2\theta_2}{\sin^2(\theta_1 + \theta_2)\cos^2(\theta_1 - \theta_2)} \\
T_p &= \frac{2\sin 2\theta_1 \sin 2\theta_2}{\sin^2(\theta_1 + \theta_2)\cos^2(\theta_1 - \theta_2)}
\end{aligned}
\tag{4-8}
$$

由式(4-8)可知，当入射光倾斜入射时，比较互相垂直两分量的反射率可得

$$\frac{R_s}{R_p} = \frac{\cos^2(\theta_1 - \theta_2)}{\cos^2(\theta_1 + \theta_2)} \tag{4-9}$$

由式(4-9)可知，p 分量与 s 分量强度不相等，说明反射光的振动方向相对传播方向具有不对称性，故红外反射辐射具有偏振特性。

4.1.2　自发辐射偏振

温度高于绝对零度的物体都会发生自发辐射，辐射的能量符合基尔霍夫理论和普朗克黑体辐射定律。根据能量守恒定律可知，物体的吸收率与反射率之和为 1，即 $\alpha(T) + \rho(T) = 1$。根据基尔霍夫理论可知，物体在同一温度下的发射率和吸收率相同，即 $\varepsilon(T) = \alpha(T)$。目标的红外自发辐射光矢量也可分解成 p 分量与 s 分量，因此可以得到下式：

$$\begin{cases} \varepsilon_p = \alpha_p = 1 - \rho_p \\ \varepsilon_s = \alpha_s = 1 - \rho_s \end{cases} \tag{4-10}$$

由于 s 分量与 p 分量的反射率不同，由式(4-10)可知，自发辐射光矢量中的 s 分量与 p 分量的发射率不相等。由于 s 分量与 p 分量的自发辐射强度不同，红外自发辐射具有偏振特性。

4.2　粗糙表面红外偏振特性建模

为保证信息不丢失，本节采用缪勒矩阵，则偏振双向反射分布函数表达式为[4]

$$f_{j,l}(\theta_i, \varphi_i, \theta_r, \varphi_r, \lambda)$$

$$= \frac{1}{2\pi} \frac{1}{4\sigma^2} \frac{1}{\cos^4 \alpha} \frac{\exp\left[-\tan^2 \alpha / 2\sigma^2\right]}{\cos\theta_r \cos\theta_i} G(\theta_i, \varphi_i, \theta_r, \varphi_r) M_{jl}(\theta_i, \varphi_i, \theta_r, \varphi_r) \tag{4-11}$$

式中，M_{jl} 为 4×4 的缪勒矩阵阵元；j,l 为 $0,1,2,3$；σ 为物体表面粗糙度常数。

偏振光的琼斯矩阵为

$$\boldsymbol{J} = \begin{bmatrix} J_{ss} & J_{ps} \\ J_{sp} & J_{pp} \end{bmatrix} = \begin{bmatrix} \cos(\eta_r) & \sin(\eta_r) \\ -\sin(\eta_r) & \cos(\eta_r) \end{bmatrix} \begin{bmatrix} r_s & 0 \\ 0 & r_p \end{bmatrix} \begin{bmatrix} \cos(\eta_i) & -\sin(\eta_i) \\ \sin(\eta_i) & \cos(\eta_i) \end{bmatrix} \tag{4-12}$$

式中，η_r 为平面 roz 与平面 ron 之间的夹角；η_i 为平面 ioz 与平面 ion 之间的夹角。

缪勒矩阵与琼斯矩阵的转换关系如式(4-13)、式(4-14)所示，由于圆偏振分量很小且计算复杂，一般忽略不计，令 $M_{30} = 0$，则

$$M_{00} = \frac{1}{2}(|J_{ss}|^2 + |J_{sp}|^2 + |J_{ps}|^2 + |J_{pp}|^2)$$

$$M_{10} = \frac{1}{2}(|J_{ss}|^2 - |J_{sp}|^2 + |J_{ps}|^2 - |J_{pp}|^2) \tag{4-13}$$

$$M_{20} = \frac{1}{2}(J_{ss}J_{sp}^* + J_{ss}^*J_{sp} + J_{ps}J_{pp}^* + J_{ps}^*J_{pp})$$

将琼斯矩阵(4-12)展开后可得琼斯矩阵内各项为

$$J_{ss} = r_s \cos\eta_i \cos\eta_r + r_p \sin\eta_i \sin\eta_r$$
$$J_{ps} = -r_s \sin\eta_i \cos\eta_r + r_p \cos\eta_i \sin\eta_r$$
$$J_{sp} = -r_s \cos\eta_i \sin\eta_r - r_p \sin\eta_i \cos\eta_r \tag{4-14}$$
$$J_{pp} = -r_s \sin\eta_i \sin\eta_r + r_p \cos\eta_i \cos\eta_r$$

将式(4-14)代入式(4-12)可得

$$
\begin{bmatrix} M_{00} \\ M_{10} \\ M_{20} \\ M_{30} \end{bmatrix} = \frac{1}{2}
\begin{bmatrix} r_s^2 + r_p^2 \\ \cos(2\eta_r)(r_s^2 - r_p^2) \\ \sin(2\eta_r)(r_p^2 - r_s^2) \\ 0 \end{bmatrix}
$$
$$
= \frac{1}{2}
\begin{bmatrix} R_s + R_p \\ \cos(2\eta_r)(R_s - R_p) \\ \sin(2\eta_r)(R_p - R_s) \\ 0 \end{bmatrix}
\tag{4-15}
$$

式中，R_s、R_p 分别代表垂直分量和平行分量的菲涅耳反射率，数学表达式为

$$R_s = \frac{(n_i \cos\theta_i - N)^2 + K^2}{(n_i \cos\theta_i + N)^2 + K^2}$$
$$R_p = \frac{(n_i \sin\theta_i \tan\theta_i - N)^2 + K^2}{(n_i \sin\theta_i \tan\theta_i + N)^2 + K^2} \cdot R_s \tag{4-16}$$

式中

$$N^2 = \frac{n^2 - k^2 - n_i^2 \sin^2\theta_i + \sqrt{(n^2 - k^2 - n_i^2 \sin^2\theta_i)^2 + 4n^2 k^2}}{2}$$
$$K^2 = \frac{-(n^2 - k^2 - n_i^2 \sin^2\theta_i) + \sqrt{(n^2 - k^2 - n_i^2 \sin^2\theta_i)^2 + 4n^2 k^2}}{2}$$

本节引入定向半球反射率概念：反射到目标表面上方整个半球的总能量与从特定方向入射的总能量之比[7,8]。通过对 BRDF 在 2π 半球空间内做积分，可求得定向半球反射率为

$$\rho_{\mathrm{DHR}}(\theta_i, \varphi_i, \lambda) = \int_{\Omega_r} f_{j,1}(\theta_i, \varphi_i, \theta_r, \varphi_r, \lambda) \cos\theta_r \mathrm{d}\Omega$$
$$= \int_0^{2\pi} \int_0^{\pi/2} f_{j,1}(\theta_i, \varphi_i, \theta_r, \varphi_r, \lambda) \cos\theta_r \sin\theta_r \mathrm{d}\theta_r \mathrm{d}\varphi_r \tag{4-17}$$

根据基尔霍夫定律和能量守恒定律，目标的定向发射率可以用定向反射率来

表示, 即

$$
\begin{aligned}
\varepsilon_{\mathrm{DE}}(\theta_i,\varphi_i,\lambda) &= 1-\boldsymbol{\rho}_{\mathrm{DHR}}(\theta_i,\varphi_i,\lambda) \\
&= 1-\int_0^{2\pi}\int_0^{\pi/2} \boldsymbol{f}_{j,1}(\theta_i,\varphi_i,\theta_r,\varphi_r,\lambda)\cos\theta_r\sin\theta_r\mathrm{d}\theta_r\mathrm{d}\varphi_r
\end{aligned}
\tag{4-18}
$$

黑体发射率矩阵为 $\boldsymbol{\varepsilon}_{\mathrm{BB}}=\begin{bmatrix}1 & 0 & 0 & 0\end{bmatrix}^{\mathrm{T}}$, 物体表面红外辐射定向发射率矩阵为

$$
\boldsymbol{\varepsilon}_{\mathrm{DE}}(\theta_i,\varphi_i,\lambda)=\left[1-\boldsymbol{\rho}_{\mathrm{DHR}}(\theta_i,\varphi_i,\lambda)\right]\cdot\boldsymbol{\varepsilon}_{\mathrm{BB}}=
\begin{bmatrix}
1-\iint\limits_{\Omega_r} f_{00}\cos\theta_r\mathrm{d}\Omega_r \\
-\iint\limits_{\Omega_r} f_{10}\cos\theta_r\mathrm{d}\Omega_r \\
-\iint\limits_{\Omega_r} f_{20}\cos\theta_r\mathrm{d}\Omega_r \\
-\iint\limits_{\Omega_r} f_{30}\cos\theta_r\mathrm{d}\Omega_r
\end{bmatrix}
\tag{4-19}
$$

描述光的偏振态通常有两种方式: 琼斯矢量表示法和斯托克斯矢量表示法。斯托克斯矢量可以描述完全偏振光、完全非偏振光和部分偏振光, 因此本节选择斯托克斯矢量表示法, 表达式为 $\boldsymbol{S}=\begin{bmatrix}I & Q & U & V\end{bmatrix}^{\mathrm{T}}$。目标表面总的红外偏振辐射的斯托克斯矢量表示为

$$
\boldsymbol{S}=\begin{bmatrix} I \\ Q \\ U \\ V \end{bmatrix}=\boldsymbol{\rho}_{\mathrm{DHR}}(\theta_i,\varphi_i,\lambda)\begin{bmatrix} I_n \\ 0 \\ 0 \\ 0 \end{bmatrix}+\boldsymbol{\varepsilon}_{\mathrm{DE}}\cdot I_{\mathrm{obj}}=
\begin{bmatrix}
I_{\mathrm{obj}}+\iint\limits_{\Omega_r} f_{00}\cos\theta_r\mathrm{d}\Omega_r\cdot(I_n-I_{\mathrm{obj}}) \\
\iint\limits_{\Omega_r} f_{10}\cos\theta_r\mathrm{d}\Omega_r\cdot(I_n-I_{\mathrm{obj}}) \\
\iint\limits_{\Omega_r} f_{20}\cos\theta_r\mathrm{d}\Omega_r\cdot(I_n-I_{\mathrm{obj}}) \\
\iint\limits_{\Omega_r} f_{30}\cos\theta_r\mathrm{d}\Omega_r\cdot(I_n-I_{\mathrm{obj}})
\end{bmatrix}
\tag{4-20}
$$

入射光为自然光的矩阵表示为 $\begin{bmatrix}I_n & 0 & 0 & 0\end{bmatrix}^{\mathrm{T}}$, I_{obj} 为目标的辐射强度。将 M_{00}、M_{10}、M_{20}、M_{30} 代入式(4-20), 得

$$
\boldsymbol{S}=\begin{bmatrix} I \\ Q \\ U \\ V \end{bmatrix}
$$

$$
=\begin{bmatrix}
I_{\text{obj}}+\dfrac{(I_n-I_{\text{obj}})}{16\pi\sigma^2}\displaystyle\int_0^{2\pi}\!\!\int_0^{\pi/2}\dfrac{G(\theta_i,\theta_r,\varphi_r)}{\cos^4\alpha}\dfrac{\exp\!\left[-\tan^2\alpha/2\sigma^2\right]}{\cos\theta_i}\sin\theta_r(R_s+R_p)\mathrm{d}\theta_r\mathrm{d}\varphi_r \\[3mm]
\dfrac{(I_n-I_{\text{obj}})}{16\pi\sigma^2}\displaystyle\int_0^{2\pi}\!\!\int_0^{\pi/2}\dfrac{G(\theta_i,\theta_r,\varphi_r)}{\cos^4\alpha}\dfrac{\exp\!\left[-\tan^2\alpha/2\sigma^2\right]}{\cos\theta_i}\cos(2\eta_r)\sin\theta_r(R_s-R_p)\mathrm{d}\theta_r\mathrm{d}\varphi_r \\[3mm]
\dfrac{(I_n-I_{\text{obj}})}{16\pi\sigma^2}\displaystyle\int_0^{2\pi}\!\!\int_0^{\pi/2}\dfrac{G(\theta_i,\theta_r,\varphi_r)}{\cos^4\alpha}\dfrac{\exp\!\left[-\tan^2\alpha/2\sigma^2\right]}{\cos\theta_i}\sin(2\eta_r)\sin\theta_r(R_p-R_s)\mathrm{d}\theta_r\mathrm{d}\varphi_r \\[3mm]
0
\end{bmatrix}
$$

$$(4\text{-}21)$$

根据偏振度求解公式，可求得粗糙表面红外偏振度解析式为

$$P=\frac{\sqrt{Q^2+U^2}}{I}$$

$$
=\frac{\dfrac{1}{16\pi\sigma^2}\left|I_n-I_{\text{obj}}\right|}{I_{\text{obj}}+\dfrac{(I_n-I_{\text{obj}})}{16\pi\sigma^2}\displaystyle\int_0^{2\pi}\!\!\int_0^{\pi/2}\dfrac{G(\theta_i,\theta_r,\varphi_r)}{\cos^4\alpha}\cdot\dfrac{\exp\!\left[-\tan^2\alpha/2\sigma^2\right]}{\cos\theta_i}\sin\theta_r(R_s+R_p)\mathrm{d}\theta_r\mathrm{d}\varphi_r}
$$

$$\cdot\sqrt{A+B}$$

$$(4\text{-}22)$$

式中，$A=\left[\displaystyle\int_0^{2\pi}\!\!\int_0^{\pi/2}\dfrac{G(\theta_i,\theta_r,\varphi_r)}{\cos^4\alpha}\cdot\dfrac{\exp\!\left[-\tan^2\alpha/2\sigma^2\right]}{\cos\theta_i}\cos(2\eta_r)\sin\theta_r(R_s-R_p)\mathrm{d}\theta_r\mathrm{d}\varphi_r\right]^2$；

$B=\left[\displaystyle\int_0^{2\pi}\!\!\int_0^{\pi/2}\dfrac{G(\theta_i,\theta_r,\varphi_r)}{\cos^4\alpha}\cdot\dfrac{\exp\!\left[-\tan^2\alpha/2\sigma^2\right]}{\cos\theta_i}\sin(2\eta_r)\sin\theta_r(R_s-R_p)\mathrm{d}\theta_r\mathrm{d}\varphi_r\right]^2$。

4.3　目标红外偏振成像

4.3.1　红外偏振成像探测机理

　　光学系统接收红外能量，并将光束整形变换，聚焦在探测器的焦平面上；探测器完成红外的光电信号转换，以电压的方式输出目标景物的信息；A/D 转换电路完成探测器输出信号的模数转换；信号处理电路实现图像的预处理，包括短波非均匀性校正、盲元检测与补偿等；显示模块完成红外图像的视频显示；温度控制电路稳定探测器的工作温度；串口通信模块实现与 PC 机的通信[9,10]。

　　微偏振片阵列(micro-polarizer array，MPA)成像系统如图 4.2 所示，微偏振片

阵列直接集成到探测器的感光芯片上,保证每个单元与感光芯片的像素单元大小一致且逐一对准,当光线通过微偏振片阵列到达探测器后,可同时获得四个对应的线偏振调制方向(0°、45°、90°和135°)的光强:I_0、I_{45}、I_{90}、I_{135}。可得光学系统出射光的斯托克斯矢量,通过计算目标到探测器整个过程的总缪勒矩阵可求出目标反射光的斯托克斯矢量,进行偏振信息提取,即可得目标景物的偏振图像。

像素级偏振成像存在如下缺点:在采集到的原始图像中,每一个超像素内保留同一种偏振状态下的测量值,而将其他的值清空,这样得到的图像是由清空后的空缺位置和同一种偏振状态下的测量结果组成,原始图像抽取的四幅相移干涉图像如图 4.3 所示,这降低了系统的空间分辨率,并且由于各相邻像元的瞬时视场不重叠,存在瞬时视场误差(instantaneous field-of-view,IFOV)。为了减少 IFOV 误

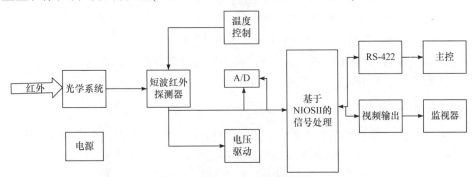

图 4.2　微偏振片阵列成像系统

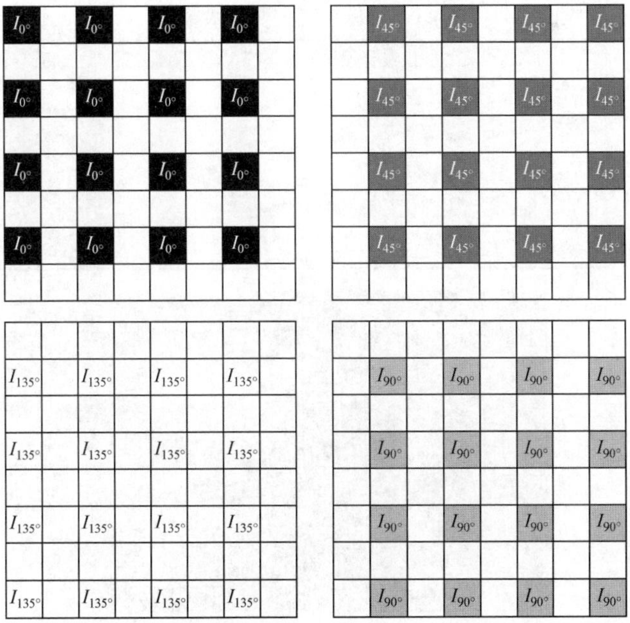

图 4.3　原始图像抽取的四幅相移干涉图像

差，本节引入了插值算法，通过插值算法可补齐图像中的空缺位置，有效提高了系统的空间分辨率[11]。

通过在阵列上对 2×2 像素单元进行卷积，可以拟合得到空缺位置的偏振态测量值，提高数据的空间分辨率。这种方式已经实现，应用新的处理算法，可以实现等同于传感器自身像素宽度限制下对应的空间分辨率。插值后的分辨率如图 4.4 所示。

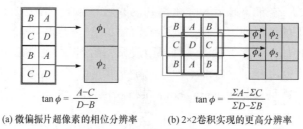

(a) 微偏振片超像素的相位分辨率　　　　　(b) 2×2卷积实现的更高分辨率

图 4.4　插值后的分辨率

综上，相对其他偏振成像方式，像素级偏振成像能够实时成像，无需分光元件，体积小，且具有透过率较高、消光比高、可靠性高、功耗低等特点。

4.3.2　红外偏振探测实验装置

成像系统主要技术参数如表 4.1 所示。长波红外偏振成像如图 4.5 所示，其采用分焦平面方式获取偏振图像。近红外偏振成像系统如图 4.6 所示，其采用旋转片型方法获取 0°、45°、90°、135°四个偏振方向的图像。

表 4.1　成像系统主要技术参数

参数	长波红外偏振成像系统	近红外成像系统
波长/μm	8~12	0.9~1.7
焦距/mm	60	50
F 数	1	1.4
分辨率	640×512	640×512
像元尺寸/μm	17	15

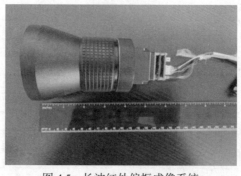

图 4.5　长波红外偏振成像系统

图 4.6　近红外偏振成像系统

近红外偏振片采用石英基底金属铝线栅偏振片，如图 4.7 所示。其可在 400～1600nm 光谱范围中提供出色性能，尺寸为 ϕ50.8 mm，消光比优于 1500∶1。

图 4.7　近红外偏振片

近红外偏振片透过率与波长之间的关系曲线如图 4.8 所示。该偏振片在近红外波段范围内的透过率始终在 90% 左右，有较好的透过率。

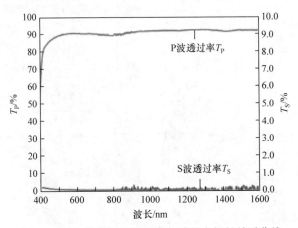

图 4.8　近红外偏振片透过率与波长之间的关系曲线

图 4.9　旋转偏光镜架

旋转偏光镜架采用型号为 PM202 的偏光镜架，与红外偏振片相匹配，大小为 ϕ50.8mm，端面 360°刻划，有增量为 3°的刻度线，可以有良好、精确的角度调节。旋转偏光镜架如图 4.9 所示。

实验选取了粗糙度与仿真时粗糙度相接近的铝片和玻璃板，实验材料表面粗糙度测量如图 4.10 所示，采用型号为 SJ-210 的粗糙度测量仪对物体表面粗糙度进行测量。两个铝片的粗糙度分别为 0.177 和 0.798，两个玻璃板的粗糙度分别为 0.18 和 0.876。粗糙度实测值与仿真中选取的粗糙度值极为接近。

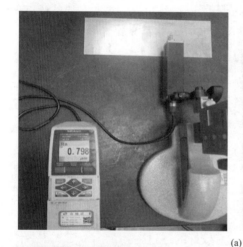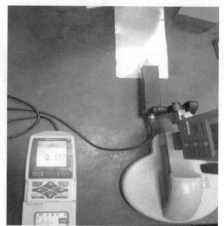

(a)

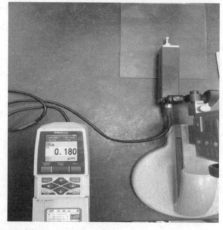

(b)

图 4.10　实验材料表面粗糙度测量

4.4　目标红外偏振特性测试实验

4.4.1　长波红外偏振成像实验

本节利用红外偏振相机开展了相关探测实验,针对远处不同目标(电视塔、树林等)和近处不同目标(人物、材质)进行拍摄,同时获取不同种类目标的四个偏振角图像,并通过实时融合处理,得到目标的偏振图像和偏振角图像。具体实验结果如图 4.11～图 4.19 所示。

(1) 电视塔测试实验结果。

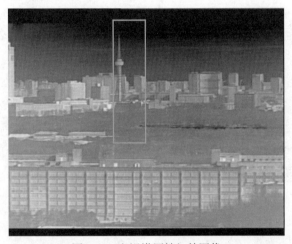

图 4.11　电视塔原始红外图像

(a) 0°

(b) 45°

(c) 90°　　　　　　　　　　　　(d) 135°

图 4.12　电视塔 0°、45°、90°、135°偏振角图像

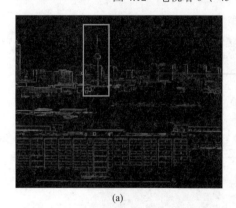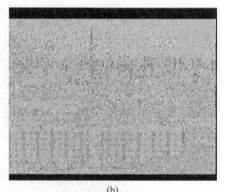

(a)　　　　　　　　　　　　　　(b)

图 4.13　电视塔融合处理后的偏振图像和偏振角图像

(2) 树林测试实验结果。

图 4.14　树林原始红外图像

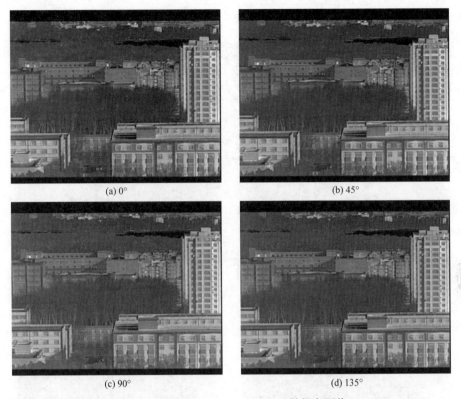

(a) 0°   (b) 45°

(c) 90°   (d) 135°

图 4.15 树林 0°、45°、90°、135°偏振角图像

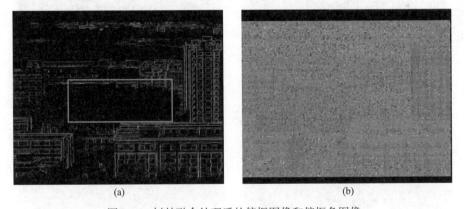

(a)   (b)

图 4.16 树林融合处理后的偏振图像和偏振角图像

(3) 室内景物测试实验结果。

图 4.17　室内景物原始红外图像

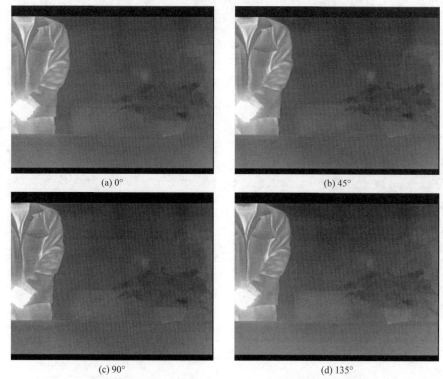

(a) 0° (b) 45°

(c) 90° (d) 135°

图 4.18　室内景物 0°、45°、90°、135°偏振角图像

　　为了分析长波红外偏振图像与强度图像的效果，本节用目标与背景的偏振度对比度来标定，定义为 $C = (P_\mathrm{T} - P_\mathrm{B}) / (P_\mathrm{T} + P_\mathrm{B})$。其中，$C$ 为目标与背景的线偏振

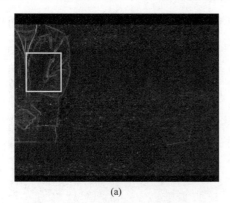
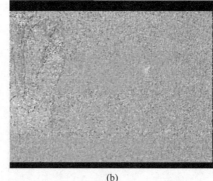

(a)　　　　　　　　　　　　　　　　　　　(b)

图 4.19　室内景物处理后的偏振图像和偏振角图像

度对比度，P_T 为目标的线偏振度，P_B 为背景的线偏振度。线偏振度对比度越大，两种材质之间的差异越大。对上述三组实验结果进行图像处理，对比结果如表 4.2 所示。

表 4.2　长波红外成像目标与背景对比度表

目标	长波红外强度目标背景对比度/%	长波红外偏振度目标背景对比度/%	提升/%
电视塔	3.64	4.47	23
树林	1.83	1.85	1
人体	5.87	7.69	31

　　通过实验可以发现，电视塔长波红外偏振度目标背景对比度为 4.47%，电视塔长波红外强度目标背景对比度为 3.64%，提升了 23%；树林长波红外偏振度目标背景对比度为 1.85%，树林长波红外强度目标背景对比度为 1.83%，提升了 1%；人体长波红外偏振度目标背景对比度为 7.69%，人体长波红外强度目标背景对比度为 5.87%，提升了 31%。红外偏振探测可在夜晚对目标进行偏振成像，较强度成像对比度有所提升。偏振对人造目标敏感，有助于区分人造目标和自然目标，如电视塔长波红外偏振度目标背景对比度为 4.47%，人体与衣服的长波红外偏振度目标背景对比度为 7.69%，明显高于树林长波红外偏振度目标背景对比度的 1.85%。因此，长波红外偏振成像探测能够凸显目标的轮廓，提高目标对比度，有助于区分人造目标和自然目标。

　　(4) 不同材质测试结果

　　图 4.20 为不同粗糙度的铝片和玻璃板的长波红外偏振图像。图 4.20(a)中左侧是粗糙度为 0.798 的铝片，右侧是粗糙度为 0.177 的铝片，可以看出粗糙度小的铝片偏振图像较清晰；图 4.20(b)中左侧是粗糙度为 0.18 的玻璃板，右侧是粗糙度为

0.876 的玻璃板，可以看出粗糙度小的玻璃板偏振图像较清晰。对比两幅图像可以看出，相同条件下金属的长波红外偏振特性较非金属更加明显。

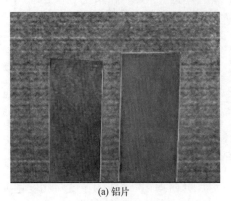 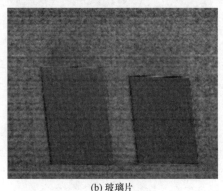

(a) 铝片   (b) 玻璃片

图 4.20   不同粗糙度的铝片和玻璃板的长波红外偏振图像

5) 夜晚拍摄的远距离景物

图 4.21(a)和(b)为夜晚拍摄的远距离景物的长波红外强度图像和长波红外偏振图像。由图 4.21(b)可以看出，金属屋顶和被树遮住的路灯在无偏强度图像中并不明显，但是在偏振图像中屋顶的轮廓更加清晰分明。路灯的热辐射能量很高，因此与背景的对比度也很高，然而树木在强度图像中的灰度值也很高，与路灯灰度值接近，并且由于树木的遮挡，在强度图像中路灯不易被探测识别。但是，在红外偏振图像中，树木的偏振度极低，路灯的偏振度大，树木与路灯形成强烈对比，因此在红外偏振图像中路灯很容易被探测识别。表 4.3 给出了不同目标的强度对比度与偏振图像对比度。可以得出结论：长波红外偏振图像可以使目标轮廓更加明显突出，而且从路灯与背景的红外偏振图像对比度可以发现，长波红外偏振图像还可以使高温目标在复杂背景中更容易被探测识别。

(a) 长波红外强度图像   (b) 长波红外偏振图像

图 4.21   夜晚拍摄的远距离景物的长波红外强度图像和长波红外偏振图像

表 4.3　不同目标的强度图像与偏振图像对比度

目标	强度图像对比度/%	红外偏振图像对比度/%
路灯	2.203	94.85
屋顶	2.246	54.71
太阳能	1.210	60.15

4.4.2　短波红外偏振成像实验

图 4.22 为铝和玻璃的红外偏振度实际测量值与仿真对比图。从曲线图中可以看出，当入射角很小时，表面粗糙度对目标偏振度大小的影响并不明显；当入射角大于 40°时，粗糙度对偏振度的影响越来越大，直到入射角为 80°左右达到峰值。实际粗糙度与仿真粗糙度大小存在较小的偏差，粗糙度值十分接近，偏振度实际测量值基本都在仿真曲线上，无较大偏差，并且偏振度变化趋势与仿真曲线基本一致，可以验证理论模型及仿真的正确性。

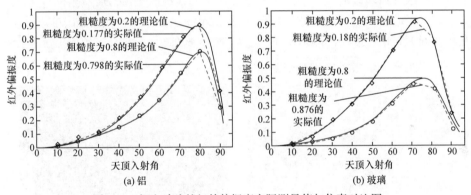

图 4.22　铝和玻璃的红外偏振度实际测量值与仿真对比图

将近红外偏振片安装到旋转偏光镜架上，这里需要注意的是，在安装偏振片的过程中，红外偏振片与相机镜头两者之间需要成 10°～15°的角度，以避免发生冷反射现象。通过旋转偏光镜架上的刻度，将偏振片分别旋转到 0°、45°、90°和135°的位置后，就可以获得目标的四幅不同偏振方向含有偏振信息的图像。由于物体温度和环境温度基本一致，利用近红外偏振成像系统获得的图像仅是物体的红外反射辐射偏振信息。图 4.23 为不同粗糙度的铝片强度图像与偏振图像的对照实验。左侧是粗糙度为 0.798 的铝片，右侧是粗糙度为 0.177 的铝片，在强度图像中两块铝片灰度相近，但是在偏振图像中可以看出，左侧的铝片较暗，右侧的铝片较亮,能够轻易区分两块铝片,经测量右侧铝片偏振度是左侧铝片偏振度的 1.32 倍，说明金属铝的表面越光滑偏振度越大。

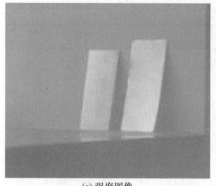

(a) 强度图像　　　　　　　　　　　　　　　　(b) 偏振图像

图 4.23　　不同粗糙度的铝片强度图像与偏振图像

　　图 4.24 为表面粗糙的玻璃板与表面光滑的玻璃板的强度图像与偏振图像的对照实验。左侧玻璃板的粗糙度为 0.876，右侧玻璃板的粗糙度为 0.18，在强度图像中两块玻璃板的灰度相近，但是在偏振图像中右侧表面光滑的玻璃板相对较亮，也较容易区分两块玻璃板，经测量光滑玻璃板的偏振度是粗糙玻璃板的 1.7 倍，说明玻璃表面越光滑偏振度越大。对比图 4.24(a) 与图 4.24(b) 可以得出如下结论：在物体温度和粗糙度相同的情况下，金属的偏振度要大于非金属的偏振度；无论金属还是非金属，表面越光滑偏振度越大。

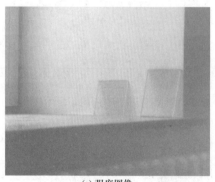

(a) 强度图像　　　　　　　　　　　　　　　　(b) 偏振图像

图 4.24　　不同粗糙度的玻璃板强度图像与偏振图像

　　同样利用旋转偏振片的方式获得室外景物的近红外偏振图像。图 4.25(a) 是室外景物的普通红外强度图像，图 4.25(b)～图 4.25(d) 为在同一观测角一天内的不同时刻拍摄的近红外偏振图像，图 4.25(b) 的入射角为 80°，图 4.25(c) 的入射角为 70°，图 4.25(d) 的入射角为 20°。从三幅图像的对比中可以看出，图 4.25(c) 中屋顶的偏振度最大，更容易从杂乱的树丛中分辨出来，由于屋顶的材质是金属，可以说明在入射角为 70°时更容易区分金属和非金属。为了更直观地看出入射角度不同时偏振度的变化，本节对三幅图像中方框内区域进行偏振度计算，偏振度大小如图 4.26 所示，三幅三维图像分别对应入射角为 80°、70°、20°。

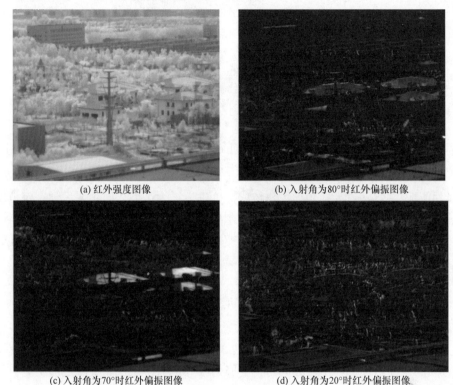

(a) 红外强度图像　　　　　　　　　(b) 入射角为80°时红外偏振图像

(c) 入射角为70°时红外偏振图像　　　　　(d) 入射角为20°时红外偏振图像

图 4.25　室外景物拍摄的图像

图 4.26 为远处部分建筑物的偏振度三维图像，可知入射角为 70°时偏振度要大于另外两个角度，入射角为 20°时偏振度最小。由图 4.26(b)可以看出，入射角为 70°时金属材质的屋顶偏振度最大，为 0.78，入射角为 20°时，偏振度仅为 0.19。

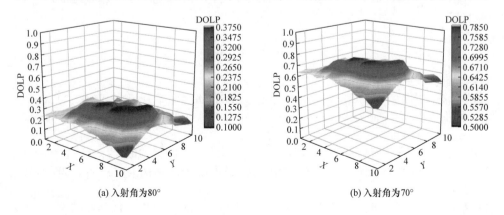

(a) 入射角为80°　　　　　　　　　　(b) 入射角为70°

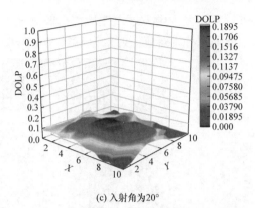

(c) 入射角为20°

图 4.26　远处部分建筑物的偏振度三维图像

由此可以说明，随着入射角增大物体偏振度逐渐增大，但入射角增大到一定范围时，入射角再继续增大偏振度反而会急剧减小，说明偏振度在一定的入射角范围内会达到一个峰值，可以获取对比度最大的红外偏振图像。根据目标材质的不同，这个特定入射角也会有所不同，其更容易区分金属与非金属材质。

4.5　本 章 小 结

实验数据验证了理论模型的正确性，在长波红外偏振成像实验中，当金属与非金属的表面粗糙度与温度相同时，金属的红外偏振特性比非金属更加明显；长波红外偏振图像能够提高目标与背景的对比度，将目标从背景中突显出来。在近红外偏振成像实验中，当物体表面粗糙度与温度相同时，金属的偏振度要大于非金属的偏振度；无论金属还是非金属，表面越光滑偏振度越大；在特定入射角度可以获取对比度最大的红外偏振图像，这个角度更容易区分金属与非金属材质。红外偏振度成像可以弱化背景，更好地突出目标细节轮廓，更加清晰地展现出目标特征。

参 考 文 献

[1] 廖延彪. 偏振光学[M]. 北京: 科学出版社, 2003.

[2] 李军伟, 陈伟力, 徐文斌, 等. 红外偏振成像技术与应用[M]. 北京: 科学出版社, 2017.

[3] Gartley M G. Polarimetric modeling of remotely sensed scenes in the thermal infrared[J]. Rochester Institute of Technology, 2007: 55-61.

[4] 王晓娟. 基于长波的红外偏振成像技术研究[D]. 天津: 天津大学, 2016.

[5] 徐参军, 苏兰, 杨根远, 等. 中波红外偏振成像图像处理及评价[J]. 红外技术, 2009, 31(6): 362-366.

[6] 陈伟力, 王霞, 金伟其, 等. 采用中波红外偏振成像的目标探测实验[J]. 红外与激光工程,

2011, 40(1): 7-10.

[7] 汪震, 乔延利, 洪津, 等. 利用热红外偏振成像技术识别伪装目标[J]. 红外与激光工程, 2007, 36(6): 853-856.

[8] 张朝阳, 程海峰, 陈朝辉, 等. 伪装遮障的光学与红外偏振成像[J]. 红外与激光工程, 2009, 38(3): 424-427.

[9] 王晓娟. 基于长波的红外偏振成像技术研究[D]. 天津: 天津大学, 2016.

[10] Zhao Y Q, Pan Q, Zhang H C. Fuse spectropolarimetric imagery by D-S reasoning[J]. Proceeding of SPIE, 2010, 6240: 8-14.

[11] 徐文斌, 陈伟力, 李军伟, 等. 采用长波红外高光谱偏振技术的目标探测实验[J]. 红外与激光工程, 2017, 46(5): 504005-1-504005-7.

第 5 章　复杂环境下偏振光传输特性

5.1　偏振光传输特性基本原理

5.1.1　瑞利散射

瑞利散射是散射的一种，当粒子半径远小于入射光波长时，散射后各方向上的散射光强度不同，强度随入射光的波长四次方增加而减小，出现这种现象时是瑞利散射[1]。其中，介质粒子中的分子和原子是引起瑞利散射现象的主要原因。散射光越弱，光本身传播方向上的光强就越强。

以半径为 r、折射率为 n 的球形粒子为例，假设观察点与粒子的距离为 l，入射光是波长为 λ 的线偏振光，入射光强为 I_0，则该单个球形粒子的散射光强度表达式为

$$I(\theta,\phi) = \frac{I_0}{l^2} \cdot \frac{16\pi^2 r^6}{\lambda^4} \left(\frac{n^2-1}{n^2+2} \right) \left(1 - \sin^2\theta \cos^2\phi \right) \tag{5-1}$$

式中，ϕ 为观测方位角；θ 为散射角。出射激光到达观测面的光是自然光时，与介质粒子发生折射后，光强可以表示为

$$I(\theta) = \frac{I_0}{l^2} \cdot \frac{8\pi^4 r^6}{\lambda^4} \left(\frac{n^2-1}{n^2+2} \right) \left(1 + \cos^2\theta \right) \tag{5-2}$$

水平入射的线偏振光，经过与粒子散射后，会形成平面内的光强度分量和散射面内的光强度分量，该分量与入射光方向垂直，可以表示为

$$I_\perp = \frac{I_0}{l^2} \cdot \frac{16\pi^2 r^6}{\lambda^4} \left(\frac{n^2-1}{n^2+2} \right) \tag{5-3}$$

$$I_\Diamond = \frac{I_0}{l^2} \cdot \frac{16\pi^2 r^6}{\lambda^4} \left(\frac{n^2-1}{n^2+2} \right) \cos^2\theta \tag{5-4}$$

瑞利散射的相函数为

$$F(\theta) = \frac{3}{4} \left(1 + \cos^2\theta \right) \tag{5-5}$$

5.1.2　米氏散射

米氏散射也是散射的一种，是球状粒子散射的通用理论[2]。当光子在球状粒子介质中传播时，以粒子半径为 r、波长为 λ 为例，令尺度函数 $\alpha = \dfrac{2\pi r}{\lambda}$ 为判断标准，当 α 远小于 0.1 时，发生的是瑞利散射；当 $\alpha \geqslant 0.1$ 时发生的是米氏散射，即米氏散射发生的条件是入射波长和粒子半径相差不大。当粒子分布发生变化时，前向散射和后向散射的比值大小也发生变化。因此，可以说米氏散射具有很强的方向。这种散射的发生也是特定粒子引起的，如烟煤粒子、悬浮液滴等。当光经过大气中的这些悬浮粒子时，就会发生米氏散射现象。

根据米氏散射理论，利用麦克斯韦理论可以得到球形粒子散射的确定解，从而可以得到近似粒子的散射现象结论[3,4]。其中，参数有消光系数 K_{ext}、散射系数 K_{sca}、吸收系数 K_{abs}、散射振幅函数 S_1 和 S_2 等，可以表示为

$$K_{\text{ext}} = \frac{2}{\alpha^2} \sum_{n=1}^{\infty} (2n+1) \operatorname{Re}(a_n + b_n) \tag{5-6}$$

$$K_{\text{sca}} = \frac{2}{\alpha^2} \sum_{n=1}^{\infty} (2n+1) \left(|a_n|^2 + |b_n|^2 \right) \tag{5-7}$$

$$K_{\text{abs}} = K_{\text{ext}} - K_{\text{sca}} \tag{5-8}$$

$$S_1 = \sum_{n=1}^{\infty} \frac{2n+1}{n(n+1)} \left[a_n \pi_n + b_n \tau_n \right] \tag{5-9}$$

$$S_2 = \sum_{n=1}^{\infty} \frac{2n+1}{n(n+1)} \left[a_n \tau_n + b_n \pi_n \right] \tag{5-10}$$

式中，π_n、τ_n 为连带勒让德函数，仅与散射角 θ 有关，a_n 和 b_n 为米散射系数，可以表示为

$$a_n(\alpha, n_0) = \frac{\psi_n'(n_0\alpha)\psi_n(\alpha) - n_0\psi_n(n_0\alpha)\psi_n'(\alpha)}{\psi_n'(n_0\alpha)\xi_n(\alpha) - n_0\psi_n(n_0\alpha)\xi_n'(\alpha)} \tag{5-11}$$

$$b_n(\alpha, n_0) = \frac{n_0\psi_n'(n_0\alpha)\psi_n(\alpha) - \psi_n(n_0\alpha)\psi_n'(\alpha)}{n_0\psi_n'(n_0\alpha)\xi_n(\alpha) - \psi_n(n_0\alpha)\xi_n'(\alpha)} \tag{5-12}$$

式中，n_0 为折射率指数；$\psi_n(\alpha)$ 和 $\xi_n(\alpha)$ 为 Riccati-Bessel 函数[$\psi_n(\alpha')$ 和 $\psi_n'(\alpha)$ 为其逆变换]，表示为

$$\psi_n(\alpha) = \sqrt{\pi_x} J_{n+\frac{1}{2}}(\alpha) \tag{5-13}$$

$$\xi_n(\alpha) = \sqrt{\pi_x} H^{(2)}_{n+\frac{1}{2}}(\alpha) \tag{5-14}$$

式中，$J_{n+\frac{1}{2}}$ 和 $H_{n+\frac{1}{2}}^{(2)}$ 为第一类 Bessel 函数和第二类 Hankel 函数。

5.1.3　多次散射

　　现实生活中，光子和粒子发生的散射反应往往不是单一的，不仅存在粒子的单次散射，更多的是粒子的多次散射[5]。光子与粒子碰撞后发生散射，散射后的光子会再与另一个粒子发生碰撞，如此反复，最终光子到达接收端。散射程度及偏振态变化会受粒子散射的影响。粒子的多次散射示意图如图 5.1 所示。

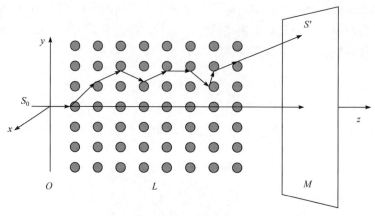

图 5.1　粒子的多次散射示意图

　　当介质中粒子浓度较低时，粒子与粒子距离较远，粒子各自发生散射作用，在接收端接收到的信息是各个单独进行散射作用的粒子的叠加信息。随着介质浓度增高，粒子数增多，粒子与粒子之间的距离减小，光子与粒子之间进行多次散射作用，接收到的光强及偏振信息要略大于单次散射的强度。

5.2　海雾环境下偏振光传输特性建模与仿真

　　由于海洋环境的复杂多变，目前对于大气-海雾环境下天空光偏振分布模式的研究相对较少。为了扩展偏振探测的适用范围，进一步研究复杂海洋环境垂直观测下天空的偏振分布特性，这里利用简化的大气-海雾双层结构模拟复杂海洋环境，分别由瑞利散射和米氏散射方法求得大气-海雾双层粒子分布特性，采用基于矢量辐射传输方程的 RT3 方法仿真不同能见度的海雾环境辐射偏振特性，重点研究太阳子午线上典型可见光波段、太阳位置、观测位置及能见度等参数变化下偏振下行辐射的变化情况，掌握多层海洋介质环境下垂直方向偏振传输特性的演化规律，为海洋目标高精度成像探测提供理论与技术支撑。

5.2.1　基于倍加累加方法的天空偏振建模

倍加累加方法可将一个非均匀层划分为 n 个均匀薄层，分别分析两层之间的多次反射和透射过程，通过计算两层之间的连续反射和透射过程得到整个组合层的辐射和透射性质，其可以直观地表达为等比数列求和问题，整个计算过程基于矢量辐射传输方程进行求解。

辐射传输方程描述单色辐射量与大气的相互作用及由此产生的变化，考虑光学厚度 τ、单次散射反照率 ω 和太阳天顶角余弦 μ_0 与方位角 φ_0 等参数的影响，辐射传输方程的一般形式可表示为

$$\mu' \frac{\mathrm{d}\boldsymbol{I}(\tau;\mu',\varphi')}{\mathrm{d}\tau} = -\boldsymbol{I}(\tau;\mu',\varphi') + \frac{\omega}{4\pi} \int_0^{2\pi} \int_{-1}^{1} \boldsymbol{P}(\tau,\mu',\varphi';\mu,\varphi)\boldsymbol{I}(\tau;\mu,\varphi)\mathrm{d}\mu\mathrm{d}\varphi$$

$$+ \frac{\omega}{4\pi} F_0 \exp(-\tau/\mu_0) \boldsymbol{P}(\tau,\mu',\varphi';-\mu_0,\varphi_0)(1,0,0,0)^{\mathrm{T}} \quad (5\text{-}15)$$

$$+ (1-\omega)B(t)(1,0,0,0)^{\mathrm{T}}$$

式中，μ 和 φ 表示入射的天顶角余弦和方位角；μ' 和 φ' 分别为出射天顶角余弦和方位角；$\boldsymbol{I} = \begin{bmatrix} I & Q & U & V \end{bmatrix}^{\mathrm{T}}$，$I$、$Q$、$U$、$V$ 分别为出射的斯托克斯矢量 $\boldsymbol{I}$ 中的元素，其中 I 为总光强，Q 和 U 分别为两个正交方向上的强度差，V 为圆偏振；式中第二项是由粒子的多次散射引起的，$\boldsymbol{P}$ 表示散射矩阵；式中第三项是由上一层边界的辐射发生的单次散射，其中 F_0 为大气层顶太阳辐射；最后一项表示热辐射，$B(t)$ 为普朗克黑体辐射函数。

对式(5-15)中的散射矩阵进一步展开，由相位矩阵 $\boldsymbol{F}$ 来表征散射矩阵 $\boldsymbol{P}$，具体表示为

$$\boldsymbol{P}(\theta,\varphi;\theta',\varphi') = \boldsymbol{R}(i_2 - \pi) \cdot \boldsymbol{F}(\cos\Theta) \cdot \boldsymbol{R}(i_1) \quad (5\text{-}16)$$

式中，Θ 为散射角；i_1 和 i_2 分别表示入射光线所在散射平面与子午面的夹角和出射光线所在散射平面与子午面的夹角。$\boldsymbol{R}$ 为光相对于参考面和相对于散射面的斯托克斯矢量之间转换的旋转矩阵，其作用是使散射前后的参考面一致，其表达式为

$$\boldsymbol{R}(i_2 - \pi) = \begin{bmatrix} 1 & 0 & 0 & 0 \\ 0 & \cos 2(i_2 - \pi) & -\sin 2(i_2 - \pi) & 0 \\ 0 & \sin 2(i_2 - \pi) & \cos 2(i_2 - \pi) & 0 \\ 0 & 0 & 0 & 1 \end{bmatrix} \quad (5\text{-}17)$$

$$R(i_1) = \begin{bmatrix} 1 & 0 & 0 & 0 \\ 0 & \cos 2i_1 & -\sin 2i_1 & 0 \\ 0 & \sin 2i_1 & \cos 2i_1 & 0 \\ 0 & 0 & 0 & 1 \end{bmatrix} \tag{5-18}$$

对于旋转对称粒子，相位矩阵 $F(\cos\Theta)$ 可表示为

$$F(\cos\Theta) = \begin{bmatrix} f_1(\cos\Theta) & f_2(\cos\Theta) & 0 & 0 \\ f_2(\cos\Theta) & f_5(\cos\Theta) & 0 & 0 \\ 0 & 0 & f_3(\cos\Theta) & f_4(\cos\Theta) \\ 0 & 0 & -f_4(\cos\Theta) & f_6(\cos\Theta) \end{bmatrix} \tag{5-19}$$

式中，当粒子为球形粒子时，有 $f_1=f_5$，$f_3=f_6$。

将相位矩阵 F 中元素以勒让德多项式的表达形式代入矢量辐射传输方程中进行求解，相位矩阵中各元素表示为

$$f_i(\cos\Theta) = \sum_{l=0}^{N_l} \chi_l^{(i)} P_l(\cos\Theta) \tag{5-20}$$

式中，l 为勒让德多项式级数；i 为对应相位矩阵中元素，取值为 1～6；χ 为勒让德多项式系数。

基于 RT3 的矢量辐射传输方程求解过程如图 5.2 所示。首先根据各层间温度、消光系数等信息对大气层进行划分；然后通过每次粒子类型、粒子谱分布和折射率等信息，求解各层的散射特性；接着将太阳位置、辐射源信息、地表信息和大气分层数量等输入基于 RT3 的辐射传输方程中进行计算，得到整个大气层的反射和透射性质，求出全天空各散射点的斯托克斯矢量分布。

5.2.2 大气-海雾复杂环境的多层粒子分布特性

1. 大气-海雾复杂环境的分层

海洋环境根据雾的浓度不同可被视为多层的复杂介质，包括大气层及能见度逐渐减少的海雾层，由于根据实际海面上海雾天气对大气-海雾环境进行划分时需考虑的情况极其复杂，为了简化计算，这里参考美国标准大气模式，在天气晴朗的情况下，将整个大气-海雾环境划分为均匀的两层，即海雾层和大气层。大气-海雾环境分层情况如图 5.3 所示，其中 5～15km 的大气层水汽含量较少，主要发生瑞利散射，0～5km 的海雾层粒子直径较大，散射过程复杂，主要由米氏散射进行计算。

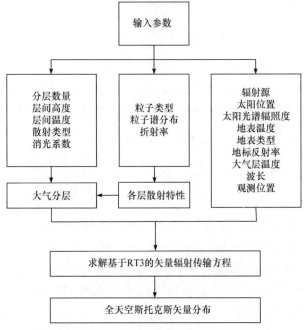

图 5.2　基于 RT3 的矢量辐射传输方程求解过程

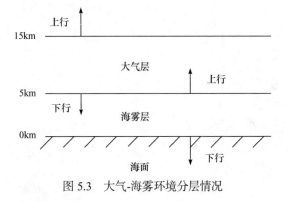

图 5.3　大气-海雾环境分层情况

2. 海雾层粒子分布特性

海雾层粒子尺度分布受地域、天气、时间等因素共同作用，雾滴粒子可用应用最广的 Gamma 分布模型描述为

$$n(r) = ar^2 \, \mathrm{e}^{-br} \tag{5-21}$$

式中，$n(r)$ 为单位体积单位半径的雾滴粒子数(单位：$\mathrm{m^{-3} \cdot \mu m^{-1}}$)；$r$ 为雾滴粒子半径，a 和 b 为雾滴谱的形状参数，与含水量 W(单位：$\mathrm{g/m^3}$)和能见度 V(单位：km)有关，分别表示为

$$a = \frac{9.781}{V^6 W^5} \times 10^{15}$$

$$b = \frac{1.304}{VW} \times 10^4$$

(5-22)

在海雾环境下，平流雾在海雾中范围较广、浓度较大，在海雾环境中占较大的比例。对于平流雾，含水量与能见度具有以下关系：

$$W = (18.35V)^{-1.43} = 0.0156V^{-1.43}$$

(5-23)

则可得海雾粒子粒径分布与能见度的关系为

$$n(r) = 1.059 \times 10^7 V^{1.15} r^2 \, e^{-0.8359V^{0.43} r}$$

(5-24)

若假设海面雾层分别由浓雾、中雾及轻雾组成，分别选取典型能见度 0.05km、0.5km 和 5km，则将其代入式(5-24)中，可分别得到浓海雾、中海雾及轻海雾的粒子粒径分布，三种不同能见度下海雾粒子粒径分布情况如图 5.4 所示。满足修正 Gamma 分布的三种不同浓度的浓海雾、中海雾及轻海雾的粒子半径分别为 8.676μm、3.223μm 和 1.198μm。

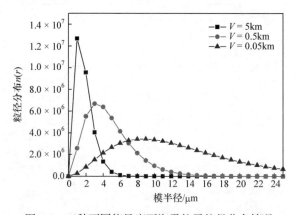

图 5.4　三种不同能见度下海雾粒子粒径分布情况

由图 5.4 可知，不同的能见度对应的粒子半径与粒径分布关系也有所不同。能见度为 5km 时，粒子半径为 0～1μm 的海雾粒子分布较多，且上升趋势明显；能见度为 0.5km 时，粒子半径为 0～3μm 的海雾粒子分布较多，且上升趋势明显；能见度为 0.05km 时，粒子半径为 0～9μm 的海雾粒子分布较多，且呈上升趋势。

当粒子半径大于 1μm、能见度为 5km 时，粒径分布随着粒子半径的增加而迅速下降，当粒子半径达到 6μm 时，海雾粒子分布基本消失；当粒子半径大于 3μm、能见度为 0.5km 时，粒径分布随着粒子半径的增加而缓慢下降，当粒子半径达到

16μm 时，海雾粒子分布基本消失；当粒子半径大于 9μm、能见度为 0.05km 时，粒径分布随着粒子半径的增加而缓慢下降，且下降速度比前两者都要缓慢，当粒子半径大于 24μm 时，依旧存在相应的海雾粒径分布。

5.2.3　大气-海雾偏振仿真结果与分析

1. 海雾层粒子的散射特性

根据对海雾层分布特性的研究，可确定浓雾、中雾及轻雾满足修正 Gamma 分布下的各个参数，对于均匀、同性、球形的海雾粒子，为了研究不同浓度海雾粒子对偏振光散射特性的影响，根据米氏散射理论，求解散射矩阵中第一项。散射相位函数与散射角的变化关系如图 5.5 所示。从图中可以看出，散射光在前向几度的小角度内非常集中，比其他方向的散射光高出约 4 个量级，且随着能见度的降低，即海雾浓度的增大，散射相位函数不断增大，使整个散射环境趋于前向散射。对海雾层中粒子散射特性的研究可为大气-海雾天空偏振模式分布的研究奠定理论基础。

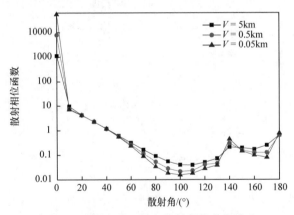

图 5.5　散射相位函数与散射角的变化关系

由图 5.5 可知，散射角为 0°～100°时，随着散射角度的增加，散射相位函数都呈下降趋势，当散射角为 100°～140°时散射相位函数都有增加趋势，为 140°～170°时散射相位函数下降，为 170°～180°时散射相位函数缓慢上升；当散射角为 10°时，不同的能见度、相同的散射角具有相同的散射函数；且散射角为 10°～50°时，三者的散射函数基本重合。在三种能见度情况下，散射函数的变化趋势是一致的，能见度越大，散射相位函数值略大。

0°～10°，散射相位函数变化剧烈，呈急速下降趋势，由 1000 降到了 10 左右；10°～100°，三种能见度不管如何变化，散射相位函数缓慢下降，趋势一致；在 100°散射方向上出现极小值；由于入射方向和散射方向成 90°，由散射理论可知，散射强度出现最小值。

100°～180°为后向散射，由散射理论和图像对比度可知，散射相位函数与 10°～100°散射角是对称分布的，但仿真结果在散射角为 140°时出现次峰值。

2. 大气-海雾天空偏振模式

为了真实地模拟海雾环境，根据对大气-海雾复杂环境分层情况的描述，将其分为两层，其中太阳天顶角为 60°，方位角为 0°，地表类型为朗伯地表，地表反射率为 0，地表温度为 300K，海雾层根据能见度的不同，可得到相应修正 Gamma 分布下的粒子半径，相对折射率为 $1.333+1.96\times10^{-9}$，分别选择可见光下典型波长 450nm、532nm 和 671nm 进行仿真，得到浓海雾、中海雾及轻海雾不同环境下的太阳子午线上偏振度与观测高度角的变化关系。

图 5.6 为不同能见度下偏振度与观测高度角的变化关系，其中三种能见度的海雾下偏振度的变化趋势基本相同，都在太阳高度角 30°时取得最小值，数值接近 0，当太阳高度角与观测高度角夹角为 90°时，可得到最大偏振度，这一现象与基于瑞利散射的大气理论模型得到最小值与最大值的位置相对应。随着能见度的

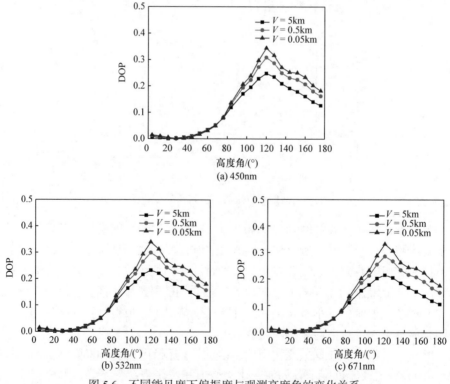

图 5.6　不同能见度下偏振度与观测高度角的变化关系

逐渐减小，偏振度值逐渐增大，这是由于当能见度减小时，粒子平均半径增大(图 5.5)，粒子尺寸的增大会导致偏振度的值增大，且浓海雾中粒子个数的增加会使得无偏的太阳光经多次散射后转化为偏振光，因此偏振度随能见度的减小会逐渐增大，且这一现象随观测角的增加越来越明显。当观测高度角较小(小于 90°)时，即太阳高度角与观测高度角所成的散射角较小时，偏振度对粒子形状的依赖性较弱，偏振度情况基本相同。对比三种不同波长下的仿真情况，均可得到相同的变化趋势。

图 5.7 为不同波长下偏振度与观测高度角的变化关系。其中，同一能见度下随着波长的增加偏振度逐渐减小，这与粒子尺寸参数 $x=2\pi r/\lambda$ 有关，当波长增大时，粒子尺寸参数减小，抑制前向散射光的集中，从而偏振度减小，散射相位函数与散射角的关系(图 5.5)也很好地解释了这一现象，这也从另一方面验证了图 5.6中所得出的结论。随着能见度的减小，介质中粒子半径不断增大，导致波长对尺寸参数的影响越来越小，对比图 5.7(a)～图 5.7(c)发现，波长对偏振度的影响越来越小，最后在浓雾中偏振特性基本趋于一致。

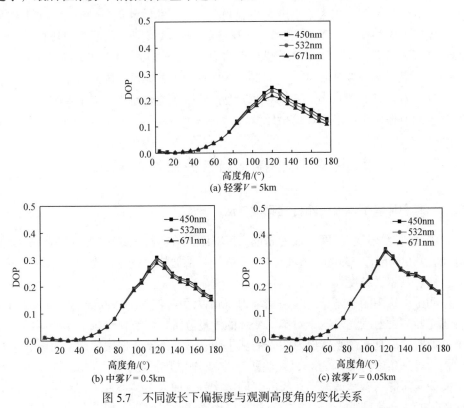

图 5.7　不同波长下偏振度与观测高度角的变化关系

由图 5.7 可知，轻雾、中雾、浓雾曲线变化规律大体一致，随着观测高度角的增大,DOP 先增大后减小。在轻雾情况下,450nm 的偏振度高于 532nm 和 671nm 的偏振度。观测高度角从 0°到 120°变化时,DOP 缓慢增长,在 120°时,DOP 达到峰值 0.25。观测高度角从 120°到 180°变化时,DOP 缓慢下降到 0.13 左右。在中雾情况下,450nm 的偏振度略高于 532nm 和 671nm 的偏振度。观测高度角从 0°到 120°变化时,DOP 缓慢增长,在 120°时,DOP 达到峰值 0.3 左右。观测高度角从 120°到 180°变化时,DOP 缓慢下降到 0.15 左右。在浓雾情况下,450nm、532nm、671nm 的偏振度曲线几乎重合。观测高度角从 0°到 120°变化时,DOP 缓慢增长,在 120°时,DOP 达到峰值 0.35 左右。观测高度角从 120°到 180°变化时,DOP 缓慢下降到 0.15 左右。

3. 大气-海雾天空偏振传输仿真结论

为了研究复杂海洋环境下大气-海雾多层介质天空偏振分布模式,将复杂海洋环境简化为大气-海雾双层结构,采用倍加累加方法计算两层介质间的辐射传输,得到全天空偏振分布情况,具体给出太阳子午线上海雾层下行辐射的偏振分布情况。研究结果表明:①太阳高度角与观测高度角间的散射角为 90°时,可得到最大偏振度值,相反,在太阳位置处,可得到最小偏振度值;②偏振度随能见度的减小会逐渐增大,且这一现象随观测角的增加(观测高度角大于 90°)越来越明显;③对于可见光典型波长(450nm、532nm 和 671nm),偏振度随波长增大而逐渐减小,且随着能见度的减小,波长对偏振特性的影响越来越小。以上研究为多层海雾环境的偏振探测做出了理论指导。

5.3　雾霾环境下偏振传输特性测试

5.3.1　雾霾环境下偏振传输特性测试方法

本节研究波长、湿度、入射光偏振度对激光传输特性的影响。所需实验设备有激光器(450nm、532nm、671nm)、衰减片、偏振片、波片、光功率计、偏振态测量仪、马尔文粒度仪。

测试中选用的激光器的输出功率为 50mW,可选波长为 450nm、532nm、671nm 的激光器来发射激光。鉴于对单一变量的测量分析,本节在衰减倍率相同的条件下开展实验。衰减激光器出射激光的功率用衰减片控制。偏振片用来对激光进行起偏,可选角度为 0°~360°,实验所选的起偏角度分别为 0°、45°。波片用来产生实验所需的右旋圆偏振光。校准好偏振片后,加入 $\lambda/4$ 波片,调整波片角度,使出射光为右旋圆偏振光。偏振态测量仪用来接收出射光,能够获取出射光的偏振态数据。偏振态测量仪的接收范围为 400~700nm,与实验选择的激光波段相符合。光功率计的最大接收功率为 10mW。因此，在激光入射时需要加入衰减片来衰减激光功率。箱体内部安装马尔文粒度仪，测量水雾粒径谱分布[5,6]。

图 5.8 为偏振传输实验框图，图 5.9 为发射端实物图，从右至左依次是激光器、衰减片、偏振片、波片。图 5.10 为接收端实物图，分别是光功率计、偏振态测量仪、分光棱镜。图 5.11 为水雾环境模拟箱与测试图。

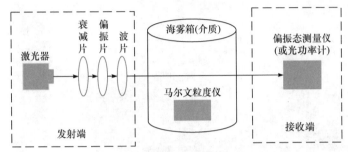

图 5.8　偏振传输实验框图

图 5.9　发射端实物图

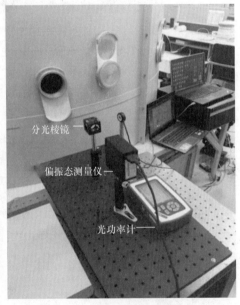

图 5.10　接收端实物图

5.3.2　雾霾环境下偏振传输特性测试结果分析

1. 湿度与光强透过率之间的关系

不同波长的光强透过率与湿度之间的关系如图 5.12 所示。可以看出，在 450nm、

532nm 和 671nm 三种不同波长下，水雾环境中粒子尺度较大，由于水雾浓度增大，空气中的水雾粒子散射导致出射光的光功率降低，随着湿度逐渐增加，光学厚度

图 5.11　水雾环境模拟箱与测试图

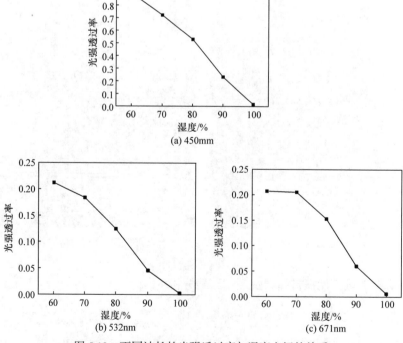

图 5.12　不同波长的光强透过率与湿度之间的关系

增加，光强透过率明显降低。三种不同波长激光在湿度为 60%～70%时光强透过率下降缓慢；湿度在 70%～100%时光强透过率下降较为迅速，造成这个现象的原因是湿度越大空气中的水雾粒子尺度越大，光强透过率下降速度越快；在湿度为 100%时，光学厚度达到最大值，光强透过率达到最低值。湿度在 60%～70%时，波长越长，光强透过率下降越缓慢；湿度在 70%～100%时，光强透过率虽下降速度加快，但是波长越长，激光下降的速度仍比波长较小的激光下降速度慢。由此证明，湿度的增加在光强透过率方面对较短波长激光的影响比较长波长激光影响要大。

　　不同波长的光学厚度与湿度之间的关系如图 5.13 所示。可以看出在 450nm 波段，湿度在 60%～90%时，随着湿度的增加光学厚度增长缓慢，湿度在 90%～100%时，随着湿度的增加光学厚度增长迅速。在湿度为 100%时，光学厚度达到 4。在 532nm 波段，湿度在 60%～90%时，随着湿度的增加光学厚度增长缓慢，湿度在 90%～100%时，随着湿度的增加光学厚度增长迅速，增长速度逐渐变快。在 671nm 波段，湿度在 60%～90%时，随着湿度的增加光学厚度增长缓慢，湿度在 90%～100%时，随着湿度的增加光学厚度增长迅速，湿度 100%时，光学厚度达到 5 以上。从三种不同波长激光的光学厚度可以看出，湿度在 60%～90%

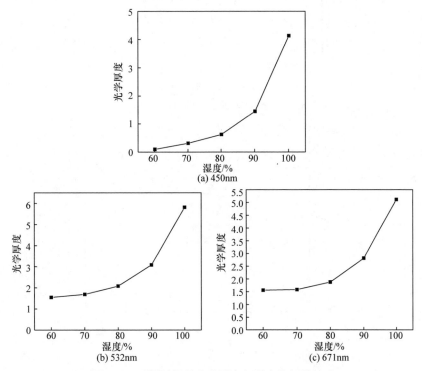

图 5.13　不同波长的光学厚度与湿度之间的关系

时，波长越长的激光增长得越缓慢，湿度在 90%～100%时，光学厚度增长迅速，造成这个现象的原因是湿度越大空气中的水雾粒子尺度越大，激光的波长越长增长得也越缓慢。由此证明，湿度的增加在光学厚度方面对较短波长激光的影响比较长波长激光影响要大。

2. 湿度与偏振度之间关系

图 5.14 为 450nm 波段湿度与偏振度的关系图。图 5.15 为 532nm 波段湿度与偏振度关系图。图 5.16 为 671nm 波段湿度与偏振度关系图。对比 532nm、450nm 和 671nm 三个波段可以看出，随着湿度的增加偏振度 DOP 呈下降趋势，且波长

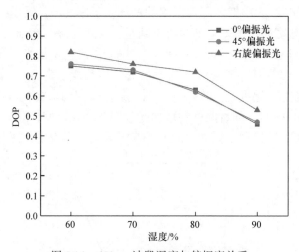

图 5.14　450nm 波段湿度与偏振度关系

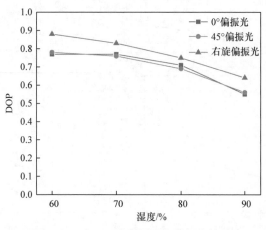

图 5.15　532nm 波段湿度与偏振度关系

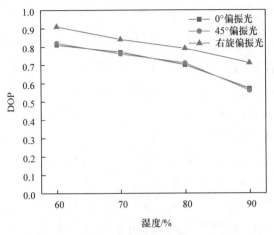

图 5.16　671nm 波段湿度与偏振度关系

越长下降越平缓，偏振度也随着波长变长而变大。相比线偏振光，圆偏振光具有更好的保偏特性。在三种不同波段下，圆偏振光的出射偏振度都比线偏振光的出射偏振度高，且圆偏振光下降比线偏振光较为缓慢。因此，针对水雾这种易受湿度影响的环境，应当选择波长较长的激光进行成像，在湿度大的环境中，较长波长激光的圆偏振光保偏效果更佳。

5.4　油雾环境下偏振传输特性

5.4.1　基于蒙特卡罗的缪勒矩阵建模

针对大气环境中颗粒物浓度检测问题，以油雾环境为研究对象，在经典米氏散射理论基础上，建立蒙特卡罗偏振散射模型，采用斯托克斯-缪勒矩阵分析方法研究缪勒矩阵元素的变化规律，通过分析缪勒矩阵元素中信息可以有效获取介质特性。利用光学厚度表征油雾浓度的方法，将实验测试和模拟仿真有机结合，证明模型的正确性[7,8]。

在大气介质中传输的粒子可近似为均匀球形粒子，介质中粒子在散射角 θ 下的缪勒矩阵由米氏散射理论得出

$$M(\theta)=\begin{bmatrix} \mu_{11}(\theta) & \mu_{12}(\theta) & 0 & 0 \\ \mu_{12}(\theta) & \mu_{11}(\theta) & 0 & 0 \\ 0 & 0 & \mu_{33}(\theta) & \mu_{34}(\theta) \\ 0 & 0 & -\mu_{34}(\theta) & \mu_{33}(\theta) \end{bmatrix} \tag{5-25}$$

设入射光的斯托克斯矢量为 S_0，经过一次散射的斯托克斯矢量为 S_1，则有

$$S_1 = R(-\phi)M(\theta)R(\gamma)S_0 \tag{5-26}$$

式子，ϕ 和 γ 分别为入射斯托克斯矢量从参考平面变换到散射平面的角度和散射发生后又转回参考平面的角度；R 为 ϕ 和 γ 两个角度下生成的旋转变换矩阵，可以表示成

$$R(\phi)=\begin{bmatrix} 1 & 0 & 0 & 0 \\ 0 & \cos 2\phi & \sin 2\phi & 0 \\ 0 & -\sin 2\phi & \cos 2\phi & 0 \\ 0 & 0 & 0 & 1 \end{bmatrix}, \quad R(\gamma)=\begin{bmatrix} 1 & 0 & 0 & 0 \\ 0 & \cos 2\gamma & \sin 2\gamma & 0 \\ 0 & -\sin 2\gamma & \cos 2\gamma & 0 \\ 0 & 0 & 0 & 1 \end{bmatrix} \tag{5-27}$$

发生 n 次散射后，出射光 S_n 与入射光 S_0 的斯托克斯矢量的关系可表示为

$$S_n = R(-\phi_n)M(\theta_n)R(\gamma_n)R(-\phi_1)M(\theta_1)R(\gamma_1)S_0 \tag{5-28}$$

设入射光以水平偏振光入射，其斯托克斯矢量 S_0 为 $[1\,1\,0\,0]^T$，光线经过介质的散射，遇到透光轴沿垂直方向的检偏器 M_2，最后得到光的斯托克斯矢量为 S，则有

$$\begin{aligned} S = \begin{bmatrix} I \\ Q \\ U \\ V \end{bmatrix} = M_2 M_1 S_0 &= \begin{bmatrix} 1 & -1 & 0 & 0 \\ -1 & 1 & 0 & 0 \\ 0 & 0 & 0 & 0 \\ 0 & 0 & 0 & 0 \end{bmatrix}\begin{bmatrix} M_{11} & M_{12} & M_{13} & M_{14} \\ M_{21} & M_{22} & M_{23} & M_{24} \\ M_{31} & M_{32} & M_{33} & M_{34} \\ M_{41} & M_{42} & M_{43} & M_{44} \end{bmatrix}\begin{bmatrix} 1 \\ 1 \\ 0 \\ 0 \end{bmatrix} \\ &= \begin{bmatrix} M_{11} + M_{12} - M_{21} - M_{22} \\ -M_{11} - M_{12} + M_{21} + M_{22} \\ 0 \\ 0 \end{bmatrix} \end{aligned} \tag{5-29}$$

S 的下标表示不同的偏振态组合，第一个数字代表入射光的偏振态，第二个数字代表出射光的偏振状态。水平偏振光用数字 1 表示，垂直偏振光用数字 2 表示，+45° 和 –45° 线偏振光用数字 3 和 4 表示，左旋圆偏振光和右旋圆偏振光用数字 5 和 6 表示。当以水平偏振光入射、垂直偏振光出射时，式(5-29)中出射光强 I 由 S_{12} 表示，即

$$S_{12} = M_{11} + M_{12} - M_{21} - M_{22} \tag{5-30}$$

全部检偏和起偏的 36 种组合如表 5.1 所示。

表 5.1　检偏与起偏的 36 种组合形式

检偏 起偏	0°	90°	+45°	−45°	左旋	右旋
0°	$M_{11}+M_{21}$ $+M_{12}+M_{22}$	$M_{11}+M_{21}$ $-M_{21}-M_{22}$	$M_{11}+M_{31}$ $+M_{12}+M_{32}$	$M_{11}-M_{31}$ $+M_{12}-M_{32}$	$M_{11}+M_{12}$ $+M_{41}+M_{42}$	$M_{11}-M_{41}$ $+M_{12}-M_{42}$
90°	$M_{11}+M_{21}$ $-M_{12}-M_{22}$	$M_{11}-M_{21}$ $-M_{12}+M_{22}$	$M_{11}+M_{31}$ $-M_{12}-M_{32}$	$M_{11}-M_{31}$ $-M_{12}+M_{32}$	$M_{11}-M_{12}$ $+M_{41}-M_{42}$	$M_{11}-M_{41}$ $-M_{12}+M_{42}$
+45°	$M_{11}+M_{21}$ $+M_{13}+M_{23}$	$M_{11}-M_{21}$ $+M_{13}+M_{22}$	$M_{11}-M_{31}$ $+M_{12}-M_{33}$	$M_{11}-M_{31}$ $+M_{13}-M_{33}$	$M_{11}+M_{13}$ $+M_{41}+M_{43}$	$M_{11}-M_{41}$ $+M_{13}-M_{43}$
−45°	$M_{11}+M_{21}$ $-M_{13}-M_{23}$	$M_{11}+M_{31}$ $-M_{13}-M_{33}$	$M_{11}-M_{31}$ $-M_{13}+M_{33}$	$M_{11}-M_{31}$ $-M_{13}+M_{33}$	$M_{11}+M_{41}$ $-M_{13}-M_{43}$	$M_{11}-M_{41}$ $-M_{13}+M_{43}$
左旋	$M_{11}+M_{21}$ $-M_{14}-M_{24}$	$M_{11}-M_{21}$ $-M_{14}+M_{24}$	$M_{11}-M_{31}$ $-M_{14}+M_{34}$	$M_{11}-M_{31}$ $-M_{14}+M_{34}$	$M_{11}+M_{41}$ $-M_{14}-M_{44}$	$M_{11}-M_{41}$ $-M_{14}+M_{44}$
右旋	$M_{11}+M_{21}$ $+M_{14}+M_{24}$	$M_{11}-M_{21}$ $+M_{14}-M_{24}$	$M_{11}-M_{31}$ $+M_{14}-M_{34}$	$M_{11}-M_{31}$ $+M_{14}-M_{34}$	$M_{11}+M_{14}$ $+M_{41}+M_{44}$	$M_{11}-M_{41}$ $+M_{14}-M_{44}$

利用表 5.1 中组合，可求得油雾介质的缪勒矩阵为

$$
\boldsymbol{M}=
\begin{bmatrix}
M_{11} & M_{12} & M_{13} & M_{14}\\
M_{21} & M_{22} & M_{23} & M_{24}\\
M_{31} & M_{32} & M_{33} & M_{34}\\
M_{41} & M_{42} & M_{43} & M_{44}
\end{bmatrix}
$$

$$
=\frac{1}{4}
\begin{bmatrix}
S_{11}+S_{12}+S_{21}+S_{22} & S_{11}+S_{12}-S_{21}-S_{22} & S_{31}+S_{32}-S_{43}-S_{44} & S_{61}+S_{62}-S_{51}-S_{52}\\
S_{11}+S_{21}-S_{12}-S_{22} & S_{11}+S_{22}-S_{12}-S_{21} & S_{31}+S_{42}-S_{32}-S_{41} & S_{61}+S_{52}-S_{62}-S_{51}\\
S_{13}+S_{23}-S_{14}-S_{24} & S_{13}+S_{24}-S_{14}-S_{23} & S_{33}+S_{44}-S_{34}-S_{43} & S_{63}+S_{54}-S_{64}-S_{53}\\
S_{25}+S_{15}-S_{56}-S_{66} & S_{15}+S_{26}-S_{25}-S_{16} & S_{35}+S_{46}-S_{45}-S_{36} & S_{56}+S_{65}-S_{66}-S_{55}
\end{bmatrix}
\tag{5-31}
$$

油雾粒子的散射相位函数矩阵的平均矩阵元可写为

$$
\left\langle F_{ij}\right\rangle=\frac{\displaystyle\int_{r_{\min}}^{r_{\max}}Q_{\mathrm{sca}}(r)n(r)\pi r^2 F_{ij}(r)\mathrm{d}r}{\displaystyle\int_{r_{\min}}^{r_{\max}}Q_{\mathrm{sca}}(r)n(r)\pi r^2\,\mathrm{d}r}
\tag{5-32}
$$

式中，$n(r)$ 为油雾粒子的对数粒子谱分布，可以表示为

$$n(r) = \frac{N_0}{\sqrt{2\pi}\lg\sigma}\exp\left[-\frac{(\lg r - \lg r_\mathrm{m})^2}{2(\lg\sigma)^2}\right] \tag{5-33}$$

式中，$n(r)$ 为对数粒子谱分布；N_0 为单位体积空气中气溶胶粒子的个数(个/cm³)，代表粒子的浓度；r_m 为几何平均直径；σ 为几何标准偏差。

利用 0°、60°、120° 三个角度偏振光组合来求解偏振的斯托克斯矢量，计算公式为

$$\boldsymbol{S} = \begin{bmatrix} S_0 \\ S_1 \\ S_2 \\ S_3 \end{bmatrix} = \begin{bmatrix} 2/3 \times (I(0°) + I(60°) + I(120°)) \\ 2/3 \times (2 \times I(0°) - I(60°) - I(120°)) \\ 2/3 \times (I(60°) - I(120°)) \\ I_l - I_r \end{bmatrix} \tag{5-34}$$

根据以上公式即可得出油雾浓度与斯托克斯矢量之间的关系，进而可求出油雾浓度与偏振特性之间的关系。

5.4.2　油雾偏振特性测试方法与结果分析

1. 实验原理

实验总体方案如图 5.17 所示，油雾模拟装置如图 5.18 所示。直径为 2m，高为 1.3m 的圆柱形密闭箱体，其四周开设有 6 个光学窗口，分别对应 0°、45°、60°、90°、135°、180° 的散射角度；可根据实验需要定量模拟不同浓度的油雾状态。预设物理状态的油雾会从底部注入，喷升到顶部经自然沉降可保证油雾在箱体内均匀分布。这里对偏振光在油雾环境下的传输特性做了实验研究，发射端对准油雾箱的 0° 光学窗口位置，接收端对准油雾箱 180° 光学窗口位置，以 671nm 为例进行说明[9,10]。

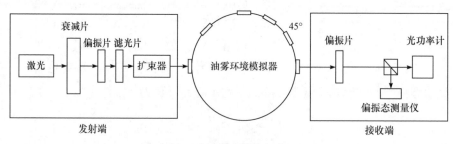

图 5.17　实验总体方案

发射端装置如图 5.19(a)所示，由输出波长为 671nm、功率为 50mW 的固

体激光器，15 倍准直扩束器、衰减片，透过光波段为 400～700nm 的起偏器 P_1，偏振片，1/4 波片组成。接收端装置如图 5.19(b)所示，由 671nm 滤光片，透过光波段为 400～700nm 的检偏器 P_1，分光棱镜，偏振态测量仪，光功率计组成。

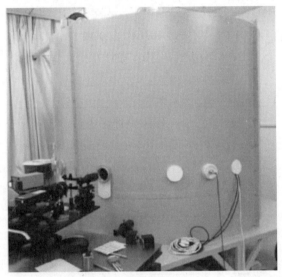

图 5.18　油雾模拟装置

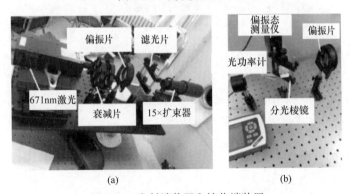

(a)　　　　　　　　　　　　(b)

图 5.19　发射端装置和接收端装置

　　测试油雾浓度对偏振特性影响时，由 671nm 激光器发出的激光经过衰减片衰减，进入偏振片，调节偏振片角度，产生 0°偏振光、45°线偏振光，90°线偏振光，分别经过油雾箱出射再经过滤光片，到检偏片 P_2 上，经过分光棱镜在不改变偏振态的情况下，把偏振光分为能量相等的两束，一束进入光功率计，另外一束进入偏振态测量仪，将检偏片分别调节为 0°、60°、120°时，将其光强值记为 $I(0°)$、$I(60°)$、$I(120°)$。

2. 油雾浓度的标定

透过率是评价油雾对激光衰减的指标之一，油雾中的气溶胶粒子有很强的消光特性，降低激光辐射的透过率，但是偏振光传输与普通激光传输不同，油雾浓度的改变会使激光的偏振特性发生改变，因此需要标定油雾浓度，本节以不同的透过率来表征不同的油雾浓度，实验中选取的油雾材料为甘油，油雾粒径大小通过马尔文粒度仪进行测量，然后绘制曲线，油雾粒度分布如图 5.20 所示。该油雾粒径多分布于 0.4～1.1μm，从图中可以看出粒径分布在 0.6～0.8μm，所占比例达 50%。

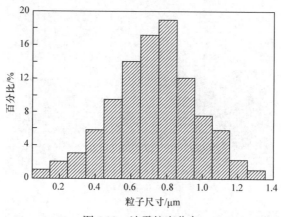

图 5.20　油雾粒度分布

标定浓度时，首先打开 671nm 波长激光器，采用可见光-近红外波段光密度为 1.0 与 2.0 组合的衰减片进行衰减，这个衰减倍率在实验中保持不变。从向烟箱注入油雾的那一刻起，用光功率计记录其光强的变化值，以持续 1s 充入 50%浓度油雾为例绘制光功率曲线，如图 5.21 所示。

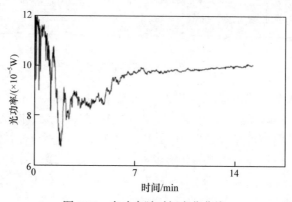

图 5.21　光功率随时间变化曲线

图 5.21 为 300ms 采样一次，发现油雾在 7～13min 保持稳定，本节选择在这个时间段内记录偏振光的光功率值，以确保实验的准确性。油雾发生装置每分钟可以释放 18000ft³ 油雾(1ft = 0.3048m)，实验中设置油雾发生装置以 50%的功率工作，根据释放油雾时间的不同来控制油雾的浓度，并用衰减倍率来表征，油雾浓度用体积浓度(%)表示，通过测试形成衰减倍率。油雾浓度与衰减倍率的数值对照表如表 5.2 所示。

表 5.2　油雾浓度与衰减倍率的数值对照表

油雾体积浓度/(%)	输出光强度/μW	衰减倍率/dB
25.95	47.72	2.43
51.97	18.62	6.23
77.96	7.82	14.83
103.88	2.92	39.79
129.86	0.98	118

3. 实验方案

首先用 671nm 激光器发出四种不同偏振态的线偏振光入射不同浓度的油雾，采用 throlabsPM101D 光功率计接收出射光强度，得到式(5-34)中的 $I(0°)$、$I(60°)$、$I(120°)$ 并进行计算，这里采用多次测量求平均的方法。四种偏振态的偏振光的 $I(0°)$、$I(60°)$、$I(120°)$ 都取一段时间的平均值进行计算，从而得出当前浓度下的平均值，再根据平均值计算出当前浓度的偏振度，重复实验 5 次，最后确定每种浓度下的平均偏振度，同时计算出相应的偏差，标注在图 5.22 与图 5.23 中，取平均值后记录平均偏振度，波长为 671nm 的四种线偏振光偏振度随浓度变化情况如表 5.3 所示，根据平均偏振度值与方差绘制波长为 671nm 时线偏振光随浓度的变化曲线，如图 5.22 所示。

表 5.3　波长为 671nm 的四种线偏振光偏振度随浓度变化情况

偏振度	0°	45°	90°	135°
第 1 次	0.99	0.82	0.38	0.77
第 2 次	0.92	0.76	0.32	0.72
第 3 次	0.88	0.68	0.29	0.71
第 4 次	0.74	0.65	0.21	0.65
第 5 次	0.62	0.64	0.19	0.6

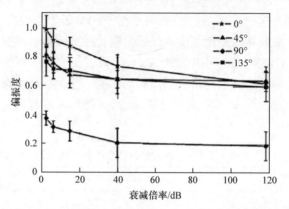

图 5.22　波长为 671nm 时四种入射偏振态经过不同浓度油雾后偏振度变化情况

更换 532nm 激光器，五次测量四种偏振态经过不同浓度的油雾，接收其三个方向(0°、60°、120°)的光强值并计算出平均偏振度，见表 5.3。根据平均偏振度值与方差绘制线偏振光随浓度的变化曲线，如图 5.23 所示。

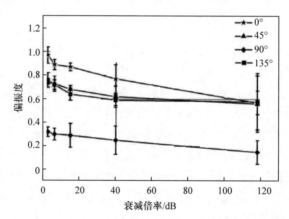

图 5.23　波长为 532nm 时四种入射偏振态经过不同浓度油雾后偏振度变化情况

由图 5.22、图 5.23 两组波长测得的数据可以看出，对于不同波长，在相同浓度下，线偏振度随着波长的增加而增大，但是两种波长的变化趋势相仿，这是因为偏振光在穿过油雾时属于多次散射，而且油雾浓度越高，散射次数越多，后向散射就会增加，使偏振光发生退偏，而浓度低时，偏振光的前向散射增加，因此偏振度就会比浓度高时要大。在相同波长条件下，水平入射的线偏振光偏振度最高，其次为 45°线偏振光与 135°线偏振光，90°线偏振光偏振度最低；而且对于这四种线偏振光而言，油雾浓度越大，线偏振度越小。对于水平线偏振光而言，降幅为 47%；对于 45°线偏振光而言，降幅为 23%；对于 90°线偏振光而言，降幅为 50%；对于 135°线偏振光而言，降幅为 23%，可见浓度对水平与垂直线偏振光影响最大,从理论上分析,产生这种现象的原因是 135°与 45°线偏振光可以分解为水平和垂直两个方向的分量,而 0°与 90°线偏振光只有一个方向振动,因此 135°与 45°线偏振光偏振度改变量要比 0°与 90°线偏振光偏振度改变量少。

4. 结果分析

采用油雾箱半实物进行模拟实验,通过旋转偏振片产生 532nm 与 671nm 两种波长的 0°、45°、90°、135°四种偏振态的线偏振光,入射到充入油雾的箱体内,接收不同浓度油雾下的偏振光强,计算出射偏振光的偏振度。通过实验得到以下结论:①波长不同、油雾浓度相同时,波长越长线偏振度越高,但是每种波长随浓度的变化趋势是相同的;②相同波长情况下,135°与 45°线偏振光的偏振度随浓度变化的改变值较小,0°与 90°线偏振光的偏振度随浓度变化的改变值较大。

5.5　水雾环境下偏振传输特性

5.5.1　水雾环境下偏振传输仿真方法

图 5.24 为偏振蒙特卡罗模型中粒子运动示意图,其代表的是入射光子在整个介质层中的散射传输过程,各个光子在介质中的传输路径都是不同的,每次散射事件都是相互独立的。同时,使用半无限宽的探测平面对路径不同的出射光子进行接收[10]。

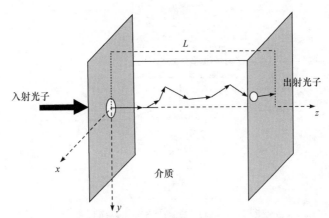

图 5.24　偏振蒙特卡罗模型中粒子运动示意图

本节改进的蒙特卡罗方法的仿真流程主要包括光子发射、粒子半径的抽样、光子行进步长计算、散射角和方位角抽样、散射后方向余弦的更新、散射后斯托克斯矢量的更新、光子传输终止及偏振分量统计,如图 5.25 所示。

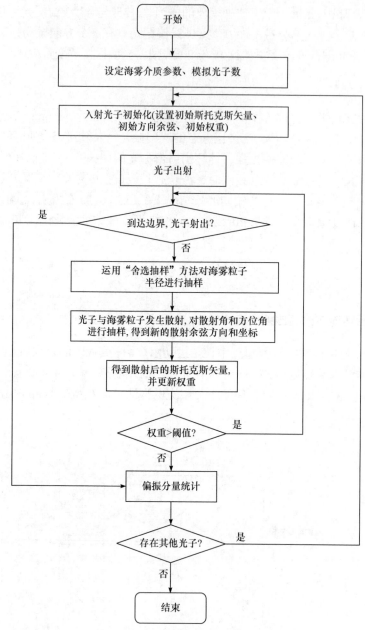

图 5.25　改进的蒙特卡罗仿真流程图

1) 光子的发射

光子沿 z 轴正向入射，光子的发射坐标 (x_0, y_0, z_0) 为 $(0,0,0)$，初始方向余弦 $(\mu_{x0}, \mu_{y0}, \mu_{z0})$ 为 $(0,0,1)$，初始能量权重 ω 为 0，初始斯托克斯矢量 $(I, Q, U, V)^{\mathrm{T}}$ 根

据所要模拟的入射光偏振态设置。从模拟仿真实验的数据精确性及仿真效率综合考虑，模拟的总光子数设置为 10^6 个。

2) 粒子半径的抽样

这一步至关重要，是模拟方法的改进之处。以本节的传输介质海雾为例，传统方法是依据海雾的尺度分布计算出海雾粒子的平均半径，结合 Mie 理论求出单个球形海雾粒子的平均消光系数和散射系数等散射特性。改进后的方法以海雾的 Gamma 尺寸分布模型为基础，计算各半径粒子所占的比例，再运用"舍选抽样"的方法对半径进行抽样，以使得粒子总数的半径分布符合概率模型。"舍选抽样"方法的步骤如下：

(1) 确定海雾尺度分布函数 $n(r)$ 的最大值 M。

(2) 产生 $[0,1]$ 的随机数 ς_1，确定随机半径 r。

$$r = r_{\min} + \varsigma(r_1 - r_{\max}) \tag{5-35}$$

式中，$r_{\min}$ 和 $r_{\max}$ 分别为海雾粒子半径分布区间的最小值和最大值。

(3) 产生 $[0,1]$ 的随机数 ς_2，若满足 $\varsigma_2 M \leqslant n(r)$，则接收步骤(2)中产生的 r 作为海雾粒子半径的一个抽样，否则重复步骤(2)、(3)。

选出半径后，根据 Mie 理论计算这个粒子的消光和散射系数并运用到后续的仿真模拟中。每当光子与下一个粒子发生散射碰撞前，都循环以上的过程来进行海雾粒子的抽样，使得每一个散射过程中粒子半径的大小都具有随机性。

3) 光子行进步长计算

光子在相邻两次碰撞间的随机行进步长由 l 表示，根据比尔-朗伯定律推导可得

$$l = \frac{-\ln(\xi_1)}{\mu_t} \tag{5-36}$$

式中，ξ_1 为 $(0,1)$ 的随机数；μ_t 为消光系数。

行进步长为 l 时，光子散射之后的坐标 (x', y', z') 与原坐标 (x, y, z) 关系为

$$\begin{cases} x' = x + \mu_x l \\ y' = y + \mu_y l \\ z' = z + \mu_z l \end{cases} \tag{5-37}$$

式中，(μ_x, μ_y, μ_z) 表示光子在两点间传输的方向余弦值。

4) 散射角和方位角抽样

散射作用后，光子的散射角 θ 和方位角 φ 都会发生变化，光子与介质中粒子碰撞示意图如图 5.26 所示。

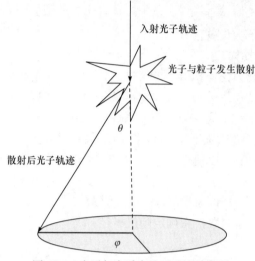

图 5.26　光子与介质中粒子碰撞示意图

散射角 θ 和方位角 φ 由散射相位函数抽样得到，散射相位函数 $P(\theta,\varphi)$ 与入射光的斯托克斯分量 $(I,Q,U,V)^{\mathrm{T}}$ 的关系为

$$P(\theta,\varphi)=\frac{m_{11}(\theta)+m_{12}(\theta)\left[Q_0\cos(2\varphi)+U_0\sin(2\varphi)\right]}{I_0} \tag{5-38}$$

式中，$m_{11}(\theta)$、$m_{12}(\theta)$ 分别为粒子在散射角 θ 下缪勒矩阵 $\boldsymbol{M}(\theta)$ 中的元素，缪勒矩阵 $\boldsymbol{M}(\theta)$ 描述了散射粒子的偏振特性，对于在空间中随机分布的海雾粒子，可将其视为球形粒子。由 Mie 散射理论可知，介质粒子是球形的情况下，缪勒矩阵是对称的。光与海雾球形粒子间的作用关系可用如下形式的缪勒矩阵 $\boldsymbol{M}(\theta)$ 表示为

$$\boldsymbol{M}(\theta)=\begin{bmatrix} m_{11}(\theta) & m_{12}(\theta) & 0 & 0 \\ m_{12}(\theta) & m_{11}(\theta) & 0 & 0 \\ 0 & 0 & m_{33}(\theta) & m_{34}(\theta) \\ 0 & 0 & -m_{34}(\theta) & m_{33}(\theta) \end{bmatrix} \tag{5-39}$$

式中，θ 为散射角，$\boldsymbol{M}(\theta)$ 矩阵的各个元素具体函数形式由 Mie 散射理论计算得出，其中 $m_{11}(\theta)$ 和 $m_{12}(\theta)$ 可以表示为

$$m_{11}(\theta)=\frac{1}{2}\left(|S_1|^2+|S_2|^2\right)$$
$$m_{12}(\theta)=\frac{1}{2}\left(|S_1|^2-|S_2|^2\right) \tag{5-40}$$

式中，S_1 和 S_2 为散射振幅函数，散射角 θ 在 $[0,\pi]$ 取值，缪勒矩阵元素 $m_{11}(\theta)$ 表示散射光各个方向上的辐射强度分布，其满足如下归一化条件：

$$2\pi \int_0^\pi m_{11}(\theta)\sin(\theta)\mathrm{d}\theta = 1 \tag{5-41}$$

此时散射角 θ 的累积概率分布函数为

$$P(0 \leqslant \eta \leqslant \theta) = 2\pi \int_0^\theta m_{11}(\eta)\sin\eta\,\mathrm{d}\eta = \xi \tag{5-42}$$

式中，ξ 为 $(0,1)$ 的随机数，散射角 θ 确定之后，方位角 φ 就可以用条件概率分布函数抽样得到

$$P_\theta(\varphi) = 1 + \frac{m_{12}(\theta)}{m_{11}(\theta)} \cdot \frac{\left[Q_0\cos(2\varphi) + U_0\sin(2\varphi)\right]}{I_0} \tag{5-43}$$

此时方位角 φ 的累积概率分布函数为

$$
\begin{aligned}
P(0 \leqslant \sigma \leqslant \varphi) &= \frac{\displaystyle\int_0^\varphi \left\{1 + \frac{m_{12}(\eta)}{m_{11}(\eta)} \cdot \frac{\left[Q_0\cos(2\sigma) + U_{\mathrm{in}}\sin(2\sigma)\right]}{I_0}\right\}\mathrm{d}\sigma}{\displaystyle\int_0^{2\pi} \left\{1 + \frac{m_{12}(\eta)}{m_{11}(\eta)} \cdot \frac{\left[Q_0\cos(2\sigma) + U_0\sin(2\sigma)\right]}{I_0}\right\}\mathrm{d}\sigma} \\
&= \frac{1}{2\pi}\left\{\varphi + \frac{m_{12}(\eta)}{m_{11}(\eta)} \cdot \frac{\left[Q_0\sin(2\varphi) + U_0(1 - \cos 2\varphi)\right]}{2I_0}\right\} = \varepsilon
\end{aligned}
\tag{5-44}
$$

同样，ε 表示 $(0,1)$ 上均匀分布的随机数。

5) 散射后方向余弦的更新

光子与粒子发生散射后，散射余弦方向也在不断更新，根据球面余弦定理可以得到新的散射余弦方向 (μ_x', μ_y', μ_z')。

当散射后光子行进方向接近 z 轴，即 $|\mu_z| > 0.9999$ 时，可得

$$
\begin{cases}
\mu_x' = \sin\theta\cos\varphi \\
\mu_y' = \sin\theta\sin\varphi \\
\mu_z' = \mathrm{sgn}(\mu_z)\cos\theta
\end{cases}
\tag{5-45}
$$

式中，$\mathrm{sgn}(\mu_z)$ 为符号函数。

其他情况下，即 $|\mu_z| < 0.9999$ 时，有

$$
\begin{cases}
\mu_x' = \dfrac{\sin\theta(\mu_x\mu_z\cos\varphi - \mu_y\sin\varphi)}{\sqrt{1 - \mu_z^2}} + \mu_x\cos\theta \\[3mm]
\mu_y' = \dfrac{\sin\theta(\mu_y\mu_z\cos\varphi + \mu_x\sin\varphi)}{\sqrt{1 - \mu_z^2}} + \mu_y\cos\theta \\[3mm]
\mu_z' = -\sin\theta\cos\phi\sqrt{1 - \mu_z^2} + \mu_z\cos\theta
\end{cases}
\tag{5-46}
$$

6) 散射后斯托克斯矢量的更新

除了传输方向会变化，其偏振态也会更新，结合缪勒矩阵 $M(\theta)$ ，可得出射光的斯托克斯矢量 $\boldsymbol{S}_{\text{out}}$ 和入射光的斯托克斯矢量 $\boldsymbol{S}_{\text{in}}$ 的关系为

$$\boldsymbol{S}_{\text{out}} = \boldsymbol{L}(-\gamma)\boldsymbol{M}(\theta)\boldsymbol{L}(\beta)\boldsymbol{S}_{\text{in}} \tag{5-47}$$

式中，γ 为入射光从参考平面转到散射面的角度；β 为散射后再转回参考平面的角度；L 为旋转矩阵；若 ϕ 表示相应两平面的夹角，则 $\boldsymbol{L}(\phi)$ 可表示为

$$\boldsymbol{L}(\phi) = \begin{bmatrix} 1 & 0 & 0 & 0 \\ 0 & \cos 2\phi & \sin 2\phi & 0 \\ 0 & -\sin 2\phi & \cos 2\phi & 0 \\ 0 & 0 & 0 & 1 \end{bmatrix} \tag{5-48}$$

发生 n 次散射后，出射光与入射光的斯托克斯矢量的关系可表示为

$$\boldsymbol{S}_n = \boldsymbol{L}(-\gamma_n)\boldsymbol{M}(\theta_n)\boldsymbol{L}(\beta_n)\boldsymbol{L}(-\gamma_{n-1})\boldsymbol{M}(\theta_{n-1})\boldsymbol{L}(\beta_{n-1})\cdots\boldsymbol{L}(-\gamma_1)\boldsymbol{M}(\theta_1)\boldsymbol{L}(\beta_1)\boldsymbol{S}_{\text{in}}$$

$$\tag{5-49}$$

7) 光子传输终止及偏振分量统计

除了光子的传输方向和偏振态会发生改变之外，光子的能量也会不断减少，因此要对能量权重进行更新。光子经历 n 次散射后，能量权重 W_n 的变化形式如下：

$$W_n = W_{n-1} \cdot \frac{\mu_s}{\mu_s + \mu_a} \tag{5-50}$$

式中，μ_s 为介质的散射系数；μ_a 为介质的吸收系数。如果权重 W 更新后小于阈值(一般将阈值设置为 0.001)，说明此时光子的进一步传输将产生很少的信息，那么终止该光子的传输。

由于散射路径不同，光子到达接收面可能存在一定的时间差，当所有光子都运动结束后，对接收到的光子的斯托克斯矢量进行累加统计，得到它们的统计平均值，由此进一步计算出散射传输之后的偏振信息，光束经过散射后的偏振度定义为

$$\text{DOP} = \frac{\sqrt{Q^2 + U^2 + V^2}}{I} \tag{5-51}$$

式中，I、Q、U、V 表示到达接收器的光子斯托克斯矢量中各个分量的统计平均值。

5.5.2 水雾偏振传输特性仿真结果与实测数据分析

偏振传输实验原理框图如图 5.27 所示。偏振光发射装置主要由激光器、衰

减片、偏振片、波片组成。实验选用了波长为 450nm、532nm、671nm 的激光器，输出功率均为 59.5mW。衰减片用于衰减激光功率，为了保证实验结果的正确性，在同一衰减倍率下开展所有实验。偏振片用于对激光进行起偏，角度为 0°～360°，调节不同角度以产生不同的线偏振光，本节所选的起偏角度为 0°、45°、90°和 135°。波片用于产生圆偏振光，可根据所需入射偏振光的状态随时旋入或旋出光路，当偏振片角度为 0°时，调节波片角度可产生左旋和右旋圆偏振光。上述光学器件是有波长工作区间的，当激光器波长发生改变时，衰减片、偏振片、波片也要更换成相应波长下的器件。起偏后的偏振光入射到海雾环境模拟装置中，按实验所需条件在箱体内充入海雾粒子介质，偏振光穿过海雾箱的过程中，会与海雾粒子发生散射作用，再由偏振光接收装置接收出射光。偏振光接收装置主要由分光棱镜、偏振态测量仪和光功率计构成。分光棱镜将出射光分为两路状态完全相同的光，一路由偏振态测量仪接收，实时测量出射光偏振度等偏振特性，另一路由光功率计接收，测量出射光的光强值，用于计算不同浓度对应的光学厚度值[11]。

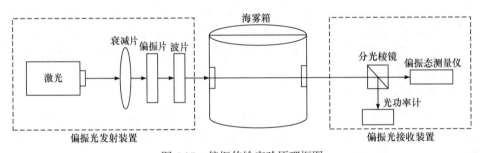

图 5.27　偏振传输实验原理框图

偏振传输特性测试系统实物图如图 5.28 所示。其中，(a)图为偏振光发射装置，(b)图为海雾环境模拟装置，(c)图为偏振光接收装置。

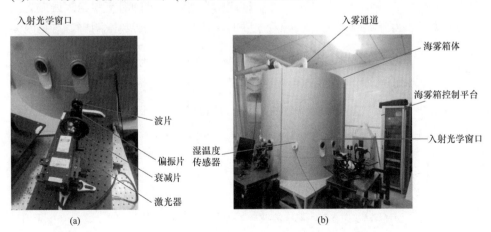

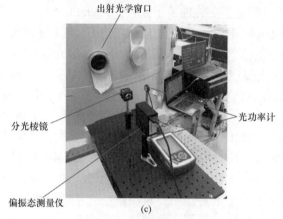

图 5.28　偏振传输特性测试系统实物图

1. 不同偏振态下水雾相对湿度对偏振度的影响

图 5.29 为 450nm 波长下仿真与实验对比图，图 5.30 为 532nm 波长下仿真与实验对比图，图 5.31 为 671nm 波长下仿真与实验对比图。对比三个波长六种偏振态的入射光情况下 DOP 随相对湿度变化的仿真与实验结果可以看出，尽管海雾动态作用及实验过程中仪器测量导致不可避免的误差，4 种线偏振光之间、2 种圆偏振光之间的实验结果存在细微差异，但是仿真与实验结果对比图的下降趋势基本一致，得以相互验证。

从图中可以看出，随着海雾相对湿度的增加，DOP 整体呈现下降趋势但下降幅度并不大。这是因为随着相对湿度的增加，粒子的吸湿性增强，使得粒子的半径变大，非对称因子增大，前向散射更为明显，散射作用随之增强，但是相对湿度的增加同时影响折射率的数值，使得折射率实部变小、虚部变大，即散射能力减弱、吸收能力增强，因此综合作用导致 DOP 值并未显著降低。并且，圆偏振光曲线始终位于线偏振光曲线的上方，这说明在各个湿度的海雾中，圆偏振光的保偏能力都要好于线偏振光，且随着湿度的增加，它的优势越发明显。这是因为

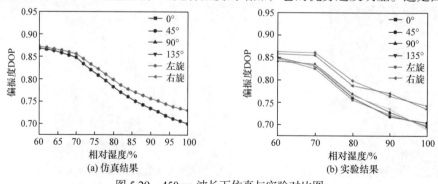

图 5.29　450nm 波长下仿真与实验对比图

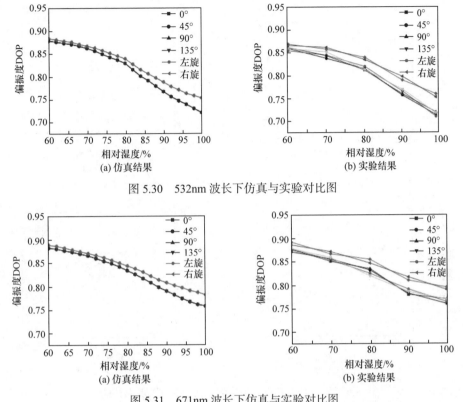

图 5.30　532nm 波长下仿真与实验对比图

图 5.31　671nm 波长下仿真与实验对比图

圆偏振光有记忆效应，它由两个互相垂直的相位差为 $\pi/2$ 的偏振光组成，在这两个偏振方向上具有旋转对称性，而线偏振光具有随机性，经历相同的散射次数，圆偏振光的退偏比线偏振光要小。

2. 不同波长下水雾相对湿度对偏振度的影响

图 5.32 为三种波长下入射线偏振光仿真与实验对比图，图 5.33 为三种波长下入射圆偏振光仿真与实验对比图。从入射线偏振光和圆偏振光时不同波长下的仿真与实验对比图可以发现，仿真和实验曲线在细节上还是略有不同的，这可能是因为实验过程中仪器测量导致的不可避免的误差及实验中选取的相对湿度的采样点较少。由仿真和实验结果可以看出，当 450nm 和 532nm 波长的偏振光入射时，分别在海雾相对湿度为 70% 和 80% 的情况下，DOP 值开始显著下降，而 671nm 波长的偏振光入射时，曲线变化相对缓慢。由此说明随着海雾相对湿度的增加，波长越长，消偏现象越不明显，保偏特性越好，仿真和实验都揭示了这一规律，仿真和实验结果有很好的一致性。

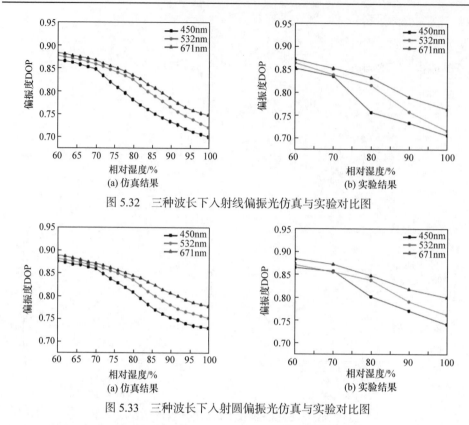

图 5.32　三种波长下入射线偏振光仿真与实验对比图

图 5.33　三种波长下入射圆偏振光仿真与实验对比图

　　同样，本节在 5 种水雾相对湿度下进行了实验测试，分别计算了三种波长、六种偏振态的仿真与实测 DOP 值的符合度，相对湿度影响下仿真与实验 DOP 值的符合度如表 5.4 所示。实验结果显示，仿真和实测数据的符合度优于 80%。

表 5.4　相对湿度影响下仿真与实验 DOP 值的符合度

入射光波长	入射光偏振态	符合度/%
450nm	0°线偏振光	84.2
	45°线偏振光	83.9
	90°线偏振光	84.7
	135°线偏振光	82.3
	左旋圆偏振光	83
	右旋圆偏振光	82.9
532nm	0°线偏振光	81.1
	45°线偏振光	80.7
	90°线偏振光	83.2

续表

入射光波长	入射光偏振态	符合度/%
	135°线偏振光	83.5
532nm	左旋圆偏振光	82
	右旋圆偏振光	82.8
	0°线偏振光	83
	45°线偏振光	82.4
	90°线偏振光	81.9
671nm	135°线偏振光	81
	左旋圆偏振光	84.4
	右旋圆偏振光	83.8

综上所述，在海雾环境中，圆偏振光比线偏振光受海雾相对湿度影响小，对于可见光波段，波长越长，偏振特性保持得越好。因此在湿度较大的海雾环境中，应尽量选取波长较长的圆偏振光进行探测及成像，以达到更好的效果。

5.6　本 章 小 结

本章首先进行了偏振传输特性基本原理的研究，完成了大气-海雾环境下偏振特性建模仿真，并进行了雾霾、油雾、水雾环境下偏振传输特性测试。结果表明，随着散射角度的增加，散射相位函数都呈现下降趋势，在三种能见度情况下，散射函数的变化趋势是一致的，能见度越大，散射相位函数值越大；为了更真实地模拟海雾环境，根据对大气-海雾复杂环境分层情况的描述，将其分为两层，分别选择可见光下典型波长进行仿真，得到浓海雾、中海雾及轻海雾不同环境下的太阳子午线上偏振度与观测高度角的变化关系。结果表明，随着能见度的减小，介质中粒子半径不断增大，导致波长对尺寸参数的影响越来越小。对比可知，波长对偏振度的影响越来越小，最后在浓雾中偏振特性基本趋于一致。偏振度随波长增大逐渐减小，且随着能见度的减小，波长对偏振特性的影响越来越小。但是，室内环境具有一定的局限性，由室内模拟环境转向室外环境测试，需要进一步验证。

参 考 文 献

[1] Bohren C F, Huffman D R. Absorption and scattering of light by small particles[J]. Optics &

Laser Technology, 1998, 31(1): 328.

[2] Nee S F, Tsu-Wei Nee. Polarization of scattering by rough surfaces[J]. Proceedings of SPIE—The International Society for Optical Engineering, 1998, 3426:169-180.

[3] 赵永强, 潘泉, 程咏梅. 成像偏振光谱遥感及应用[M]. 北京: 国防工业出版社, 2011.

[4] 汪杰君, 杨杰, 李双, 等. 偏振二向反射分布函数测量误差分析[J]. 光学学报, 2016, 36(3): 312004-1-312004-8.

[5] 陈卫, 孙晓兵, 乔延利, 等. 海面耀光背景下的目标偏振检测[J]. 红外与激光工程, 2017, 46(51): S117001-1-S117001-6.

[6] 刘阳, 付强, 张肃, 等. 海面耀光背景下的目标偏振检测[J].兵工学报, 2022, 5(23): 4-6.

[7] 张肃, 彭杰, 战俊彤, 等. 非球形椭球粒子参数变化对光偏振特性的影响[J]. 物理学报, 2016, 65(6): 143-151.

[8] 于婷, 战俊彤, 马莉莉, 等.椭球形粒子浓度对激光偏振传输特性的影响[J].中国激光, 2019, 46(2): 213-221.

[9] 战俊彤, 张肃, 付强, 等. 油雾浓度对激光偏振度的影响[J]. 光子学报, 2016, 45(3): 28-33.

[10] 张肃, 战俊彤, 白思克, 等. 油雾浓度对偏振光传输特性的影响[J]. 光学学报, 2016, 36(7): 729001-1-729001-8.

[11] 宋宇. 海雾环境中偏振传输特性的研究[D]. 长春: 长春理工大学, 2020.

[12] 邓宇.复杂海雾环境下偏振光传输特性研究[D]. 长春: 长春理工大学, 2021.

第6章　偏振图像的去雾算法

6.1　数字图像处理

早在20世纪50年代，由于计算机在数据计算处理方面比人具有更高的正确性，计算机已经被用来处理数字图像，经过了十年左右的快速发展，数字图像处理[1,2]正式作为一门学科开始被人们认同和学习。图像处理的目的是提升图像的质量，而数字图像处理是指将图像信号转为数字信号之后再使用计算机对其进行处理。将图像信号转换为数字信号后的图像就是数字图像，自然界中的图像由无数个连续的点组成，数字图像是将每个像素用一个强度值(固定值)来表示。数字图像又可以称为数位图像，这是因为其每个像素强度的取值范围是由其位数决定的，当位数值为n时取值范围满足$[0,2^n-1]$。图像数字化的过程如图6.1所示。

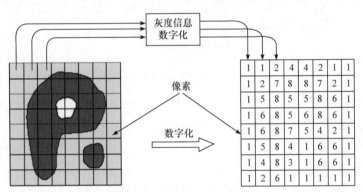

图 6.1　图像数字化的过程

图6.1中，填有数字的一个个小方形区域就是表示数字图像的像素，其中的数值就是由图像位数决定的灰度值。数字图像是由一个个小方形区域组成的，正好可以用二维数组表示，二维数组中的每一个元素对应数字图像中的每一个像素，图像矩阵表示为

$$f(x,y) = \begin{bmatrix} f(0,0) & f(0,1) & \cdots & f(0,n-1) \\ f(1,0) & f(1,1) & \cdots & f(1,n-1) \\ \vdots & \vdots & & \vdots \\ f(m-1,0) & f(m-1) & \cdots & f(m-1,n-1) \end{bmatrix} \tag{6-1}$$

式中，$f(x,y)$表示一幅大小为$m \times n$的数字图像，像素值的大小就是矩阵位置元素值的大小。因为计算机是用二进制记录数据的，假设数字图像的像素值是用 n 个二进制数表示。当 $n=0$ 时，像素值取值只有 0 和 1，这样的数字图像就是二值图像，在计算机中显示的是黑白图像。当 $n=8$ 时，像素值的取值范围为[0,255]，这样的数字图像就是灰度图像。而 RGB 图像是在红、绿、蓝三个颜色通道(RGB三原色)分别用一个二维矩阵表示，因此 RGB 图像的数据结构为三维矩阵，在计算机中显示为彩色图像。索引图像是通过二维矩阵中存取的索引号找到调色板中对应于该像素的 RGB 颜色。索引图像的调色板也是一个二维矩阵，在矩阵的每一行保存着 RGB 颜色。RGB 三原色模型[3]如图 6.2 所示。

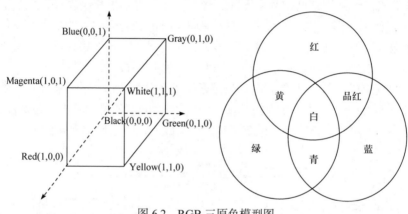

图 6.2　RGB 三原色模型图

数字图像处理实质上是对像素进行操作，包含改变像素值(如图像的加减等)和像素位置(如图像的压缩放大等)。数字图像处理的方法可以分为三类：

(1) 利用正交变换和滤波算法将图像放在其他空间(如频域)进行处理，再变换回原来的空间。

(2) 使用各种统计方法或者其他的数学方法直接对图像进行处理。

(3) 利用数学形态学进行计算。

6.2　图像复原的去雾算法

图像复原[4]是指在利用关于退化的一些先验信息的基础上，最好地重建退化图像中本来的场景。

图像退化复原过程原理模型如图 6.3 所示。

在图 6.3 中，原图像为 $f(x,y)$，退化图像为 $g(x,y)$，获取 $g(x,y)$ 和退化函数 $H(x,y)$ 和噪声项 $\eta(x,y)$ 的一些知识，进而得到关于原始图像的近似估计 $\hat{f}(x,y)$，这就是图像复原的目的。目前主要的图像复原算法有基于多幅图像的图像复原方法[5]、基于先验知识和人工交互的图像复原方法和基于假设数据的图像复原方法。本节选取基于暗原色先验的图像去雾算法和基于大气调制函数的去雾算法[6]进行详细分析。

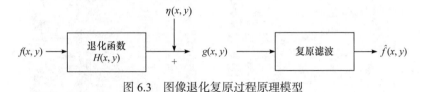

图 6.3　图像退化复原过程原理模型

6.2.1　基于暗原色先验原理的图像去雾算法

He 等通过统计大量的户外实验图像样本,最终得出了重要理论——暗原色先验原理。什么是暗原色先验原理? He 这样描述:在一幅图像中非天空场景的部分,总会有一些像素在某一个颜色通道里的值很低, 可以看作 0。在这个理论的支撑下, He 提出了一种基于暗原色先验原理来实现图像去雾的方法。

对于任何一幅图像 J, 都可以用式(6-2)来表示其暗通道 J^{dark}:

$$J^{\text{dark}}(x) = \min_{c \in \{r,g,b\}} (\min_{y \in \Omega(x)} (J^c(x))) \tag{6-2}$$

式中, J^c 表示输入的彩色图像中某一个颜色通道;$\Omega(x)$ 为以像素点 x 为中心的窗口; $\min\limits_{y \in \Omega(x)}$ 表示窗口 $\Omega(x)$ 取最小值, $\min\limits_{c \in \{r,g,b\}}$ 表示输入的彩色图像中取不同颜色通道中的最小值。暗通道 J^{dark} 表示以像素点为中心, 分别取三个通道内窗口的最小值, 然后再取三个通道的最小值作为像素点 x 暗通道的值。对于一幅户外无雾图像 J, 除了图像中的天空区域, 其他区域的暗通道值极小, 趋近于 0, 这种规律称为暗通道先验规律, 由此可得

$$J^{\text{dark}} \to 0 \tag{6-3}$$

自然景物(树叶、树、岩石)等在太阳照射下产生的投影, 一些色彩比较明亮或者色彩比较暗淡的物体都是造成暗通道存在极小值的因素。在日常生活中, 一幅图像中的投影、色彩过于明亮或者暗淡是不可避免的。景物图像和其暗原色图如图 6.4 所示。

人们在图像去雾过程中常用的雾天图像形成模型为

$$I(x) = J(x)t(x) + A_\infty [1 - t(x)] \tag{6-4}$$

将式(6-4)稍作变形可得

$$\frac{I^c(y)}{A^c} = t(x)\frac{J^c(y)}{A^c} + 1 - t(x) \tag{6-5}$$

(a) 景物图像1

(b) 景物图像1的暗原色图

(c) 景物图像2

(d) 景物图像2的暗原色图

(e) 景物图像3

(f) 景物图像3的暗原色图

图 6.4 景物图像和其暗原色图

依据 He 的暗通道原理，在每个颜色通道独立地进行归一化计算。假设在图像局部块内 $\Omega(x)$ 内的透射率 $t(x)$ 为常数，同时在式(6-5)两端进行两次求取最小值的操作，可得

$$\min_{c\in\{r,g,b\}}\left(\min_{y\in\Omega(x)}\left(\frac{I^c(y)}{A^c}\right)\right)=t(x)\min_{c\in\{r,g,b\}}\left(\min_{y\in\Omega(x)}\left(\frac{J^c(y)}{A^c}\right)\right)+1-t(x) \tag{6-6}$$

因为图像中满足暗通道原理

$$J^{\text{dark}}(x)=\min_{c\in\{r,g,b\}}\left(\min_{y\in\Omega(x)}(J^c(y))\right)=0 \tag{6-7}$$

并且 A^c 大于 0，所以可以推导出

$$\min_{c\in\{r,g,b\}}\left(\min_{y\in\Omega(x)}\left(\frac{J^c(y)}{A^c}\right)\right)\to 0 \tag{6-8}$$

将式(6-8)化简，可估计得到传输函数 $t(x)$ 为

$$t(x)=1-\min_{c\in\{r,g,b\}}\left(\min_{y\in\Omega(x)}\left(\frac{I^c(y)}{A^c}\right)\right) \tag{6-9}$$

针对晴天拍摄的图像，在观察图像中远处的景物时，也好像蒙上了一层雾。正是这些好像雾一样的存在，能让人们感知到图像中不同景物之间的场景深度差距，让图像看起来更具有层次感，看起来也更自然。为了保留这种真实感，这里引入一个[0,1]的常数因子，将式(6-9)修改为

$$t(x)=1-\omega\min_{c\in\{r,g,b\}}\left(\min_{y\in\Omega(x)}\left(\frac{I^c(y)}{A^c}\right)\right) \tag{6-10}$$

因为是分区域在图像中求得 $t(x)$，而实际上在每个区域中 $t(x)$ 并不都是相同的，使用这种方式得到的透射率图中会出现明显的块效应(重建的过程中，在块的边缘处会出现明显的不连续现象)。为了应对这种缺陷，He 使用了软抠图的方法。通常一幅图像可以分为前景和背景，只是这两部分在图像中所占比重不同而已，而软抠图[7]就是想把前景目标与背景区分出来。软抠图公式可以表示为

$$I(x,y)=\alpha(x,y)F(x,y)+(1-\alpha(x,y))B(x,y) \tag{6-11}$$

式中，I 表示整幅图像；F 表示前景；B 表示背景；α 表示透明度，取值为 0 到 1。当 $\alpha=1$ 时，表示图像中前景将背景完全遮挡住了；当 $\alpha=0$ 时，表示图像中前景透明，背景完全显露出来。

对于灰度图像和彩色图像，实现图像抠图时都会面对一个共同的难题：想要求得的参数数量超过已知方程的数量。因此在实际的求解过程中，都会加入一些先验知识。分别用 $t(x)$ 表示原透射率图；$\tilde{t}(x)$ 表示优化后的透射率图。为了求得 $\tilde{t}$，He 将代价函数最小化，即

$$E(t)=t^{\text{T}}Lt+\lambda(t-\tilde{t})^{\text{T}}U(t-\tilde{t}) \tag{6-12}$$

式中，U 为 $N\times N$ 大小的方阵；λ 为规则化参数；L 为 $N\times N$ 大小的拉普拉斯抠图

矩阵。拉普拉斯抠图矩阵 $\boldsymbol{L}$ 在(x,y)的值可以用下式表示：

$$\sum_{k(x,y)\in w_k}\left\{\delta_{x,y}-\frac{1}{|w_k|}[1+(\boldsymbol{I}_x-\boldsymbol{\mu}_k)^{\mathrm{T}}(\boldsymbol{\Sigma}_k+\frac{\varepsilon}{|w_k|}\boldsymbol{U}_3)(\boldsymbol{I}_k-\boldsymbol{\mu}_k)]\right\} \tag{6-13}$$

式中，$\delta_{x,y}$ 表示克罗内克函数，x 和 y 相等时 $\delta_{x,y}$ 取值为 1，x 和 y 不相等时 $\delta_{x,y}$ 取值为 0；ε 表示规则化参数；$\boldsymbol{\mu}_k$ 表示以 k 为中心的窗口 w_k 中 3×1 的颜色值均值矢量。$\boldsymbol{\Sigma}_k$ 表示以 k 为中心时 3×3 的协方差矩阵。输入的图像从二维矩阵变成了一维向量，I_x 和 I_y 表示序号 x 和 y 的像素值。通过以下稀疏线性系统完成优化：

$$(\boldsymbol{L}+\lambda\boldsymbol{U})\boldsymbol{t}=\lambda\tilde{\boldsymbol{t}} \tag{6-14}$$

式中，规则化参数 λ 的值很小，用来控制方程求解的结果精确性。

6.2.2　基于大气调制函数的去雾算法

通常情况下，经过光学系统作用，输入图像在图像对比度上要好于输出图像。调制传递函数(modulation transfer function，MTF)就是用于反映这种关系，可以用公式表示为

$$\mathrm{MTF}=\frac{输出图像的对比度}{输入图像的对比度} \tag{6-15}$$

MTF 的取值范围为[0,1]，反映了成像系统重现目标景物的能力。

大气湍流[8]和气溶胶对经过大气传输的光具有至关重要的影响。大气湍流是大气比较重要的运动形式，通常是较为明显的气温变化和气压突变产生的。在这种情况下，大气密度和折射率也会随机发生改变，这些信息会反映到进入成像设备的光线中。在成像系统中会表现为像点抖动，强度起伏不定。气溶胶[9]是一类统称，主要是大气中的悬浮颗粒形成的胶体分散体系。在早期雾天图像复原过程中，以为大气湍流和气溶胶对光线的散射吸收作用是致使图像降质的重要原因。这里引入大气调制传递函数的概念，构建大气调制传递函数模型。基于上述分析，可将大气调制传递函数表示为

$$\mathrm{MTF}=\mathrm{MTF}_t\cdot\mathrm{MTF}_a \tag{6-16}$$

式中，MTF_t 和 MTF_a 分别表示湍流调制传递函数和气溶胶调制传递函数[10]。基于大气调制传递函数的雾天图像复原流程如图 6.5 所示。

在图 6.5 中，先验信息指的是曝光时间、镜头信息、成像系统参数等信息。基于先验信息，能够得到大气调制传递函数。利用大气调制传递函数对雾天图像进行滤波处理，从而改善雾天图像的质量，消除大气调制传递函数的影响。由式(6-16)可知，大气湍流调制函数和气溶胶调制传递函数是实现雾天图像复原不可或缺的两个因素。

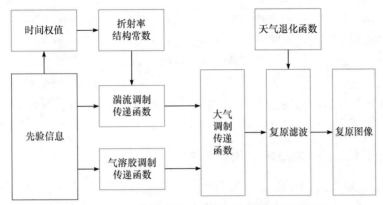

图 6.5　基于大气调制传递函数的雾天图像复原流程

Fried 利用随机介质中的光传播理论，在短曝光条件下，给出了湍流调制传递函数的求解公式：

$$\mathrm{MTF_t} = \exp\left\{-\left(\frac{\lambda\nu}{\rho_0}\right)^{5/3}\left[1-\mu\left(\frac{\lambda\nu}{D}\right)^{1/3}\right]\right\} \tag{6-17}$$

式中，ν 为角空间频率；ρ_0 为湍流介质的相干长度；λ 为波长；μ 为系统参数；D 为镜头直径。

使用以下公式计算气溶胶调制传递函数：

$$\mathrm{MTF_a} = \begin{cases} \exp[-A_aL - S_aL(\nu/\nu_c)], & \nu \leqslant \nu_c \\ \exp[-(A_a + S_a)L], & \nu > \nu_c \end{cases} \tag{6-18}$$

式中，ν 为角空间频率；L 表示大气中气溶胶粒子的平均半径；ν_c 为角空间截止频率；S_a 为大气气溶胶粒子的散射系数；A_a 为大气悬浮颗粒粒子的吸收系数。

首先利用求得的湍流调制传递函数和气溶胶调制传递函数根据式(6.16)计算得到大气调制传递函数，然后利用傅里叶变换将雾天图像转换到频域空间中。在频域空间中，利用滤波算法消除大气调制函数的影响，得到频率空间的雾天复原图像，接着进行逆傅里叶变换得到空间域的雾天图像。基于大气调制传递函数实现雾天图像复原的方法基本如上所述，只是在实际估计大气调制传递函数的方法上侧重不同。基于大气调制传递函数的图像去雾算法虽然能够有效地退化图像的复原，但是该方法考虑的参量不足，模拟大气调制传递函数的精度不够。

6.3　图像增强的去雾算法

图像增强是指利用一定的技术手段对图像的清晰度进行提升，或强调图像中某些感兴趣的特征，不用考虑图像是否失真(即原始图像在变换后可能会失真)而且不用分析图像降质的原因[11]。根据图像处理要求和感兴趣区域的不同，可以人为地选择想要增强的目标或者图像区域。目前关于图像增强的去雾算法主要有全局直方图均衡化算法、局部直方图均衡化算法、Retinex 算法、局部对比度增强算法、同态滤波算法、小波算法和曲波算法等。这里选取 Retinex 算法、同态滤波算法和直方图均衡算法进行详细分析。

6.3.1 基于 Retinex 增强的图像去雾算法

20 世纪 50 年代，Land 在对三原色投影实验进行复原验证时，意外发现了红色和白色出现在了投影幕上并对这个现象进行了研究，于 1963 年提出了 Retinex(由retina 和 cortex 组合而成的单词)理论。Retinex 理论[12]的核心是人眼感知到的物体颜色和亮度，并不是由物体的反射光强决定的，更多的是由物体对长波(红)、中波(绿)和短波(蓝)的光线反射能力决定的。Retinex 理论模型的建立基于以下三个条件：

(1) 人眼能够观察到的颜色其实是光线和物质之间相互影响的结果。

(2) 任意颜色区域都是由给定的 RGB 三原色构成的。

(3) 三原色决定了每个单位区域的颜色。

由于 Retinex 增强算法能够适用大部分类型的自适应图像增强，越来越多的学者开始应用 Retinex 算法并进行改进，Retinex 算法从刚开始的单尺度发展到多尺度，再到彩色复原多尺度。基于 Retinex 算法的研究越来越多，应用也更加广泛。本节接下来详细讲述单尺度和多尺度在图像去雾方面的基本应用方法。

根据 Retinex 理论，可以把给定的原始图像 $S(x, y)$ 表示成入射光图像 $L(x,y)$ 和反射物体图像 $R(x,y)$ 的乘积。需要注意的是，当原始图像是灰度图像时，把整数型的灰度值变成小数形式，然后再应用单尺度计算；若是彩色图像，则在每个颜色通道都要进行形如灰度图像的处理，即把整数型变成小数型，然后使用单尺度在每个颜色通道进行计算。单尺度原理图如图 6.6 所示。

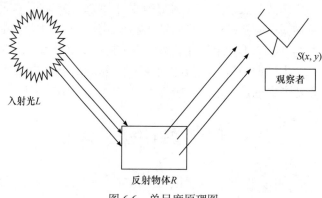

入射光 L

$S(x, y)$

观察者

反射物体 R

图 6.6　单尺度原理图

如图 6.6 所示，成像设备得到的或者人眼观察的图像，都是入射光在物体表面反射之后进入人眼或者成像设备后形成的。图 6.6 可以用下式计算：

$$S(x,y) = R(x,y) * L(x,y) \tag{6-19}$$

Retinex 的根本思想在于，从 $S(x,y)$ 中利用某种手段尽量消除或者减弱 $L(x,y)$ 的影响，从而更多地保留反映物体本质的 $R(x,y)$。Retinex 算法具有很多改进形式，其一般流程如图 6.7 所示。

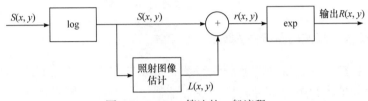

图 6.7 Retinex 算法的一般流程
log 表示取对数处理；exp 表示取指数处理

对式(6-19)取对数，可得

$$r(x,y) = \lg R(x,y) = \lg \frac{S(x,y)}{L(x,y)} \tag{6-20}$$

$$r(x,y) = \lg S(x,y) - \lg[F(x,y) * S(x,y)] \tag{6-21}$$

式中，$r(x,y)$ 为输出图像；"*"为卷积符号；$F(x,y)$ 为中心环绕函数，其表达式为

$$F(x,y) = \lambda e^{\frac{-(x^2+y^2)}{c^2}} \tag{6-22}$$

式中，c 为高斯环绕尺度；λ 为归一化函数确定的系数。中心环绕函数的取值满足下述条件：

$$\iint F(x,y)\mathrm{d}x\mathrm{d}y = 1 \tag{6-23}$$

式中，中心环绕函数 $F(x,y)$ 采用低通函数。c 的取值越小，相应的图像灰度动态压缩范围越大；c 的取值越大，相应的图像锐化越明显。单尺度算法可以较好地增强图像中的边缘信息，由于单尺度算法选用高斯函数，增强后的图像不能同时保证动态范围大幅度压缩和对比度增强。但为了平衡两种增强效果，必须选择一个较为恰当的尺度常量 c，其一般取值为[80,100]。多尺度由单尺度发展而来，多尺度在实现图像动态压缩的同时，能够保持较高的保真度。多尺度的计算公式为

$$r(x,y) = \sum_{k}^{K} \omega \{\lg S(x,y) - \lg[F_k(x,y) * S(x,y)]\} \tag{6-24}$$

式中，K 为高斯中心环绕函数的个数，一般取值为 3，当 $K=3$ 时，满足

$$\omega_1 = \omega_2 = \omega_3 = \frac{1}{3} \tag{6-25}$$

一般情况下，在使用 Retinex 算法处理图像时，认为图像强度变化是平滑的。但是由于实际图像中各种目标边缘的突变，这个时候强度的变化差异很大，并不满足平滑的特点。因此，使用 Retinex 算法处理的图像会在强度变化大的区域出现光晕效果。

6.3.2　基于同态滤波的图像去雾算法

同态系统是一种特殊的非线性系统，遵从广义上的叠加原理，通过非线性变换将非线性的组合信号转换为线性信号。同态滤波同样遵从广义上的叠加原理，在图像的频率域中同时将图像的强度范围和对比度进行增强，即把频率过滤和灰度变换结合起来以图像的照明反射模型当作频域处理的理论基础，将目标图像看作其照度分量和反射分量的乘积。同态滤波图像去雾操作流程图如图 6.8 所示。

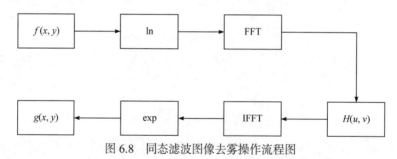

图 6.8　同态滤波图像去雾操作流程图

图 6.8 中，$f(x, y)$ 表示原始图像，$g(x, y)$ 表示复原图像。ln 表示取对数处理，exp 表示取指数处理。FFT 表示傅里叶变换，IFFT 表示逆傅里叶变换。$H(u, v)$ 表示同态滤波处理。因为原始图像可以看成照度分量和反射分量的乘积，所以可以用下式表示原始图像 $f(x, y)$：

$$f(x, y) = i(x, y)r(x, y) \tag{6-26}$$

式中，$i(x, y)$ 和 $r(x, y)$ 分别为照度分量和反射分量。根据图 6.8，对式(6-26)取对数：

$$\ln(f(x, y)) = \ln(i(x, y)) + \ln(r(x, y)) \tag{6-27}$$

再对式(6-27)进行傅里叶变换，变换到频域可得

$$FFT(\ln(f(x, y))) = FFT(\ln(i(x, y))) + FFT(\ln(r(x, y))) \tag{6-28}$$

令 $Z(u,v) = \text{FFT}(\ln(f(x,y)))$ 、$I(u,v) = \text{FFT}(\ln(i(x,y)))$ 、$R(u,v) = \text{FFT}(\ln(r(x,y)))$，可将式(6-28)简化为

$$Z(u,v) = I(u,v) + R(u,v) \tag{6-29}$$

利用同态滤波函数 $H(u,v)$ 对 $Z(u,v)$ 进行滤波，可得

$$S(u,v) = H(u,v) * Z(u,v) = H(u,v) * I(u,v) + H(u,v) * R(u,v) \tag{6-30}$$

$S(u,v)$ 是滤波结果的傅里叶变换，对滤波结果进行逆傅里叶变换和指数运算，得到同态滤波后的输出图像：

$$\begin{cases} i'(x,y) = \text{IFFT}\big[H(u,v) * I(u,v)\big] \\ r'(x,y) = \text{IFFT}\big[H(u,v) * R(u,v)\big] \end{cases} \tag{6-31}$$

$$\begin{cases} i_0(x,y) = \exp[i'(x,y)] \\ r_0(x,y) = \exp[r'(x,y)] \\ g_0(x,y) = \exp[g'(x,y)] \end{cases} \tag{6-32}$$

6.3.3　基于直方图均衡化的图像去雾算法

图像的直方图用来统计图像中位于不同灰度级的像素点个数，反映的是图像的灰度统计信息，但不能反映图像像素空间位置信息。

对于常用的八位灰度图像，灰度级范围为[0,255]，Lena 灰度图像如图 6.9 所示，其直方图如图 6.10 所示。

图 6.9　Lena 灰度图像

直方图的观看规则是"左黑右白"，左边表示暗部，右边表示亮部。横坐标表示可以取到的灰度级范围，纵坐标表示分布在对应灰度级的像素个数，反映像

素的密集程度。图 6.10 表示 Lena 灰度图像的灰度级大部分处于[50，220]，灰度分布比较均衡，当灰度分布只在 0 和 255 上时，表示黑白图像。

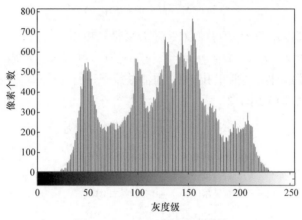

图 6.10　Lena 灰度图像直方图

对于 RGB 彩色图像，由于它是由三个颜色通道组成的，需要在 R、G、B 三个颜色通道分别进行灰度统计。Lena 彩色图像如图 6.11 所示。图 6.12(a)、(b)和(c)分别表示 Lena 彩色图像在 R、G、B 三个颜色通道的直方图。

图 6.11　Lena 彩色图像

通过图 6.12 可以看出，在彩色图像的不同颜色通道，其灰度统计特性是不同的。从公式角度来说，假设图像 $f(x,y)$ 的位数为 n，那么图像的灰度级范围为 $[0,2^n-1]$，其直方图统计概率函数可以表示为

$$p(r_k) = \frac{n_k}{N} \tag{6-33}$$

式中，k 的取值范围为$[0,2^n-1]$；r_k为图像$f(x,y)$的第 k 个灰度级；n_k为图像$f(x,y)$中灰度级 r_k的像素统计个数；N为图像$f(x,y)$中总的像素个数。直方图均衡化[13]是为了改变图像中像素灰度分布，使用如下公式来进行转换：

$$s_k = T(r_k) = \sum_{j=1}^{k} p_r(r_j) = \sum_{j=1}^{k} \frac{n_j}{N} \tag{6-34}$$

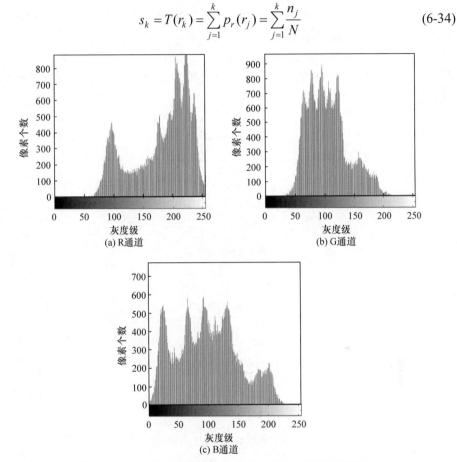

图 6.12　Lena 彩色图像在 R、G、B 三颜色通道的直方图

在实际处理中，利用式(6.34)对图像 $f(x,y)$进行直方图均衡化，图像 $f(x,y)$中原先统计概率较大的灰度级范围被拉伸,统计概率较小的灰度级能够组合到一起。雾天环境下，由于能见度的大幅降低，雾天图像的灰度级分布集中在直方图中的暗部，正好可以利用直方图均衡化来处理雾天图像，提高图像的对比度，从而实现去雾。

由式(6.34)可以看出，直方图均衡化算法是一种非线性的图像增强算法。根据是对整体图像或者将图像划分为不同的子区域进行直方图均衡化处理，可以将直方图均衡化分为全部直方图均衡化和局部直方图均衡化。

6.4 基于大气散射模型的偏振图像去雾算法设计

本节在大气散射物理模型的基础上，结合斯托克斯公式提出一种新的偏振图像去雾算法。首先基于暗原色理论估计大气光强信息；然后利用改进的双边滤波对雾天图像传输透射率进行优化，最终有效完成图像去雾。实验结果表明，本节算法有效地改善了模拟雾天图像的质量。算法的设计流程图如图 6.13 所示。

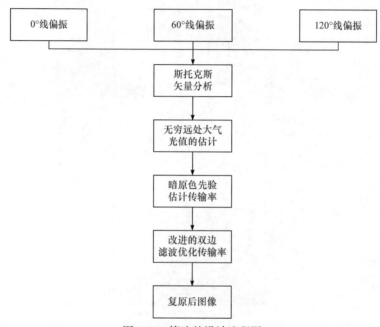

图 6.13　算法的设计流程图

6.4.1　改进雾天图像退化模型

1. 原始模型

由 McCartney 建立的大气散射模型可知，导致雾天图像退化的主要原因是大气的散射作用，该作用包括入射光的直接衰减部分和环境光参与成像部分，两者导致雾天图像的质量受到严重影响。通过数学建模的方法可得到雾天图像的退化模型，即

$$E(d,\lambda) = E_\infty(\lambda)\left(1 - e^{-\beta(\lambda)d}\right) + E_0(\lambda)e^{-\beta(\lambda)d} \tag{6-35}$$

为了便于研究的方便，对式(6-35)进行相应的参数替换，令 $I(x)=E(d,\lambda)$，$J(x)=E_0(\lambda)$，$t(x)=\mathrm{e}^{-\beta(\lambda)d}$，$A_\infty=E_\infty(\lambda)$，则式(6-35)可以简化为

$$I(x)=J(x)t(x)+A_\infty\left[1-t(x)\right] \tag{6-36}$$

式中，第一项为入射光的直接衰减项；第二项为环境光的附加项；I 为观察到的雾天图像；J 表示场景目标的原始反射光照，即需要恢复的图像；$t(x)$ 表示光线的传输率，是光线传输能力的表现，值越大表示光线通过传输介质到达成像设备的数量越多；A_∞ 为无穷远处的大气光值，通常假设为全局常量。上述模型深入地考虑了雾天图像的成像机理，从物理的角度具体地分析了雾天图像降质的本质原因，通过模拟图像降质的逆过程来实现原始场景的复原操作。大气散射模型是实现图像清晰化处理的理论基础，也是目前计算机视觉领域中应用最为广泛的雾天图像退化模型。

2. 改进后的模型

斯托克斯矢量法可以描述目标的偏振特性。斯托克斯矢量 (I,Q,U,V) 中，I 代表总光强，Q、U 代表总光强中的线偏振部分，V 代表总光强中的圆偏振部分。斯托克斯公式可以表征为

$$\boldsymbol{S}=\begin{bmatrix}I\\Q\\U\\V\end{bmatrix}=\begin{bmatrix}\dfrac{2}{3}\times\left(I(0°)+I(60°)+I(120°)\right)\\\dfrac{2}{3}\times\left(2\times I(0°)-I(60°)-I(120°)\right)\\\dfrac{2}{\sqrt{3}}\times\left(I(60°)-I(120°)\right)\\I_l-I_r\end{bmatrix} \tag{6-37}$$

根据斯托克斯公式和雾天退化模型，可以将式(6-36)变形为

$$\frac{2}{3}\left(I_{0°}(x)+I_{60°}(x)+I_{120°}(x)\right)=J(x)t(x)+A_\infty\left[1-t(x)\right] \tag{6-38}$$

进而式(6-38)可以变形为

$$J(x)=\frac{\dfrac{2}{3}\left(I_{0°}(x)+I_{60°}(x)+I_{120°}(x)\right)}{t(x)} \tag{6-39}$$

式中，$I_{0°}$、$I_{60°}$、$I_{120°}$ 为本节实验中使用旋转偏振的方法获取的 0°、60°、120°的三幅不同偏振角度的偏振图像。由式(6-39)可知，只要计算出了无穷远处大气光值 A_∞ 和雾天图像透射率 $t(x)$ 就可以计算出去雾后的图像。

6.4.2 计算无穷远处大气光值

目前计算无穷远处大气光值最常用的方法是将整幅图像中亮度最大的值当作其估计值。这种方法具有较大的缺点，由于可能存在白色物体和大噪声，在图像中无穷远处的大气光值有可能并不是最大的，这样也会让复原的结果出现大的错误。由于可能存在这种缺陷，本节使用下述方法来估算无穷远处大气光值。

因为大气光对应的应该是整幅图像中雾气浓度最大的区域，通常处在图像中天空部分或者无穷远处。天空区域大部分存在于图像的上方，因此可以把像素点的高度坐标当成是否接近天空或者无穷远处位置的参数。对于任意一幅高度为 H 的图像，图像中任意一点的像素 x 高度坐标值表示为 $h(x)$，那么该像素点接近天空的概率函数可以表示为

$$P(x) = \frac{h(x)}{H} \tag{6-40}$$

在图像中雾气浓度最大的区域，景物之间的对比度下降最大，即在 RGB 三颜色通道最大光强值与最小光强值的差值接近 0[14]。因此，根据是否满足对比度降质严重这一规律，定义亮度限制概率函数为

$$f(x) = 1 - \left(I_{\max(x)} - I_{\min(x)} \right) \tag{6-41}$$

式中，$I_{\max(x)}$ 与 $I_{\min(x)}$ 分别为像素 x 在 RGB 三颜色通道分量值的最大光强值和最小光强值。显然，当区域为雾最浓的部分时，$P(x)$ 与 $f(x)$ 相乘的结果最接近 1。利用此限制条件，在选出的符合条件区域内，将光强值最大的值当作无穷远处大气光强值的估计值 A_∞。

6.4.3 优化雾天图像透射率

1. 估计雾天图像透射率

在一幅图像中，将 RGB 各颜色通道最低值组成一个单独的颜色通道，叫做暗通道，其暗原色图像各像素点值表述为

$$J_{\text{dark}}(x) = \min\left(\min\left(J(x)\right)\right) \tag{6-42}$$

在户外无雾图像中，其 RGB 三颜色通道中至少有一个通道的值趋近于 0，即

$$J_{\text{dark}}(x) = \min\left(\min\left(J(x)\right)\right) \to 0 \tag{6-43}$$

对式(6-36)两边求取暗通道值，可得

$$I_{\text{dark}}(x) = J_{\text{dark}}(x)t(x) + A_\infty\left[1 - t(x)\right] \tag{6-44}$$

由 $J_{\text{dark}}(x) \rightarrow 0$ 可得

$$t(x) = 1 - \frac{I_{\text{dark}}(x)}{A_\infty} \tag{6-45}$$

2. 利用改进的双边滤波算法优化雾天图像传输率

双边滤波[15]是一种能够保证边缘又可以滤去噪声的滤波器。之所以能够实现边缘保持的特性，主要是因为双边滤波器在卷积过程中通过组合定义域函数和值域核函数来实现。定义域函数由几何空间距离决定滤波器系数，值域核函数由像素差值决定滤波器系数。

双边滤波器中，输出像素的值依赖于邻域像素值的加权组合：

$$g(q) = \frac{\sum_{p \in S} I_p \omega(i,j,k,l)}{\sum_{p \in S} \omega(i,j,k,l)} \tag{6-46}$$

定义域核为

$$d(q,p) = \exp\left(-\frac{(i-k)^2 + (j-l)^2}{2\sigma_d^2}\right) \tag{6-47}$$

值域核为

$$r(q,p) = \exp\left(-\frac{\|I(i,j) - I(k,l)\|^2}{2\sigma_r^2}\right) \tag{6-48}$$

权重系数 $\omega(q,p)$ 由定义域核和值域核的乘积决定：

$$\omega(q,p) = \exp\left(-\frac{(i-k)^2 + (j-l)^2}{2\sigma_d^2} - \frac{\|I(i,j) - I(k,l)\|^2}{2\sigma_r^2}\right) \tag{6-49}$$

由式(6-46)可知，双边滤波器同时考虑了幅值的相似关系和空间的近邻关系，对于距离中心比较近并且像素幅值相差不大的像素，双边滤波赋予的权重较大；对于距离中心点比较远但是像素幅值相差不大的像素，双边滤波赋予的权重较小。因此，该滤波器对图像中的轮廓边缘能够起到保护作用，有效避免去雾结果中由深度信息跳变引起的光晕现象。

假设雾天透射率 $t(x)$ 在像素 $q(i,j)$ 的灰度值为 I_p，像素 $p(k,l)$ 表示以 $q(i,j)$ 为掩模中心的邻域所有像素点，像素经双边滤波器滤波得到的优化雾天透射率 $t(\tilde{x})$ 在像素 q 处的灰度值为 $\tilde{I}_q$。现用 S 表示以 $q(i,j)$ 为掩模中心的邻域所有像素

点，$\tilde{I}_q$ 表示为

$$\tilde{I}_q(i,j) = \frac{\sum_{p \in S}\left(\mathrm{e}^{-\left[(i-k)^2+(j-l)^2\right]/2\sigma_d^2}\mathrm{e}^{-(I_p-I_p)^2/2\sigma_r^2}I_p\right)}{\sum_{p \in S}\mathrm{e}^{-\left[(i-k)^2+(j-l)^2\right]/2\sigma_d^2}\mathrm{e}^{-(I_p-I_p)^2/2\sigma_r^2}} \tag{6-50}$$

虽然双边滤波器是有上述优点，但由式(6-50)可以看出，当 σ_d 的值较大时，邻近空间也较大，该公式的时间复杂度会成比例地增加，使用双边滤波进行优化雾天传输率图的速度同样很慢[16]。

下面假设 σ_d 的值非常大，以至于定义域核 $d(q,p)$ 趋近于一个常数，此时双边滤波器的计算公式可以变形为

$$\tilde{I}_q(i,j) = \frac{d(q,p)\sum_{p \in S}r(q,p)(I_q-I_p)I_p}{d(q,p)\sum_{p \in S}r(q,p)(I_q-I_p)} \tag{6-51}$$

由式(6-51)可知，值域核对双边滤波器的滤波效果有更大的影响，而值域核是由图像的强度信息决定的，不能进行线性运算。为了达到快速进行双边滤波，可以将雾天传输率图矩阵 $t(x)$ 分成不同的子区域，子区域的大小 b_s 可以设置。把每个子区域当成一个整体，区域矩阵就是一个滤波处理单元，只有在这个区域矩阵的像素才参与到中心像素 $q(i,j)$ 的滤波处理中。$B\{z\}$ 表示像素点 z 所在的子区域中所有像素的集合，可以将式(6-51)转换为

$$\begin{aligned}\tilde{I}_q(i,j) &\approx \frac{\sum_{z \in s}[d(q,p)\sum_{p \in B\{z\}}r(q,p)I_p]}{\sum_{z \in s}[d(q,p)\sum_{p \in B\{z\}}r(q,p)]}\\ &\approx \frac{\sum_{z \in s}d(q,p)\times d(q,p)\sum_{p \in B\{z\}}r(q,p)I_p}{\sum_{z \in s}d(q,p)}\end{aligned} \tag{6-52}$$

由式(6-52)可以看出，需要在同一子区域内进行重复计算。现在假设图像的子区域 $B_1,B_2,\cdots,B_n$ 与 S 都交集，即 $B_m \cap S \neq \varnothing$，$m=1,2,\cdots,n$。式(6-52)可以变为

$$\tilde{I}_q(i,j) \approx \frac{\sum_1^n\left[d(q,p)\times\dfrac{\sum_{p \in B_m}r(q,p)I_p}{\sum_{p \in B_m}r(q,p)}\right]}{\sum_1^n d(q,p)} \tag{6-53}$$

式中，z_m 表示子区域 B_m 的几何中心处的像素。现在将式(6-53)中的非线性计算转换成线性计算。每个子区域表示的二维矩阵变成一维向量，即每一个子区域 B_i 都可以用 D_i、HD_i 来表示，D_i 和 HD_i 都是一维向量。其中，$D_i(k)$ 和 $HD_i(k)$ 分别用来表示第 k 级灰度级的像素个数和像素灰度值，具体表达式为

$$D_i(k) = \sum_{m=0}^{b_s-1} \sum_{m=0}^{b_s-1} \delta(B_m(m,n) - k) \tag{6-54}$$

$$HD_i(k) = k \times D_i(k) \tag{6-55}$$

这样，$\sum_{p \in B\{z\}} r(q,p)I_p$ 和 $\sum_{p \in B\{z\}} r(q,p)$ 就转化为线性运算，具体过程可以描述为：

在原二维矩阵子块中灰度相似度因子依赖于像素灰度的差值，该灰度相似度因子转化为以一维向量差为基础的线性因子。

$$E(q,B_m) = \sum_{p \in B_m} r(I_q - I_p)I_p \tag{6-56}$$

$$D(q,B_m) = \sum_{p \in B_m} r(I_q - I_p) \tag{6-57}$$

由于每一个子区域 B_m 都由二维数组变成一维向量，由式(6-56)、式(6-57)可得

$$E(q,B_m) = \sum_{k=0}^{255} [r(I_q - k) \times DH(k)] \tag{6-58}$$

$$E(q,B_m) = [r(k) \otimes DH(k)]_{k=I_q} \tag{6-59}$$

$$D(q,B_m) = \sum_{k=0}^{255} [r(I_q - k) \times H(k)] \tag{6-60}$$

$$D(q,B_m) = [r(k) \otimes H(k)]_{k=I_q} \tag{6-61}$$

式中，"$\otimes$"表示卷积。

此时已经把二维计算部分转化为一维的线性运算，灰度相似因子仍可以选用高斯函数，也可以用线性函数和其他的任意函数。分别与一维数组 D 和 HD 进行线性卷积，通过卷积，以快速傅里叶变换或递归的方式实现。两组滤波结果 $E(q,B_m)$ 和 $D(q,B_m)$ 进行点除将产生一维向量 $F(I_q,B_m)$，该数组再与空间邻近度因子线性组合，并进行归一化，获得双边滤波的效果。使用改进的双边滤波方法可以将求解优化透射率的公式简化为

$$I_q(i,j) \approx \frac{\left(\sum_1^n [d(\| q - z_m \|) \times F(I_q,B_m)] \right)}{\sum_1^n d(\| q - z_m \|)} \tag{6-62}$$

$$F(I_q, B_m) = \frac{E(p, B_m)}{D(p, B_m)} \tag{6-63}$$

6.5　实验结果与分析

6.5.1　实验设计

自然环境下，光在传输过程中会经历各种额外的影响，如散射、反射、折射和辐射。在经历这些过程时，光的偏振态会发生改变，不仅与入射光的方向有关，介质自身边缘表面、细节纹理和材质的不同所产生的偏振信息也是不同的。自然光虽然是无偏振的，但使用偏振片能够获得不同偏振态的偏振光。

偏振片是一种人工研制的膜片，一般由内保护膜、压敏胶层和外保护膜组成[17]。这种膜片对不同方向的光振动具有选择吸收的能力，利用这种能力可以滤出我们想要的偏振分量。由于偏振片是透过一部分光，因此利用偏振得到的偏振图像比普通情况下的光强图像要暗淡一些。偏振光可以划分为线偏振光和圆偏振光，偏振片也可以相应地划分为线偏振片和圆偏振片。顾名思义，线偏振片可以获得某个角度的线偏振光，圆偏振片可以获得圆偏振光。偏振片可以工作在可见光和非可见光波段。

与普通的强度成像相比，偏振成像的优势在于能够获得到更多的偏振信息。本节采用被动偏振成像方法，偏振成像的实验设备如图 6.14 所示。

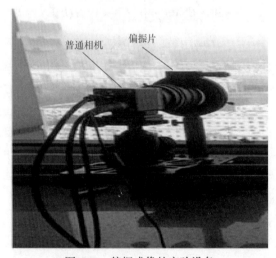

图 6.14　偏振成像的实验设备

图 6.14 中，在不改变成像目标的情况下，通过旋转相机前的偏振片，能够获

得不同偏振角度下的偏振图像。这种方法易于操作，在实际应用中具有较高的可靠性和实时性。本节实验设备记录如表 6.1 所示。

表 6.1　实验设备记录

设备名称	设备型号
普通 CCD 相机	GEV-B141C
偏振片	LPVISE200-A
图像处理设备	惠普 OMEN 15-AX016TX 笔记本电脑

本节利用旋转偏振片的方法，选用 0°、60°、120°这三个偏振角度，采集了大量薄雾(水平能见度在 1000m 以上)和浓雾(水平能见度在 500～1000m)天气条件下的近距离和远距离偏振图像。

6.5.2　复原图像的评价标准

为了客观地对比不同去雾方法的去雾效果，这里利用图像评价标准[18,19]——平均梯度、图像方差和空间频率，来评价复原后的图像效果。

1) 平均梯度

在一幅图像中，由于场景目标的不同，在图像边缘处和纹理处容易出现比较明显的突变。平均梯度用来表示这种强度变化速率，反映细节的反差大小和细节特征。平均梯度又可以称作清晰度，用来描述图像的清晰程度。对比两幅图像，平均梯度大的图像要比平均梯度小的图像更清晰。图像梯度的计算公式为

$$G(x,y) = dx(i,j) + dy(i,j) \tag{6-64}$$

$$dx(i,j) = I(i+1,j) - I(i,j) \tag{6-65}$$

$$dy(i,j) = I(i,j+1) - I(i,j) \tag{6-66}$$

式中，I 为图像像素的值(如 RGB 值)；(x, y) 为像素 I 的坐标；$G(x, y)$ 为图像平均梯度。

2) 图像方差

图像方差反映图像高频部分的大小；图像对比度小，方差就小；图像对比度大，方差就大。图像方差的计算公式为

$$\bar{M} = \frac{1}{NM} \sum_{i=1}^{N} \sum_{j=1}^{M} I(i,j) \tag{6-67}$$

$$\sigma^2 = \frac{1}{NM} \sum_{i=1}^{N} \sum_{j=1}^{M} [I(i,j) - \bar{M}]^2 \tag{6-68}$$

式中，N、M 分别表示图像的宽和高；δ^2 为图像方差。

3) 空间频率

空间频率表征图像的空间总体活跃度。对比两幅图像，空间频率越大的图像，越能充分地表现图像中边缘、线条等细节信息。图像空间频率 SF 的数学表达公式为

$$SF = \sqrt{RF^2 + CF^2} \tag{6-69}$$

式中，RF 代表空间行频率；CF 代表空间列频率。两者的表达式为

$$RF = \sqrt{\frac{\sum_{i=1}^{N}\sum_{j=2}^{M}[I(i,j)-I(i,j-1)]^2}{MN}} \tag{6-70}$$

$$CF = \sqrt{\frac{\sum_{i=2}^{N}\sum_{j=1}^{M}[I(i,j)-I(i-1,j)]^2}{MN}} \tag{6-71}$$

6.5.3 实验结果与分析

本节选取基于暗原色先验的图像去雾算法(以下简称暗原色先验算法)，基于 Retinex 增强的图像去雾算法(以下简称 Retinex 增强算法)来和本书设计的算法来进行比较。

1) 薄雾情况下近距离偏振成像实验结果分析

本次实验时外部环境参数记录如下：湿度为 53%，温度为 28℃，光照度为 84lx。0°、60°、120°三种偏振图像和光强图像如图 6.15 所示。

(a) 0°线偏振图像   (b) 60°线偏振图像

(c) 120°线偏振图像   (d) 光强图像

图 6.15   0°、60°、120°三种偏振图像和光强图像

分别利用暗原色先验算法、Retinex 增强算法复原图 6.15(d)中的光强图像，利用本书算法复原图 6.15(a)、(b)、(c)三种偏振图像并将其融合为一幅图像。具体实验结果如图 6.16 所示。

(a) 暗原色先验算法   (b) Retinex增强算法   (c) 本书算法

图 6.16   使用暗原色先验算法、Retinex 增强算法和本书算法复原的图像

利用平均梯度、图像方差和空间频率复原图像评价标准，在 Matlab 2015b 平台上计算图 6.16 中不同算法得到的复原图像，复原图像结果评价如表 6.2 所示。

表 6.2   复原图像结果评价

算法选择	平均梯度	图像方差	空间频率/(lp/mm)
去雾前图像	9.695	73.861	23.483
暗原色先验算法	15.450	73.940	26.701
Retinex 增强算法	13.345	85.125	24.654
本书算法	17.142	86.236	27.569

注：lp/mm 为每毫米线对数。

2) 薄雾情况下远距离偏振成像实验结果分析

本次实验时外部环境参数记录如下：湿度为 53%，温度为 27℃，光照度为 80lx。0°、60°、120°三种偏振角下的偏振图像和光强图像如图 6.17 所示。

分别利用暗原色先验算法，Retinex 增强算法复原图 6.17(d)中光强图像，利用本书算法复原图 6.17(a)、(b)、(c)三个不同偏振角下图像，融合后得到结果图像。使用暗原色先验算法、Retinex 增强算法和本书算法得到的结果图像如图 6.18 所示。

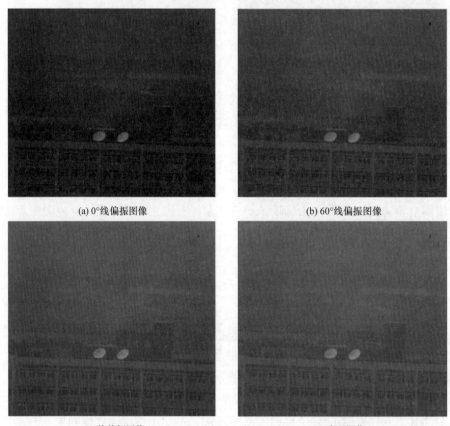

(a) 0°线偏振图像   (b) 60°线偏振图像

(c) 120°线偏振图像   (d) 光强图像

图 6.17   0°、60°、120°三种偏振角下的偏振图像和光强图像

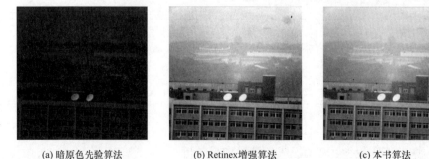

(a) 暗原色先验算法   (b) Retinex增强算法   (c) 本书算法

图 6.18   利用暗原色先验算法、Retinex 增强算法和本书算法得到的结果图像

利用平均梯度、图像方差和空间频率复原图像评价标准，计算图 6.18 中不同算法得到的复原图像，复原图像结果评价如表 6.3 所示。

表 6.3　复原图像结果评价

算法选择	平均梯度	图像方差	空间频率/(lp/mm)
去雾前图像	9.695	73.861	25.483
暗原色先验算法	21.450	73.940	24.701
Retinex 增强算法	19.345	85.125	26.654
本书算法	18.142	86.236	25.056

3) 浓雾情况下近距离偏振成像实验结果分析

本次实验时外部环境参数记录如下：湿度为 64%，温度为 28℃，光照度为 981lx。0°、60°、120°三种偏振角下的偏振图像和光强图像如图 6.19 所示。

(a) 0°线偏振图像　　　　　　　　　　　　　　(b) 60°线偏振图像

(c) 120°线偏振图像　　　　　　　　　　　　　(d) 光强图像

图 6.19　0°、60°、120°三种偏振角下的偏振图像和光强图像

　　分别利用暗原色先验算法、Retinex 增强算法复原图 6.19(d)中的光强图像，利用本书算法复原图 6.19(a)、(b)、(c)三个不同偏振角下图像，融合后得到结果图像。使用暗原色先验算法、Retinex 增强算法和本书算法得到的结果图像如图 6.20 所示。

(a) 暗原色先验算法　　　　　　(b) Retinex增强算法　　　　　　(c) 本书算法

图 6.20　利用暗原色先验算法、Retinex 增强算法和本书算法得到的结果图像

　　利用平均梯度、图像方差和空间频率复原图像评价标准，计算图 6.20 中不同算法得到的复原图像，复原图像结果评价如表 6.4 所示。

表 6.4　复原图像结果评价

算法选择	平均梯度	图像方差	空间频率/(lp/mm)
去雾前图像	8.011	73.891	17.522
暗原色先验算法	12.466	73.912	29.275
Retinex 增强算法	15.124	78.264	28.321
本书算法	13.354	77.114	26.021

4) 获浓雾情况下远距离偏振成像实验结果分析

　　本次实验时外部环境参数记录如下：湿度为 52%，温度为 28℃，光照度为 92lx。0°、60°、120°三种偏振角下的偏振图像和光强图像如图 6.21 所示。

　　分别利用暗原色先验算法、Retinex 增强算法复原图 6.21(d)中的光强图像，利用本书算法复原图 6.21(a)、(b)、(c)三个不同偏振角下图像，融合后得到结果图像。使用暗原色先验算法、Retinex 增强算法和本书算法得到的结果图像如图 6.22 所示。

　　利用平均梯度、图像方差和空间频率复原图像评价标准，计算图 6.22 中不同算法得到的复原图像，复原图像结果评价如表 6.5 所示。

(a) 0°线偏振图像　　　　　　　　　　(b) 60°线偏振图像

(c) 120°线偏振图像　　　　　　　　　　(d) 光强图像

图 6.21　0°、60°、120°三种偏振角下的偏振图像和光强图像

(a) 暗原色先验算法　　　　(b) Retinex增强算法　　　　(c) 本书算法

图 6.22　利用暗原色先验算法、Retinex 增强算法和本书算法得到的结果图像

表 6.5　复原图像结果评价

算法选择	平均梯度	图像方差	空间频率/(lp/mm)
去雾前图像	8.109	73.884	18.522
暗原色先验算法	15.077	73.917	22.711
Retinex 增强算法	14.352	79.325	19.236
本书算法	13.823	82.364	23.023

通过观察图 6.16、图 6.18、图 6.20 和图 6.22 可以看出，使用暗原色先验算法得到的复原图像，在整体亮度上不如 Retinex 增强算法和本书算法，而使用 Retinex 增强算法复原后的图像会出现一些过白的现象，使用本书算法得到的复原图像在对比度上也优于使用暗原色先验算法和 Retinex 增强算法得到的图像。通过观察和分析表 6.2~表 6.5 中的评价标准数据可以得出，使用暗原色先验算法、Retinex 增强算法和本书算法复原后的图像，比去雾前的图像要好很多，而使用本书算法得到的复原图像在四种不同条件下得到的方差都要大于其他两种算法，表明使用本书算法得到的复原图像的对比度要好于其他两种算法。

6.6　本　章　小　结

本章主要针对偏振图像研究了图像复原的去雾算法和图像增强的去雾算法，根据这两种算法，提出了基于大气散射模型的偏振图像去雾算法，通过改进雾天图像退化模型、计算无穷远处大气光强值、优化雾天图像透射率等实现偏振图像去雾。本章采用被动偏振成像方法做了大量实验并采集了薄雾和浓雾天气条件下近距离和远距离偏振图像。选取暗原色先验算法、Retinex 增强算法和本书设计的算法来进行图像复原。通过对实验结果的分析可知，本书算法能够较好地实现图像复原，并且可以应用在不同的雾天条件。

参 考 文 献

[1] 陈汗青，万艳玲，王国刚. 数字图像处理技术研究进展[J]. 工业控制计算机，2013，26(1):72-74.

[2] 陈炳权，刘宏立，孟凡斌. 数字图像处理技术的现状及其发展方向[J]. 吉首大学学报(自科版), 2009, 30(1): 63-70.

[3] 韩磊，曲中水. 一种 RGB 模型彩色图像增强方法[J]. 哈尔滨理工大学学报, 2014, 19(6):59-64.

[4] Mairal J, Elad M, Sapiro G. Sparse representation for color image restoration[J]. IEEE Transactions on Image Processing, 2008, 17(1):53-69.

[5] 杨婷. 多幅图像去雾算法研究[D]. 大连: 大连海事大学, 2013.

[6] 尹海宁. 一种三相机偏振成像系统及其去雾方法研究[D]. 合肥: 合肥工业大学, 2014.

[7] 曹永妹. 基于 Retinex 理论的图像去雾增强算法研究[D]. 镇江: 江苏科技大学, 2014.

[8] 刘兆阳. 大连近海海域大气气溶胶特征研究[D]. 大连: 大连理工大学, 2001.

[9] 焦艳. 上海城区大气 PM2.5 浓度及气溶胶光学特性的观测研究[D]. 青岛: 中国海洋大学, 2013.

[10] 董涛. 恶劣天气下退化图像复原方法研究[D]. 沈阳: 沈阳理工大学, 2005.

[11] 周雪碧. 图像增强算法研究及其在图像去雾中的应用[D]. 长沙: 湖南师范大学, 2015.

[12] Provenzi E, Marini D, De Carli L, et al. Mathematical definition and analysis of the retinex algorithm[J]. Journal of the Optical Society of America A, 2005, 22(12): 2613-2621.

[13] 黄展鹏. 基于分段直方图均衡化技术的图像增强[J]. 电脑知识与技术:学术交流, 2008, 2(16): 1292, 1293.

[14] 刘巧玲. 雾天图像清晰化技术研究[D]. 绵阳: 西南科技大学, 2013.

[15] 王玉灵. 基于双边滤波的图像处理算法研究[D]. 西安: 西安电子科技大学, 2010.

[16] 张海荣, 檀结庆. 改进的双边滤波算法[J]. 合肥工业大学学报自然科学版, 2014, 37(9): 1059-1062.

[17] 杨晓博. 多通道集成毛细管电泳芯片检测系统的研究[D]. 大连: 大连理工大学, 2013.

[18] 莫春和. 浑浊介质中偏振图像融合方法研究[D]. 长春: 长春理工大学, 2014.

[19] 逢浩辰, 朱明, 郭立强. 彩色图像融合客观评价指标[J]. 光学精密工程, 2013, 21(9): 2348-2353.

第 7 章　偏振图像的融合方法

在偏振成像探测技术中，使用单一偏振特征图像信息量往往过于单一，不够全面。目前，研究者通常采用图像融合技术将偏振信息融合到一幅图像中对目标进行探测。在偏振特征图像中，偏振光强图像反映了强度信息，一般具有较高的亮度。偏振图像能够表征目标的边缘、纹理、材质等表面状态信息。不同的偏振参量图像表达的偏振信息是互补的，根据其信息互补的特征，采用图像融合处理算法，对线偏振图像和光强图像进行融合。可以将互补信息合并到一幅图像中，实现偏振信息的融合处理。这样不仅方便对目标物体进行分析，同时还降低了对存储容量与传输带宽的要求。

本章分别对基于 NSCT 变换和基于引导滤波的偏振图像融合方法进行研究。根据两种多尺度变换的特点设计两种适用于偏振图像融合的方法。通过实验将本章提出的两种融合方法和其他融合方法进行对比分析。

7.1　基于 NSCT 和 SPCNN 的偏振图像融合方法

Do 等[1]提出了一种较好的图像二维表示方法——Contourlet 变换。但是，该方法引入的下采样处理会产生吉布斯效应，影响整个图像质量。2006 年，Cunha 等提出了非下采样 Contourlet(nonsubsampled Contourlet，NSCT)变换。NSCT 变换在继承 Contourlet 变换各项优点的同时，避免了吉布斯现象的产生。

本章提出的基于 NSCT 和简化型脉冲耦合神经网络(simplified pulse coupled neural network，SPCNN)的偏振图像融合方案框图如图 7.1 所示。首先对两个源图像 A 和 B 执行 K 级 NSCT 分解，获得其高频子带系数 $\{H_A^{k,l}, L_A\}$ 和低频子带系数 $\{H_B^{k,l}, L_B\}$。$H_S^{k,l}$ 表示第 k 尺度上第 l 方向上的高频子带系数，L_S 表示低频子带系数，$S = A, B$。通过参数自适应的 SPCNN 模型融合两幅图像的高频子带系数，采用基于区域能量自适应加权的融合方法融合两幅图像的低频子带系数；最后在融合频带 $\{H_F^{k,l}, L_F\}$ 上执行逆 NSCT 变换来重构融合图像 F。

7.1.1　基于 NSCT 变换的图像分解

NSCT 变换由非下采样塔式滤波器组(non-subsampled pyramid filter bank，

NSPFB)和非下采样方向滤波器组(non-subsampled directional filter bank，NSDFB)
两个部分构成。NSCT 变换结构示意图如图 7.2 所示。

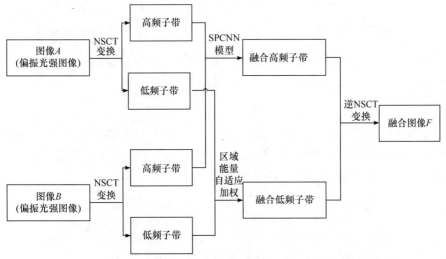

图 7.1　基于 NSCT 和 SPCNN 的偏振图像融合方案框图

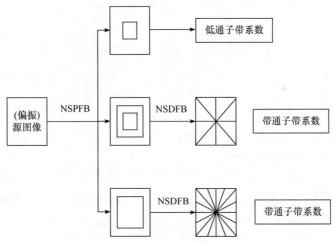

图 7.2　NSCT 变换结构示意图

　　NSPFB 由一个二通道的非降采样滤波器组得到，如图 7.3 所示。

　　图中，$H_0(z)$ 为低频分解滤波器，$H_1(z)$ 为高频分解滤波器。$G_0(z)$ 为低频
重建滤波器，$G_1(z)$ 为高频重建滤波器。对图像实现有效重构必须满足 Bezout
恒等式：

$$H_0(z)G_0(z) + H_1(z)G_1(z) = 1 \qquad (7\text{-}1)$$

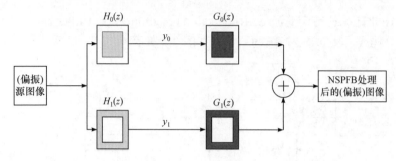

图 7.3　NSPFB 的结构

图像经过 K 级 NSPFB 分解后，将会产生 $K+1$ 个与源图像分辨率相同的 1 个低频与 K 个高频的子带图像。例如 $K=3$ 时，低频子带为 y_0，高频子带为 y_1，y_2，y_3，$K=3$ 时 NSPFB 分解结构如图 7.4 所示。

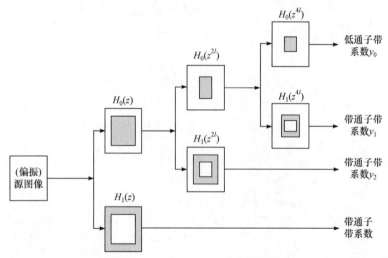

图 7.4　$K=3$ 时 NSPFB 分解结构

NSDFB 也采用一组二通道非下采样滤波器组，NSCT 变换的 NSDFB 方向滤波器如图 7.5 所示。

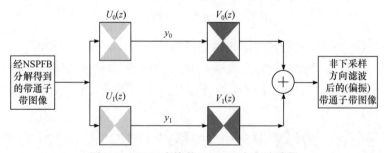

图 7.5　NSCT 变换的 NSDFB 方向滤波器

图 7.5 中，$U_0(z)$ 为低频分解滤波器，$U_1(z)$ 为高频分解滤波器。$V_0(z)$ 为低频重建滤波器，$V_1(z)$ 为高频重建滤波器。对图像实现有效重构还需满足 Bezout 恒等式(7-2)。

$$U_0(z)U_1(z) + V_0(z)V_1(z) = 1 \tag{7-2}$$

图像经过 K 级 NSPFB 分解后，得到 K 个高频子带图像，利用 NSDFB 对高频子带图像进行 l 级分解得到 2^l 个高频子带图像。$l=2$ 时两级 NSPFB 分解过程的结构如图 7.6 所示。

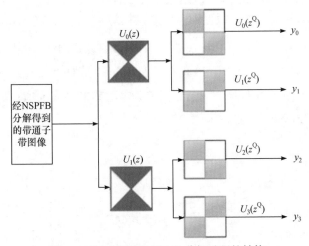

图 7.6　$l=2$ 时两级 NSPFB 分解过程的结构

7.1.2　基于 SPCNN 的图像融合规则

1. SPCNN 的基本原理

脉冲耦合神经网络(pulse coupled neural network，PCNN)模型是一种人工神经网络模型，是受哺乳动物的视觉皮层神经模型的启发而构建出来的。PCNN 模型不需要训练就能够从复杂的输入中提取有效信息，因此在图像处理领域得到了广泛应用。然而，传统的 PCNN 模型是一个多参数模型，输出效果过度依赖于参数的选择，这就需要找到一种能够根据输入图像的不同而自适应设置参数的方法。文献[2]提出 SPCNN 模型，并将其应用于图像分割领域中，有效地提升了分割的准确度。SPCNN 模型的数学描述如下：

$$F_{ij}[n] = S_{ij} \tag{7-3}$$

$$L_{ij}[n] = V_L \sum_{kl} W_{ijkl} Y_{kl}[n-1] \tag{7-4}$$

$$U_{ij}[n] = e^{-\alpha_f}U_{ij}[n-1] + F_{ij}[n](1 + \beta L_{ij}[n]) \tag{7-5}$$

$$Y_{ij}[n] = \begin{cases} 1, & U_{ij}[n] > E_{ij}[n-1] \\ 0, & U_{ij}[n] \leqslant E_{ij}[n-1] \end{cases} \tag{7-6}$$

$$E_{ij}[n] = e^{-\alpha_e}E_{ij}[n-1] + V_E Y_{ij}[n] \tag{7-7}$$

式中，$F_{ij}[n]$ 和 $L_{ij}[n]$ 分别表示 n 时刻的反馈输入和连接输入；S_{ij} 为输入神经元；V_L 为电压幅值；$Y_{kl}[n-1]$ 表示前一次迭代中邻近神经元的输出；(i, j) 为神经元位置标号；W_{ijkl} 表示链接矩阵，根据经验一般设置为 $W_{ijkl}=[0.5,1,0.5;1,0,1; 0.5,1,0.5]$；$U_{ij}[n]$ 表示 n 时刻的内部活动项；$e^{-\alpha_f}$ 为衰减常数；β 为链接强度因子；$Y_{ij}[n]$ 为 n 时刻模型输出，有点火（$Y_{ij}[n]=1$）和不点火 $Y_{ij}[n]=0$）两种状态，点火条件为 $U_{ij}[n]$ 大于动态阈值 $E_{ij}[n-1]$（即 $Y_{ij}[n]=1$）；$E_{ij}[n]$ 为 n 时刻的动态阈值；V_E 为放大系数。图 7.7 所示为 SPCNN 模型结构。

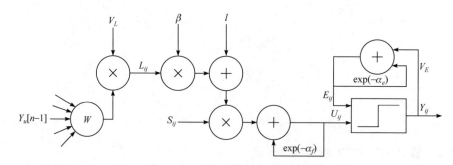

图 7.7 SPCNN 模型结构

SPCNN 模型中有五个自由参数，分别为 α_f、β、V_L、α_e 和 V_E。参数 α_f 是内部活动项 $U_{ij}[n]$ 的指数衰减因子，参数 α_e 是动态阈值 E 的指数衰减因子，参数 V_E 是动态阈值 E 的幅值，参数 β 是神经元间的链接强度因子，β 和 V_L 在 SPCNN 模型中作为一个整体来处理，设 $\lambda = \beta V_L$。各参数设置如下：

$$\alpha_f = \ln\left(\frac{1}{\sigma(S)}\right) \tag{7-8}$$

$$\lambda = \frac{\dfrac{S_{\max}}{S'} - 1}{6} \tag{7-9}$$

$$V_E = e^{-\alpha_f} + 1 + 6\lambda \tag{7-10}$$

$$\alpha_e = \ln\left(\frac{\dfrac{V_E}{S'}}{\dfrac{1-\mathrm{e}^{-3\alpha_f}}{1-\mathrm{e}^{-\alpha_f}}+6\lambda\mathrm{e}^{-\alpha_f}}\right) \tag{7-11}$$

式中，S' 表示输入图像 Otsu 直方图阈值；$S_{\max}$ 表示输入图像的最大灰度值。

上述 SPCNN 模型参数之间是相互影响的，并非完全独立。这说明在 SPCNN 模型中，相邻像素间的信息能够相互传递，可以实现更稳健的活性度量。

2. 高频子带系数融合规则

在多尺度变换的高频图像融合中，高频子带的绝对值通常代表图像的活性度。考虑到 SPCNN 模型可以用来区分不同源图像高频子带的活性度，而且相邻像素的信息可以相互传输，能够实现更稳健的度量，因此将 SPCNN 模型引入 NSCT 变换的高频子带系数的融合中。

将高频子带系数的绝对值作为 SPCNN 模型的输入，即 $F_{ij}[n]=|H_S^{k,l}|$，$S=A,B$。通过整个迭代期间的总点火次数来衡量高频子带的活性度。根据式(7-3)~式(7-7)描述的 SPCNN 模型，在每次迭代结束时利用式(7-12)来计算总点火次数：

$$T_{ij}[n]=T_{ij}[n-1]+Y_{ij}[n] \tag{7-12}$$

式中，$T_{ij}[n]$ 为每个神经元的点火次数，其中 N 是迭代的总数。

通过式(7-13)选择具有高点火次数的系数作为融合系数：

$$H_F^{k,l}(i,j)=\begin{cases} H_A^{k,l}(i,j), & T_{A,ij}^{k,l}[N]\geqslant T_{B,ij}^{k,l}[N] \\ H_B^{k,l}(i,j), & T_{A,ij}^{k,l}[N]<T_{B,ij}^{k,l}[N] \end{cases} \tag{7-13}$$

式中，$T_{A,ij}^{k,l}[N]$ 和 $T_{B,ij}^{k,l}[N]$ 分别表示高频子带系数 $H_A^{k,l}$ 和 $H_B^{k,l}$ 的 SPCNN 点火次数。

3. 低频子带系数融合规则

低频子带包含源图像的主要能量信息。人类的视觉系统对图像局部亮度的变化最为敏感，而图像的局部能量能够表达图像区域亮度。因此，用基于区域能量自适应加权的融合规则进行低频子带系数的合并，能够有效地保留源图像中的亮度变化，使得融合后的图像效果更好，更适合人眼观察。

定义中心点为 (i,j)，窗口区域大小为 $M\times N$ 的加权能量表示为

$$E_{L_S}(i,j)=\sum_{m=-(M-1)/2}^{(M-1)/2}\sum_{n=-(N-1)/2}^{(N-1)/2}\omega(m,n)\cdot[L_s(i+m,j+n)]^2 \tag{7-14}$$

式中，$M\times N$ 通常取 3×3 或 5×5，本节取 3×3；$S=A,B$，窗口系数 $\omega(m,n)=$

$[1,2,1;2,4,2;1,2,1]/16$ 。融合后的低频子带系数为

$$L_F(i,j) = p_A(i,j)L_A(i,j) + p_B(i,j)L_B(i,j) \tag{7-15}$$

式中，$p(i,j)$ 为自适应权重因子，其表达式为

$$\begin{cases} p_A(i,j) = \dfrac{E_{L_A}(i,j)}{E_{L_A}(i,j) + E_{L_B}(i,j)} \\[4mm] p_B(i,j) = \dfrac{E_{L_B}(i,j)}{E_{L_A}(i,j) + E_{L_B}(i,j)} \end{cases} \tag{7-16}$$

7.2　基于引导滤波的偏振图像融合方法

　　NSCT 变换具有多方向性和平移不变性。但是，采用 NSCT 变换的图像融合方法复杂度过高，难以在嵌入式平台上实现。考虑到嵌入式平台的可实现性，本节需要研究一种算法复杂度较低的图像融合方法，以便于在嵌入式平台实现。

　　引导滤波是目前最快速的滤波器之一，采用引导滤波的图像融合方法一般都具有很高的计算效率[3]。引导滤波能够将图像分解成一个光滑的基本层和一个或多个细节层，可有效保留场景的边缘细节。采用引导滤波的图像融合方法能够使融合图像获得较好的视觉效果。因此，本书提出一种算法复杂度较低的基于引导滤波的偏振图像融合方案。

　　图 7.8 为本书提出的基于引导滤波的偏振图像融合方案框图。源图像 I_A 和 I_B 执行引导滤波，得到基本层图像 B_A 和 B_B，再进行 $I_A - B_A$ 和 $I_B - B_B$ 计算以获取细

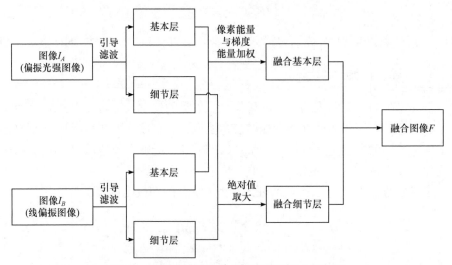

图 7.8　基于引导滤波的偏振图像融合方案框图

节层图像 D_A 和 D_B；基本层使用像素能量与梯度能量相结合的融合规则，细节层采用绝对值取大的融合规则；基本层 B_F 和细节层 D_F 进行 $B_F + D_F$ 计算以获得融合图像 F。

7.2.1　基于引导滤波的图像分解

引导滤波涉及引导图像 O、输入图像 P、输出图像 Q，利用引导图像 O 对输入图像 P 进行滤波，输出图像 $Q^{[4]}$。

设 Q 与 I 在局部区域内满足线性关系，则有

$$Q_i = a_k O_i + b_k, \quad \forall i \in \omega_k \tag{7-17}$$

式中，ω_k 为窗口，该窗口以 k 为中心、r 为半径；i,k 为像素索引；a_k 和 b_k 为线性系数，可以利用窗口 ω_k 中 P 和 Q 之间的最小平方差来求解，即

$$E(a_k, b_k) = \sum_{i \in \omega_k} \left(\left(a_k O_i + b_k - P_i \right)^2 + \varepsilon a_k^{\,2} \right) \tag{7-18}$$

式中，ε 为正则化参数；系数 a_k 和 b_k 可以通过线性回归求得：

$$\begin{cases} a_k = \dfrac{\dfrac{1}{|\omega|} \sum\limits_{i \in \omega_k} O_i P_i - \mu_k \overline{P}_K}{\sigma_k^2 + \varepsilon} \\[4mm] b_k = \overline{P}_K - a_k \mu_k \end{cases} \tag{7-19}$$

式中，$|\omega|$ 为 ω_k 中像素的个数；μ_k 为 O 在窗口 ω_k 中的均值；$\overline{P}_K$ 为 P 在窗口 ω_k 中的均值；σ_k^2 为 O 在窗口 ω_k 中的方差。

在整幅图像中，像素 i 在不同的窗口 ω_k 中，因此 Q_i 在不同窗口 ω_k 中的值不同。对于这个问题，简单求法是对 Q_i 取平均值。通过以下等式即可计算滤波输出：

$$Q_i = \frac{1}{|\omega|} \sum_{k, i \in \omega_k} (a_k O_i + b_k) = \overline{a}_i O_i + \overline{b}_i \tag{7-20}$$

式中

$$\begin{cases} \overline{a}_i = \dfrac{1}{|\omega|} \sum\limits_{k \in \omega_2} a_k \\[4mm] \overline{b}_i = \dfrac{1}{|\omega|} \sum\limits_{k \in \omega_2} b_k \end{cases} \tag{7-21}$$

当引导图像与输入图像相同时，引导滤波可看成保留边缘的滤波操作。源图像 I_A 和 I_B 经过保留边缘的滤波操作后，得到基本层图像 B_{A1} 和 B_{B1}。将源图像减

去基本层图像，得到细节层图像 D_{A1} 和 D_{B1}。更改窗口 ω_k 大小，继续对基本层图像 B_{A1} 和 B_{B1} 进行引导滤波，得到基本层图像 B_{A2} 和 B_{B2}，基本图像 B_{A2} 和 B_{B2} 与基本层图像 B_{A1} 和 B_{B1} 做差，得到细节层图像 D_{A2} 和 D_{B2}。以此类推，利用半径大小 $r=2^1,2^2,\cdots,2^l$ 的窗口进行操作，即可得到多个基本层图像 B_{AL} 和 B_{BL} 及多个细节层图像 $D_{AL}=B_{AL}-B_{A(L-1)}$ 和 $D_{BL}=B_{BL}-B_{B(L-1)}$，$L=1,2,\cdots,l$，其中在基本层的融合中只采用第一个基本层。现有的大多数基于引导滤波的图像融合方法都将源图像分解层数设置为 3。

7.2.2 图像融合规则

1. 基本层融合规则

基本层包含主要的能量信息和显著的细节信息[5]。为了保留更多信息，基本层的融合规则选用了像素能量和梯度能量加权和的融合方法。

以 (i,j) 为中心点的 $M\times N$ 大小的窗口区域的像素能量 E_P 和梯度能量 E_G 分别为

$$E_P(i,j)=\sum_{m=-(M-1)/2}^{(M-1)/2}\sum_{n=-(N-1)/2}^{(N-1)/2}\omega'(i,j)\cdot[B(i+m,j+n)]^2 \tag{7-22}$$

$$E_G(i,j)=\sum_{m=-(M-1)/2}^{(M-1)/2}\sum_{n=-(N-1)/2}^{(N-1)/2}\omega'(i,j)\cdot\left\{\left[\nabla B_x(i+m,j+n)\right]^2+\left[\nabla B_y(i+m,j+n)\right]^2\right\}$$

$$\tag{7-23}$$

式中，$\omega'=[1,2,3,2,1;2,4,6,4,2;3,6,9,6,3;2,4,6,4,2;1,2,3,2,1]$；$\omega'(i,j)$ 为矩阵元；∇B_x、∇B_y 分别为图像在 x 方向和 y 方向的梯度值。

总体能量 E_{tol} 为

$$E_{tol}(i,j)=t\cdot E_G(i,j)+(1-t)E_P(i,j) \tag{7-24}$$

式中，$t=\dfrac{E_G(i,j)}{E_G(i,j)+E_P(i,j)}$。

依据总体能量选择最终的融合系数 $B_F(i,j)$：

$$B_F(i,j)=\begin{cases}B_A(i,j),& E_{tol,A}(i,j)\geqslant E_{tol,B}(i,j)\\B_B(i,j),& 其他\end{cases} \tag{7-25}$$

式中，B_A、B_B、B_F 分别代表光强偏振 I 图像基本层、线偏振图像基本层和融合图像基本层。

2. 细节层融合规则

细节层往往包含图像的大部分细节信息。不同于红外图像融合中对细节层的选取偏好于尽可能多地获取可见光图像的细节层，偏振图像的细节层融合更希望做到偏振信息的互补取优。因此，合适采用绝对值取大的融合规则，具体表达式为

$$D_F(i,j) = \begin{cases} D_A(i,j), D_A(i,j) \geqslant D_B(i,j) \\ D_B(i,j), D_B(i,j) \geqslant D_A(i,j) \end{cases} \tag{7-26}$$

式中，$D(i,j)$ 代表点 (i,j) 处的像素值；D_A、D_B、D_F 分别代表偏振光强 I 图像细节层、线偏振图像细节层和融合图像细节层。

7.3　基于小波提升的图像融合方法

7.3.1　红外图像配准方法

首先，利用显著性分析技术找到可见光图像中的重要信息，得到显著性图；将其与可见光图像融合，实现可见光图像中重要信息的划分。然后，利用自适应加速分段测试 FAST(features from accelerated segment test)算法，探测可见光与红外图像上的特征点；利用改进的边缘方向直方图(edge orientation histogram, EOH)描述特征点。最后，根据描述的特征点的相似性，在可见光与红外图像上找出对应的特征点，实现可见光与红外图像的匹配。

1. 配准流程

首先，对可见光图像进行显著性分析，对表达丰富信息的区域进行识别。然后，利用显著性结果，对可见光图像进行感兴趣区域与非感兴趣区域的划分。接着，在不同区域上，通过自动设置相应的参数，利用自适应 FAST 算法，快速提取可见光图像与红外图像的特征点。之后，基于特征点与感兴趣区域与非感兴趣区域的位置关系，利用改进的 EOH 特征描述算子对特征点进行描述，使特征点之间的区分度增大。最后，利用归一化的互信息及相对位置约束条件，对两幅图像上的特征点进行匹配，同时利用随机一致性对匹配的特征点进行筛查，剔除误匹配点，实现可见光与红外图像的最优匹配。

2. 显著性分析

图像的显著性体现了人们对图像不同位置的关注度。对于一幅图像，最重要的信息通常集中于局部关键区域，即感兴趣区域，而背景则通常处于非感兴趣区

域。通过显著性分析，可以识别出图像的关键区域，在该区域内采用与其他区域不同的特征点提取方法，不仅可以增加感兴趣区域周围特征点的数量，提高匹配精度，同时还可以减小搜索区域，提高特征点匹配速度。

定义单一尺度及局部-全局显著性，综合像素点的位置、颜色及局部-全局差异，将物体特征区域凸显出来，获得图像的初始显著图。利用多尺度方法增强图像的初始显著图。提取增强图的显著性较强区域作为感兴趣区域。

对周围其他部分赋予不同权重。将权重与像素点显著值相乘，进而提高感兴趣部分的显著性，进而获得修正后的显示图 S、点 (x, y) 处的显著性 $S_{x,y}$：

$$S_{x,y} = \left(\frac{1}{M} \sum_{r \in R} S_{x,y}^r \right) \left(1 - d_{\text{foci}}(x, y) \right)$$

$$S_{x,y}^r = 1 - \exp\left(-\frac{1}{k} \sum_{k=1}^{k} d\left(p^r, q_{k^k}^r \right) \right) \tag{7-27}$$

式中，M 表示使用的尺度个数；R 表示尺度大小的集合；$d_{\text{foci}}(x, y)$ 表示点 (x, y) 与增强后图像区域的归一化距离；K 为设定的以点 (x, y) 为中心的子块 p^r（尺度为 r）最相似的子块 $q_{k^k}^r$（尺度为 r）个数。对显著图进行后处理，识别图像中感兴趣区域，像素值在 0 和 1 之间，像素值越大，表示该点显著性越大。

3. 自适应 FAST 特征点检测

FAST 是一种快速特征点检测算法，该方法只利用待选像素点与周围像素的比较信息判断该点是否为特征点。通过检测统计待选特征点周围的像素值，若候选点邻域内有足够多的点与该候选点灰度值的差异超过设定阈值，则判断该待选点为特征点。利用固定阈值筛选特征点虽然计算简单，但是无法满足不同图像及图像中不同区域特征点的筛选需求。利用自适应 FAST 算法，可以实现在背景均一的区域提取数量较少、边界幅值较大的特征点，而在包含重要物体的感兴趣区域内，提取数量较多、表现物体轮廓的特征点。

对图像感兴趣区域与非感兴趣区域采用不同的特征点搜索策略。MC 值选取如下：

$$MC_{\text{in}}^i = \frac{INS_{\text{mean}}}{IS_{\text{mean}}^i} \cdot \left(1 - \exp\left(\frac{(-NRS \cdot I_{\text{mean}}^i - IS_{\text{mean}}^i)^2}{2RS_i \cdot \sigma_i^2} \right) \right)$$

$$MC_{\text{out}} = \frac{\left(\sum_{i=1}^{N} RS_i \cdot IS_{\text{mean}}^i \right)}{N \cdot NRS \cdot INS_{\text{mean}}} \tag{7-28}$$

式中，MC_{in}^i 表示第 i 个($i = 1,2,\cdots,N$)感兴趣区域的最小对比率；MC_{out} 表示非感兴趣区域的最小对比率。

4. 改进的 EOH 特征描述与特征点匹配

根据自适应窗宽获得 EOH 特征描述后，针对每个来自可见光图像的特征点，在红外图像中计算与其特征描述最相似的特征点，利用归一化的互信息作为特征描述间的相似性测度。利用随机抽样一致算法对匹配的特征点进行筛选提纯，最终获得可见光与红外图像的匹配结果。

7.3.2　基于小波提升的图像融合规则

图像融合是指对各图像上信息进行综合，所得结果具有分辨率高、图像质量好、信息丰富等特点，在目标探测过程中，能够获得更多的目标信息，易于后续的识别和分析。

应用小波提升算法的优点是可在较短的时间内将图像分解为低频和高频部分。高频部分通过计算图像中水平、垂直及对角线方向上的局部区域空间频率选择待融合区域，再由相关系数确定融合系数；低频部分则通过选择能量匹配度系数来确定融合规则。分别对融合结果进行一致性检测，获得清晰、高质量的图像。

1. 小波提升算法实现过程

对信号 $x_j\left(2^j\right), j \in Z^+$ 进行小波提升变换主要通过分裂、预测及更新三个步骤完成。

(1) 分裂：将初始信号 $x_j\left(2^j\right)$ 分割成两个互不相交的子集 x_{j-1} 和 d_{j-1}，若其中一个子集为偶数序列，则另一个子集为奇数序列，即

$$\text{split}(x_j) = (\text{even}_{j-1}, \text{odd}_{j-1}) = (x_{j-1}, d_{j-1}) \tag{7-29}$$

(2) 预测：由于两个序列之间存在相关性，可以用其中一个序列来预测另一个序列，若已知偶数序列，则可以通过预测算子 P 来表示奇数序列：

$$d_{j-1} = P(x_{j-1}) \tag{7-30}$$

对于 P 的逼近性能，可用奇数序列实际值与预测值间的差异 d_{j-1}：来表示，即

$$d_{j-1} := d_{j-1} - P(\text{even}_{j-1}) = d_{j-1} - P(x_{j-1}) \tag{7-31}$$

这一差异也就是小波变换中的小波集。

(3) 更新：完成以上两个步骤后，由于得到的采样序列 x_{j-1} 中的性能并不能保持与原信号 x_j 的整体性能一致，需利用更新算子 U 来对 x_{j-1} 进行更新，以保持原

信号中的更多性质，即

$$x_{j-1} := \text{even}_{j-1} + U(d_{j-1}) = x_{j-1} + U(d_{j-1}) \tag{7-32}$$

总结以上步骤，小波提升算法的分解过程可表示为

$$\begin{cases} \{x_{j-1}, d_{j-1}\} := \text{Split}(x_j) \\ d_{j-1} -= P(x_{j-1}) \\ x_{j-1} += U(d_{j-1}) \end{cases} \tag{7-33}$$

对小波提升算法的重构则是颠倒上述步骤，并将符号位置互换。小波提升算法的分解与重构过程如图 7.9 所示。

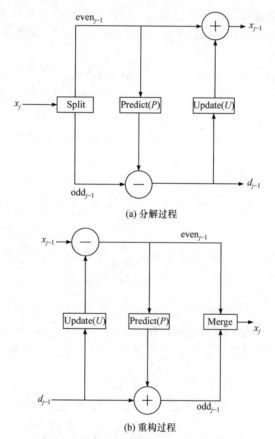

(a) 分解过程

(b) 重构过程

图 7.9　小波提升算法的分解与重构过程

2. 小波滤波器提升算法实现过程

在实际应用中，通过选择不同的小波滤波器，并进行上述提升过程，便可完

成一次小波提升分解。当对滤波器进行提升时，图 7.9(a)中的预测与更新过程则可用图 7.10 中所示的多相位矩阵形式表示，此时的分解过程可以表示为

$$
\begin{bmatrix} x_{j-1}(z) \\ d_{j-1}(z) \end{bmatrix} = \bar{p}(z) \begin{bmatrix} x_j^{\mathrm{e}}(z) \\ z^{-1} x_j^{\mathrm{o}}(z) \end{bmatrix}
\tag{7-34}
$$

式中，多相位矩阵 $\bar{p}(z)$ 用高通滤波器 $\bar{G}(z)$ 和低通滤波器 $\bar{H}(z)$ 表示为 $\bar{P}(z) = \begin{bmatrix} \bar{H}_{\mathrm{e}}(z) & \bar{G}_{\mathrm{e}}(z) \\ \bar{H}_{\mathrm{o}}(z) & \bar{G}_{\mathrm{o}}(z) \end{bmatrix}$，角标 o 和 e 分别表示奇、偶采样。

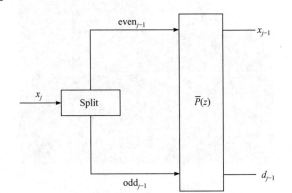

图 7.10　小波滤波器提升算法分解的多相位矩阵表示形式

对于一对互补滤波器 H 和 G，应用欧几里得算法，容易验证，总存在劳伦多项式 $s_i(z^{-1})$、$t_i(z^{-1})$ 满足以下多相位矩阵分解关系式：

$$
\bar{P}(z) = \prod_{i=1}^{m} \begin{bmatrix} 1 & 0 \\ -s_i(z^{-1}) & 1 \end{bmatrix} \begin{bmatrix} 1 & -t_i(z^{-1}) \\ 0 & 1 \end{bmatrix} \begin{bmatrix} 1/K & 0 \\ 0 & K \end{bmatrix}
\tag{7-35}
$$

式中，K 为非零常数。$s_i(z^{-1})$ 和 $t_i(z^{-1})$ 分别对应小波提升过程的更新与预测步骤，分别实现用高通滤波器对低通滤波器的提升和用低通滤波器对高通滤波器的提升，称为原始提升和对偶提升。

将得到的多相位矩阵代入式(7-35)中，则根据图 7.9(a)所示的分解过程便可完成一次小波提升分解。选择较常用的 9-7 小波进行提升，分解后的结果如图 7.11 所示，其中 4 个部分从上到下、从左到右依次表示原图的低频近似信息和垂直、水平、对角线方向上的高频信息。

在相同的实验条件下(实验环境英特尔酷睿 i5 2450M 处理器，主频为 2.5GHz)，应用 Matlab 软件进行计算，选择不同的小波基函数，分别进行传统小波一次分解

和小波提升算法分解，传统小波与小波提升算法进行一次分解所用时间的对比如表 7.1 所示。从中可以看出，应用小波提升算法后分解时间明显缩短，更易于实际应用。

图 7.11　图像经一次小波提升分解后的结果(9-7 小波)

表 7.1　传统小波一次分解与小波提升算法分解所用时间的比较

小波基函数	传统小波一次分解所用时间/s	小波提升算法分解所用时间/s
haar	0.099	0.069
db4	0.134	0.127
sym4	0.137	0.115
bior5.5	0.152	0.142

3. 提升小波的图像融合

若两幅图像经小波提升算法 j 阶分解后的低频系数和垂直、水平、对角线高频系数分别为 CA_j^1、CV_j^1、CH_j^1、CD_j^1 和 CA_j^2、CV_j^2、CH_j^2、CD_j^2，则应用如下算法分别对低频信息、高频信息进行处理。

1) 低频信息的融合

待融合图像 1 和 2 的局部区域能量 $E_j^1(x,y)$ 和 $E_j^2(x,y)$ 分别表示为

$$E_j^1(x,y) = \sum_{m=-(M-1)/2}^{(M-1)/2} \sum_{n=-(N-1)/2}^{(N-1)/2} W(m,n) \times [CA_j^1(x+m,y+n)]^2$$

$$E_j^2(x,y) = \sum_{m=-(M-1)/2}^{(M-1)/2} \sum_{n=-(N-1)/2}^{(N-1)/2} W(m,n) \times [CA_j^2(x+m,y+n)]^2 \tag{7-36}$$

式中，CA_j^1 和 CA_j^2 分别为图像 1 和 2 经小波提升分解后得到的低频系数，j 为分

解级数；窗口函数 $W = \dfrac{1}{9}\begin{vmatrix} 1 & 1 & 1 \\ 1 & 1 & 1 \\ 1 & 1 & 1 \end{vmatrix}$，其大小为 3×3。

两幅图像之间的局部区域能量匹配度 M_{12} 为

$$M_{12}(x,y) = \frac{2\displaystyle\sum_{m=-(M-1)/2}^{(M-1)/2} \sum_{n=-(N-1)/2}^{(N-1)/2} CA_j^1(x+m,y+n)CA_j^2(x+m,y+n)}{E_j^1(x,y)+E_j^2(x,y)} \tag{7-37}$$

M_{12} 反映了待融合图像之间的匹配程度，M_{12} 的值越大，则说明两幅图像之间的匹配性越好。当其值大于某一预先给定的阈值 $T(0.5 \leqslant T < 1)$ 时，则认为此时的相关性较好。经过大量的实验验证，当 T 取 0.75 时，可以充分表征图像之间的相关性。

对于 $M_{12} \geqslant T$ 的部分，融合后的低频系数 $CA_j^F(x,y)$ 定义为

$$CA_j^F(x,y) = K_j^1(x,y)CA_j^1(x,y) + K_j^2(x,y)CA_j^2(x,y) \tag{7-38}$$

式中，$K_j^1(x,y)$、$K_j^2(x,y)$ 分别为图像 1 和 2 在整个局部区域能量中所占的比例，即

$$\begin{cases} K_j^1(x,y) = \dfrac{E_j^1(x,y)}{E_j^1(x,y)+E_j^2(x,y)} \\ K_j^2(x,y) = 1 - K_j^1(x,y) \end{cases} \tag{7-39}$$

反之，当 $M_{12} < T$ 时，采用局部区域能量取大的方法抑制图像间匹配性较差的现象，用如下公式表示：

$$CA_j^F(x,y) = \begin{cases} CA_j^1(x,y), & E_j^1(x,y) \geqslant E_j^2(x,y) \\ CA_j^2(x,y), & E_j^1(x,y) < E_j^2(x,y) \end{cases} \tag{7-40}$$

2) 高频信息的融合

针对小波提升算法分解后的高频部分 CV、CH 和 CD，对其中垂直方向的高频系数 CV 进行融合处理，对其他方向的高频系数依照此方法依次处理。

选取大小为 3×3 的窗口，在这一窗口中，分别计算高频系数水平方向上的频率 HF、垂直方向的频率 VF 和对角线方向上的频率 DF，具体表示为

$$
\begin{cases}
\mathrm{HF}_j^i(x,y)=\sqrt{\dfrac{\displaystyle\sum_{x=1}^{M}\sum_{y=2}^{N}(\mathrm{CV}_j^i(x,y)-\mathrm{CV}_j^i(x,y-1))^2}{M(N-1)}} \\[18pt]
\mathrm{VF}_j^i(x,y)=\sqrt{\dfrac{\displaystyle\sum_{x=2}^{M}\sum_{y=1}^{N}(\mathrm{CV}_j^i(x,y)-\mathrm{CV}_j^i(x-1,y))^2}{(M-1)N}} \\[18pt]
\mathrm{DF}_j^i(x,y)=\sqrt{\dfrac{\displaystyle\sum_{x=2}^{M}\sum_{y=2}^{N}(\mathrm{CV}_j^i(x,y)-\mathrm{CV}_j^i(x-1,y-1))^2}{(M-1)(N-1)}} \\[18pt]
\quad+\sqrt{\dfrac{\displaystyle\sum_{x=2}^{M}\sum_{y=2}^{N}(\mathrm{CV}_j^i(x-1,y)-\mathrm{CV}_j^i(x,y-1))^2}{(M-1)(N-1)}}
\end{cases}
\tag{7-41}
$$

则整个图像空间频率为

$$
\mathrm{SF}_j^i=\sqrt{\left(\mathrm{HF}_j^i\right)^2+\left(\mathrm{VF}_j^i\right)^2+\left(\mathrm{DF}_j^i\right)^2}
\tag{7-42}
$$

式中，上标 i 的取值分别为 1 和 2，对应图像 1 和图像 2。

　　若对两幅图像中的高频系数进行融合，则要确定两幅图像间的相关性，用相关系数 R 表示，其表达式为

$$
R=\frac{\displaystyle\sum_{x=1}^{M}\sum_{y=1}^{N}[\mathrm{CV}_j^1(x,y)-u_1][\mathrm{CV}_j^2(x,y)-u_2]}{\sqrt{\left[\displaystyle\sum_{x=1}^{M}\sum_{y=1}^{N}\left(\mathrm{CV}_j^1(x,y)-u_1{}^2\right)\sum_{x=1}^{M}\sum_{y=1}^{N}\left(\mathrm{CV}_j^2(x,y)-u_2\right)^2\right]}}
\tag{7-43}
$$

式中，窗口大小仍为 3×3；u_1 和 u_2 分别为图像 1 和 2 的高频系数对应在此窗口下的像素均值。R 的取值与图像 1 和 2 之间的匹配性密切相关，当 $R=1$ 时，两幅图像完全匹配。通过选取不同的阈值定义图像间的相关程度便可求出融合后的高频系数，相关程度分为以下三种。

　　(1) 高度相关：$R\geqslant0.8$，空间频率与高频融合系数之间的关系为

$$
\mathrm{CV}_j^{\mathrm{F}}(x,y)=
\begin{cases}
R\times\mathrm{CV}_j^1(x,y)+(1-R)\times\mathrm{CV}_j^2(x,y), & \mathrm{SF}_j^1\geqslant\mathrm{SF}_j^2 \\[6pt]
(1-R)\times\mathrm{CV}_j^1(x,y)+R\times\mathrm{CV}_j^2(x,y), & \mathrm{SF}_j^1<\mathrm{SF}_j^2
\end{cases}
\tag{7-44}
$$

　　(2) 中度相关：$0.3<R<0.8$，有

$$CV_j^F(x,y) = \begin{cases} T_j^1(x,y)CV_j^1(x,y) + T_j^2(x,y)CV_j^2(x,y), & SF_j^1(x,y) \geqslant SF_j^1(x,y) \\ T_j^2(x,y)CV_j^1(x,y) + T_j^1(x,y)CV_j^2(x,y), & SF_j^1(x,y) < SF_j^2(x,y) \end{cases}$$

$$(7\text{-}45)$$

式中，权重系数 $T_j^1(x,y)$ 满足

$$T_j^1(x,y) = \frac{SF_j^1(x,y)}{SF_j^1(x,y) + SF_j^2(x,y)}, \quad T_j^1(x,y) = 1 - T_j^2(x,y) \tag{7-46}$$

(3) 低度相关： $R \leqslant 0.3$ ，有

$$CV_j^F(x,y) = \begin{cases} CV_j^1(x,y), & SF_j^1(x,y) \geqslant SF_j^2(x,y) \\ CV_j^2(x,y), & SF_j^1(x,y) < SF_j^2(x,y) \end{cases} \tag{7-47}$$

执行以上步骤，便可完成垂直方向的高频系数融合，水平及对角线方向的高频信息融合同理。

4. 一致性检测

为了使融合后的系数在高频处轮廓更加清晰、流畅，在低频处不出现突变点、突变线等，需要对融合后的系数进行一致性检测。其基本思想是：检测中心像素邻域内的融合系数分别来源于图像 1 和图像 2 的个数，并取在此区域中个数多的图像对应的像素定义该中心点。具体公式如下：

$$C_j^F(x,y) = \begin{cases} C_j^1(x,y), & DecM(x,y) = 1, \quad C_j^1(x,y) \geqslant C_j^2(x,y) \\ C_j^2(x,y), & DecM(x,y) = 0, \quad C_j^1(x,y) < C_j^2(x,y) \end{cases}$$

$$C_j^F(x,y) = \begin{cases} C_j^1(x,y), & \displaystyle\sum_{i=m-1}^{m+1}\sum_{j=n-1}^{n+1} DecM(i,j) \geqslant 6 \\ C_j^2(x,y), & \displaystyle\sum_{i=m-1}^{m+1}\sum_{j=n-1}^{n+1} DecM(i,j) < 6 \end{cases} \tag{7-48}$$

式中， $DecM(i,j)$ 为一致性检测的测量矩阵； C_j^F 为融合后的系数，分别代表融合后的低频系数 CA_j^F 和高频系数 CV_j^F、CH_j^F 和 CD_j^F。

综上所述，基于小波提升算法的图像融合方法如图 7.12 所示。先对两幅图像进行小波提升分解，将得到的高频部分和低频部分分别进行融合，再对融合后的高频部分和低频部分做逆小波提升变换，便可得到融合后的图像。

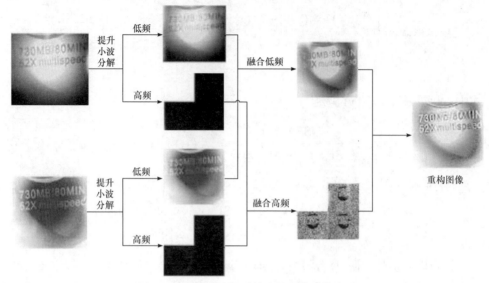

图 7.12　基于小波提升算法的图像融合方法

7.4　图像评价方法

在偏振成像和处理技术中,对处理后的偏振图像的质量评价非常重要。因为这是对偏振成像和处理技术的一种评估手段。根据偏振成像技术的特点和处理的方法来选择合适的评价指标进行评判也是研究中的重要内容。目前,图像质量的评价分为主观评价和客观评价两类[4]。

7.4.1　主观评价方法

主观评价方法是指评判人员根据视觉观察的主观感受直接评价图像质量。国际上通常采用 5 分制质量评价体系对图像进行主观评价[5]。这种评价方法方便、简单且直观,但是人眼对图像中的各种变化并非都很敏感,因此评判的结果会有一定的纰漏之处。而且,主观评价方法受评判人员的心情状态及个人喜好等方面的影响较大,无法做到客观公正地评价。

7.4.2　客观评价方法

客观评价方法采用某种数学算法对图像某方面指标进行定量分析[6-10]。目前,已有的客观评价指标主要分为以下三类:

1. 基于图像统计特征的评价指标

该类评价指标是利用图像的统计特征来衡量图像的质量。设处理后的图像为

F，大小为 $M \times N$。

1) 熵(EN)

图像的熵定义为

$$\text{EN} = -\sum_{i=1}^{n} p_i \log_2^{p_i} \tag{7-49}$$

式中，n 为灰度级总数；p_i 表示灰度值为 i 的像素数与总像素数之间的比值。熵可以用来衡量图像中包含信息的多少，其值越大说明图像的质量越好，信息越丰富[11]。

2) 平均梯度(AG)

图像的平均梯度定义为

$$\text{AG} = \frac{1}{(M-1)(N-1)} \sum_{i=1}^{M-1} \sum_{j=1}^{N-1} \sqrt{\frac{[F(i+1,j)-F(i,j)]^2 + [F(i,j+1)-F(i,j)]^2}{2}} \tag{7-50}$$

平均梯度表达的是图像细节的反差，其值越大表明图像越清晰，质量越好。

3) 空间频率(SF)

图像的空间频率定义为

$$\text{SF} = \sqrt{\text{RF}^2 + \text{CF}^2} \tag{7-51}$$

式中，RF 表示空间行频率，CF 表示空间列频率，具体表达式为

$$\text{RF} = \sqrt{\frac{1}{MN} \sum_{i=1}^{M} \sum_{j=2}^{N} (F(i,j)-F(i,j-1))^2} \tag{7-52}$$

$$\text{CF} = \sqrt{\frac{1}{MN} \sum_{j=1}^{N} \sum_{i=2}^{M} (F(i,j)-F(i-1,j))^2} \tag{7-53}$$

空间频率代表的是图像活跃的程度，其值越大表示图像活跃度越高，图像质量越好。

4) 标准差(STD)

图像的标准差定义为

$$\text{STD} = \sqrt{\frac{1}{MN} \sum_{i=1}^{M} \sum_{j=1}^{N} (F(i,j)-\bar{m})^2} \tag{7-54}$$

式中，$\bar{m}$ 为图像平均灰度值，其表达式为

$$\bar{m} = \frac{1}{MN} \sum_{i=1}^{M} \sum_{j=1}^{N} F(i,j) \tag{7-55}$$

标准差可用于评估图像对比度，其值越大表明图像的对比度越高。

2. 基于理想参考图像的评价指标

该类评价指标通常将处理后的图像与理想参考图像作对比，计算两者之间的差异程度或相似度，以此来分析图像的质量。在实际应用中，这幅理想图像通常是不存在的。设待评价图像为 F ，理想参考图像为 R ，两者的大小均为 $M \times N$ 。

1) 均方根误差(RMSE)

均方根误差定义为

$$\text{RMSE} = \sqrt{\frac{1}{MN} \sum_{i=1}^{M} \sum_{j=1}^{N} (F(i,j) - R(i,j))^2} \tag{7-56}$$

其值越小说明结果图像与理想图像之间的差异程度越小，结果图像质量越好。

2) 信噪比(SNR)

信噪比定义为

$$\text{SNR} = 10\lg \frac{\sum_{i=1}^{M} \sum_{j=1}^{N} [R(i,j)]^2}{\sum_{i=1}^{M} \sum_{j=1}^{N} [F(i,j) - R(i,j)]^2} \tag{7-57}$$

其值越大表明处理后图像越接近理想图像，结果图像质量越好。

3) 峰值信噪比(PSNR)

峰值信噪比定义为

$$\text{PSNR} = 10\lg \frac{MN[\max(R) - \min(R)]^2}{\sum_{i=1}^{M} \sum_{j=1}^{N} [F(i,j) - R(i,j)]^2} \tag{7-58}$$

式中，$\max(R)$ 、$\min(R)$ 分别表示理想图像灰度的最大值与最小值。峰值信噪比越大表明结果图像与理想参考图像之间的差异越小，结果图像质量越好。

3. 基于源图像的评价指标

该类评价指标主要用于图像融合算法的评价中，通过将结果图像与源图像进行比较来衡量结果图像的质量。设融合图像为 F ，源图像分别为 A 和 B 。

1) 互信息(MI)

融合图像与两幅源图像之间的互信息定义为

$$\text{MI} = \text{MI}_{AF} + \text{MI}_{BF} \tag{7-59}$$

式中

$$\mathrm{MI}_{AF} = \sum_{i=1}^{n}\sum_{j=1}^{n}\gamma_{i,j}^{AF}\log_2\frac{\gamma_{i,j}^{AF}}{p_iq_j}, \qquad \mathrm{MI}_{BF} = \sum_{i=1}^{n}\sum_{j=1}^{n}\gamma_{i,j}^{BF}\log_2\frac{\gamma_{i,j}^{BF}}{p_is_j} \tag{7-60}$$

式中，$p = \{p_1,p_2,\cdots,p_n\}$、$q = \{q_1,q_2,\cdots,q_n\}$、$s = \{s_1,s_2,\cdots,s_n\}$ 分别为图像 F、A、B 的灰度信息分布；$\gamma_{i,j}^{AF}$ 表示 F 与 A 的联合灰度分布；$\gamma_{i,j}^{BF}$ 表示 F 与 B 的联合灰度分布。

互信息的值越大表明融合图像的融合效果越好，从两幅源图像中获取的信息越多。

2) 边缘信息保留值(EIPV)

边缘信息保留值主要描述边缘强度信息和方向信息从源图像中到融合后图像中的保留程度。首先求解源图像与融合图像的边缘强度 $g(m,n)$ 和方向信息 $\alpha(m,n)$，定义为

$$g_k(m,n) = \sqrt{S_k^x(m,n)^2 + S_k^y(m,n)^2}$$
$$\alpha_k(m,n) = \arctan\left(\frac{S_k^y(m,n)}{S_k^x(m,n)}\right), \quad k = A,B,F \tag{7-61}$$

式中，S_k^x、S_k^y 分别为水平方向和垂直方向上的边缘图像。然后计算相对边缘强度 G^{iF} 和相对方向信息 D^{iF}，具体表达式为

$$G^{iF}(m,n) = \begin{cases} \dfrac{g_F(m,n)}{g_i(m,n)}, & g_F(m,n) > g_i(m,n) \\[3mm] \dfrac{g_i(m,n)}{g_F(m,n)}, & \text{其他} \end{cases} \tag{7-62}$$

$$D^{iF}(m,n) = \frac{2}{\pi}\left| |\alpha_i(m,n) - \alpha_F(m,n)| - \frac{\pi}{2} \right| \tag{7-63}$$

式中，$i = A,B$。利用式(7-62)和式(7-63)分别求得边缘强度和方向信息保留值 $Q_g^{iF}(m,n)$ 与 $Q_\alpha^{iF}(m,n)$ 为

$$Q_g^{iF}(m,n) = \frac{\Gamma_g}{\left(1 + \mathrm{e}^{k_g(G^{iF}(m,n)-\sigma_g)}\right)}, \quad Q_\alpha^{iF}(m,n) = \frac{\Gamma_\alpha}{\left(1 + \mathrm{e}^{k_\alpha(D^{iF}(m,n)-\sigma_\alpha)}\right)} \tag{7-64}$$

式中，Γ_g、k_g、σ_g 和 Γ_α、k_α、σ_α 为常数。$Q_q^{iF}(m,n)$ 与 $Q_\alpha^{iF}(m,n)$ 相乘可得

$$Q^{iF}(m,n) = Q_g^{iF}(m,n)\cdot Q_\alpha^{iF}(m,n) \tag{7-65}$$

式中，Q^{iF} 为边缘信息保留系数，$i = A,B$，对 Q^{AF} 和 Q^{BF} 进行归一化处理可得边缘

信息保留值为

$$Q^{AB/F} = \frac{\sum\limits_{m=1}^{M}\sum\limits_{n=1}^{N} Q^{AF}(m,n)\omega^{A}(m,n) + Q^{BF}(m,n)\omega^{B}(m,n)}{\sum\limits_{m=1}^{M}\sum\limits_{n=1}^{N} \omega^{A}(m,n) + \omega^{B}(m,n)} \tag{7-66}$$

式中，ω^{A}、ω^{B} 为权重项；$Q^{AB/F}$ 的取值范围为 $[0,1]$。$Q^{AB/F}$ 值越大说明所使用方法的融合效果越好，保留源图像中的边缘信息越多。

7.5　实验及结果分析

实验环境及模型参数设置如下：Intel(R)Core(TM)i7-6700 CPU(4.00 GHz)，Windows7 64 位操作系统，软件为 Matlab R2014a。引导滤波的分解层数设为 $L=3$。NSCT 的分解级数设置为 $[4,4,8,8]$，滤波器选择 pyrexc。SPCNN 模型迭代次数为 80，初始化设置为 $Y_{ij}[0]=0, U_{ij}[0]=0, E_{ij}[0]=0$。

图 7.13　MER-502-79U3M POL
黑白偏振光工业相机

拍摄偏振图像所选用相机为图 7.13 所示的 MER-502-79U3M POL 黑白偏振光工业相机，该相机可同时采集四个不同偏振方向的图像，可以检测玻璃、金属等单色和彩色相机难以检测的反光表面。

选择四种图像融合方法作为参考方法，与本书提出的两种方法进行实验对比分析。这六种融合方法依次为：基于 NSCT 和 SPCNN 的融合方法(本书方法一)；基于引导滤波的融合方法(本书方法二)；基于 NSCT 变换采用传统取平均融合规则的方法(参考方法一)；参考文献[12]提出的基于引导滤波的融合方法(参考方法二)；参考文献[13]提出的基于小波的融合方法(参考方法三)；参考文献[14]提出的基于梯度转移融合(gradient transfer fusion)的融合方法(参考方法四)。

图 7.14 和图 7.15 是两组实验的偏振特征图像及融合结果图像。从图中可知，相比于其他方法，本书所提出的偏振图像融合方法效果表现更佳。

在基于 NSCT 变换的融合方法中，本书改进过的融合规则(本书方法一)相比于传统融合规则(参考方法一)更好地融合了偏振特征图像的互补信息，融合效果更为清晰、自然。在基于引导滤波的图像融合方法中，本书提出的方法(本书方法二)相比于参考文献[12]提出的基于引导滤波的融合方法(参考方法二)，更好地突出了图像的细节，对互补信息做了更好的融合取舍。参考文献[12]提出的基于引导滤波的融合方法(参考方法二)融合效果失真较为严重，特别是在第二组实验的结果图像中存在较大噪声误差。

图 7.14　第一组实验偏振特征图像及融合结果图像

(a)线偏振图像；(b)I 图像；(c)本书方法一融合图像；(d)本书方法二融合图像；(e)参考方法一融合图像；
(f)参考方法二融合图像；(g)参考方法三融合图像；(h)参考方法四融合图像

图 7.15　第二组实验偏振特征图像及融合结果图像

(a)线偏振图像；(b)I 图像；(c)本书方法一融合图像；(d)本书方法二融合图像；(e)参考方法一融合图像；
(f)参考方法二融合图像；(g)参考方法三融合图像；(h)参考方法四融合图像

　　从其他方法的融合结果与本书方法融合结果对比中可以看出，基于小波的融合方法(参考方法三)和基于 GTF 的融合方法(参考方法四)的融合效果皆没有本书所提出的两种方法融合效果好。基于小波的融合方法(参考方法三)在两组实验中融合效果都过于模糊；基于 GTF 的融合方法(参考方法四)在第一组实验中损失了

I 图像的信息，在第二组实验中损失了线偏振图像的信息，在两组融合实验中信息互补的效果较差。

在本书提出的两种方法融合效果对比分析中，基于 NSCT 变换的融合方法(本书方法一)的融合效果更清晰一些。相比之下，基于引导滤波的图像融合方法(本书方法二)融合效果清晰度略低一些。

为了对本书的偏振图像融合方法进行更加科学、客观的分析，这里选择了 STD、EN、MI、$Q^{AB/F}$、SF、AG 这六个评价指标对实验的结果进行评价。这六个评价指标皆是值越大，表示融合效果越好。

表 7.2 和表 7.3 为两组实验客观评价指标。从表中可以看出，本书所提出的两种图像融合方法(本书方法一、本书方法二)的客观评价指标都表现较好，其中基于引导滤波的图像融合方法(本书方法二)的评价指标是最优的。

表 7.2　第一组实验客观评价指标

方法	STD	EN	MI	$Q^{AB/F}$	SF	AG
本书方法一	41.8758	6.4360	4.1717	0.4982	6.2340	2.9337
本书方法二	41.5388	6.4451	5.9976	0.6418	7.4863	3.9102
参考方法一	40.6828	5.9772	3.5395	0.4212	4.0622	1.9891
参考方法二	41.4385	6.2988	5.1872	0.5812	6.1019	2.8214
参考方法三	40.5376	5.9742	3.5373	0.4177	4.0010	1.9299
参考方法四	40.6155	6.3770	3.4025	0.5203	5.7001	2.6539

表 7.3　第二组实验客观评价指标

方法	STD	EN	MI	$Q^{AB/F}$	SF	AG
本书方法一	41.6698	6.9170	4.5321	0.5000	8.1969	4.7381
本书方法二	45.8689	6.9843	7.0685	0.6900	9.0583	5.1816
参考方法一	39.4615	6.4858	2.9142	0.2354	4.0052	2.2955
参考方法二	40.8836	6.9129	6.6952	0.6550	8.1425	3.8501
参考方法三	39.3739	6.4775	2.9189	0.2265	3.9149	2.2299
参考方法四	39.3739	6.4775	2.9189	0.2265	3.9149	2.2299

表 7.4 为本书提出的两种偏振图像融合算法耗时对比。

表 7.4　本书提出的两种偏振图像融合算法耗时对比　　　（单位：s）

融合算法	第一组图像	第二组图像
本书方法一	0.1093	0.5775
本书方法二	13.188	72.240

　　从表 7.4 中可以看出，基于引导滤波的图像融合方法(本书方法二)效率要远远高于基于 NSCT 变换的融合方法(本书方法一)。分析其原因，除了用于图像分解的引导滤波要比 NSCT 变换耗时短之外，融合规则也起到了很大的作用。基于 SPCNN 的融合规则虽然实现效果较好，但是却因为迭代计算消耗了大量的时间。考虑到基于 NSCT 变换的融合方法(本书方法一)在嵌入式平台实现较为困难，因此在嵌入式平台上选择了算法计算量较小的基于引导滤波的图像融合方法(本书方法二)。

7.6　本 章 小 结

　　本章主要针对偏振图像融合方法研究了基于 NSCT 变换和基于引导滤波的图像融合算法原理，根据两种融合算法各自的特点设计了两种用于偏振图像融合的方法，并进行了实验分析。实验结果表明，相比于其他融合方法，本书提出的两种偏振图像融合方法在主观视觉感受和客观评价方面都有较大的提升。其中，基于 NSCT 的方法视觉效果较好但算法过于复杂，难以在嵌入式平台实现。基于引导滤波的方法不仅融合效果较好，算法也相对简单，耗时短，更适合在嵌入式平台上应用。

参 考 文 献

[1] Do M N, Vetterli M. Contourlets: A new directional multiresolution image representation[J]. Signal System and Computers, 2002, (1): 497-501.

[2] 陈昱莅. 基于参数自动设置的简化 PCNN 模型(SPCNN)的图像分割及其在目标识别上的应用[D]. 兰州:兰州大学, 2011.

[3] 王辉. 基于 CUDA 平台的红外与可见光图像实时融合算法实现[D]. 武汉: 华中科技大学, 2017.

[4] 林子慧. 基于多尺度变换的红外与可见光图像融合技术研究[D]. 北京: 中国科学院大学(中国科学院光电技术研究所), 2019.

[5] 赵程, 黄永东. 基于滚动导向滤波和混合多尺度分解的红外与可见光图像融合方法[J]. 激光与光电子学进展, 2019, 56(14): 106-120.

[6] 陈广秋. 基于多尺度分析的多传感器图像融合技术研究[D]. 长春: 吉林大学, 2015.

[7] 李晖晖. 多传感器图像融合算法研究[D]. 西安: 西北工业大学, 2006.

[8] 高印寒, 陈广秋, 刘妍妍. 基于图像质量评价参数的非下采样剪切波域自适应图像融合[J]. 吉林大学学报(工学版), 2014, 44(1): 225-234.

[9] 陈广秋, 高印寒, 刘广文, 等. 有限离散剪切波域结合区域客观评价的图像融合[J]. 吉林大学学报(工学版), 2014, 44(6): 1849-1859.

[10] 陈广秋, 高印寒, 段锦, 等. 基于奇异值分解的 PCNN 红外与可见光图像融合[J]. 液晶与显示, 2015, 30(1): 126-136.

[11] 陈广秋, 高印寒, 段锦, 等. 基于 LNSST 与 PCNN 的红外与可见光图像融合[J]. 光电工程, 2014, 41(10): 12-20.

[12] 陈广秋, 高印寒, 刘妍妍. 双密度双树复小波域多聚焦图像融合[J]. 计算机工程与应用, 2013, 49(10): 180-183, 210.

[13] 李俊山, 杨威, 张雄美. 红外图像处理、分析与融合[M]. 北京: 科学出版社, 2009.

[14] Li S , Kang X , Hu J . Image fusion with guided filtering[J]. IEEE Transactions on Image Processing, 2013, 22(7):2864-2875.

第8章 透雾霾多谱段偏振成像探测装置

8.1 总 体 架 构

8.1.1 设计思路

针对雾霾等复杂环境下目标高质量成像，偏振具有凸显目标、穿透油雾、辨别真伪的优势；短波红外具有穿透油雾、高分辨成像的优势；长波红外具有在夜晚、低照度环境下清晰成像的优势，结合上述三种成像手段，本书提出采用可见光强度"+"偏振，短波红外强度，以及长波红外强度"+"偏振等多谱段偏振成像探测方法，并考虑高度集成化和环境适应性。

本研究采取的设计思路如图 8.1 所示，首先查阅相关文献资料，根据现有光学成像系统基础，提出总体方案；然后建立相关模型并进行计算机仿真，优化系统结构与参数，完善提出的总体方案；将总体方案进行关键技术分解，并突破关键技术；研制零、部、组件，装调整个系统，并通过实验验证系统性能。

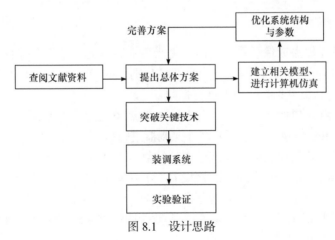

图 8.1 设计思路

8.1.2 具体方案

1. 系统组成

透雾霾多谱段偏振成像探测由可见光偏振成像子系统、短波红外成像子系统、长波红外偏振成像子系统及处理/显示子系统四部分组成[1,2]，如图 8.2 所示。其中，可见光偏振成像子系统由可见光变焦望远光学系统、偏振分光组件及可见光探测器组成；短波红外成像子系统由短波红外变焦望远光学系统、短波红外探测器组成；长波红外偏振成像子系统由长波红外变焦望远光学系统、偏振分光组件及非制冷长波红外探测器组成；处理/显示子系统由图像数据存储处理系统和显示系统组成。

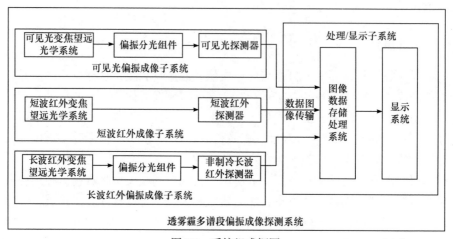

图 8.2   系统组成框图

2. 具备功能

(1) 可见光偏振成像子系统：由可见光变焦望远光学系统获取目标可见光波段(0.4~0.8μm)信息，经过偏振分光组件将分别获取 0°、45°、90°和 135°四个角度偏振光强，利用可见光探测器进行接收。

(2) 短波红外成像子系统：由短波红外变焦望远光学系统获取目标短波红外波段(0.9~1.7μm)信息，利用短波红外探测器进行接收。

(3) 长波红外偏振成像子系统：由长波红外变焦望远光学系统获取目标长波红外(8~12μm)信息，经过偏振分光组件将分别获取 0°、45°、90°和 135°四个角度偏振光强，利用长波红外探测器进行接收。

(4) 处理/显示子系统：收集存储三个波段图像，并对图像进行融合、增强处理，通过显示器实时显示。

3. 技术指标

(1) 波长范围：可见光为 0.4~0.8μm、短波红外为 0.9~1.7μm、长波红外为 8~14μm。

(2) 工作距离: 雾霾天观测距离大于等于正常天气(能见度大于 10km)的 4 倍。

(3) 可见光偏振光学系统指标如表 8.1 所示。

表 8.1　可见光偏振光学系统指标

指标	参数
探测器分辨率	2448 × 2048
像元大小	3.45μm
工作波段	0.4~0.8μm
焦距	18~90mm
F 数	2.8~5.6
视场	6.7°~30°
空间分辨率	0.038~0.19mrad

(4) 短波红外光学系统指标如表 8.2 所示。

表 8.2　短波红外光学系统指标

指标	参数
探测器分辨率	640 × 512
像元大小	20um
工作波段	0.9~1.7μm
焦距	18~90mm
F 数	2.8~5.6
视场	10°~41°
空间分辨率	0.2~1.1mrad

(5) 长波红外偏振光学系统指标如表 8.3 所示。

表 8.3　长波红外偏振光学系统指标

指标	参数
探测器分辨率	640 × 512
像元大小	17μm
工作波段	8~14μm
焦距	18~90mm
F 数	1.2

指标	参数
视场	8.8°～37°
空间分辨率	0.18～0.9mrad

8.2　偏振光学系统设计

8.2.1　可见光偏振成像光学系统

1. 系统指标

可见光系统采用连续变焦系统，从而达到大视场发现目标和长焦距详查目标的目的。其变焦倍率为 5 倍。可见光偏振成像系统指标如表 8.4 所示。

表 8.4　可见光偏振成像系统指标

指标	参数
工作波长	0.4～0.8μm
探测器像元	3.45μm
探测器分辨率	2448 × 2048
焦距	18～90mm
F 数	2.8～5.6
调制传递函数值	100lp/mm

2. 设计结果

一般光学系统有透射式、反射式和折反射式结构。透射式系统的优点是无中心遮拦、视场角大、易消除杂散光。本系统由于口径较小，反射式结构加工较困难，采用透射式结构；采用消色差对玻璃进行设计，通过多种玻璃的组合，消除初级和高级色差，达到各波长像质一致的目的。光学系统设计参数如表 8.5 所示。

表 8.5　光学系统设计参数

标号	面型	半径/mm	厚度/mm	材料	全口径/mm
1	标准面	61.77	4.5	ZF7	64
2	标准面	42.77	11.21	H-QK3L	58
3	标准面	169.64	0.2		58

续表

标号	面型	半径/mm	厚度/mm	材料	全口径/mm
4	标准面	49.23	7.49	H-LAK4L	55
5	标准面	76.38	5.23		52
6	标准面	−73.35	3.11	QF3	33.2
7	标准面	23.12	4.27		26.6
8	标准面	2928.425	2	H-LAK4L	26.6
9	标准面	28.58	5.01	ZF7	26
10	标准面	130.9	59.1126		26
11	标准面	24.77	4.35	H-LAK4L	16
12	标准面	−1834	0.2		16
13	标准面	19.25	9.57	ZF7	8
14	标准面	7.586	10.61	H-QK3L	6.3
15	标准面	−42.35	2.4974		12.6
16	标准面	−11.722	4.84	ZF7	12.6
17	标准面	−22.44	4.8	H-LAK4L	17.6
18	标准面	−12.9	5		17.6
19	标准面	∞	1	H-K9L	16

光学系统的镜片材料无放射性，酸碱潮解度均不低于 3 级。光学系统二维结构如图 8.3 所示。

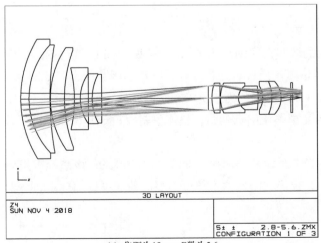

(a) 焦距为18mm，F数为5.6

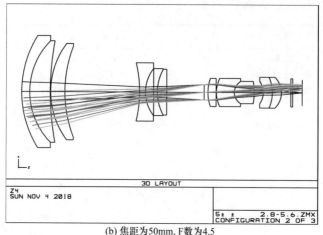

(b) 焦距为50mm, F数为4.5

(c) 焦距为90mm, F数为2.8

图 8.3　光学系统二维结构

　　光学系统的调制传递函数曲线如图 8.4 所示, 137 线对处(对应 3.45μm 的像元大小), 各变焦位置像质接近, 各位置调制传递函数值大于 0.05 或接近 0.1, 中心视场在 0.2～0.3, 证明该系统像质较好, 可高分辨率成像。

　　图 8.5 为光学系统的点列图, 整体色差校正较好, 点列图半径基本在 10μm 以内。

　　图 8.6 为光学系统的场曲畸变曲线。由图可见, 该系统短焦畸变更大, 畸变值不超过 20%, 长焦端畸变值不超过 10%。畸变可提前标定, 易于后续图像处理校正。

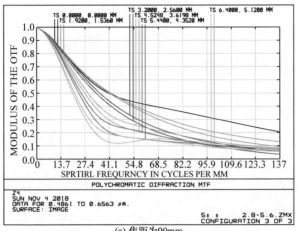

(a) 焦距为90mm

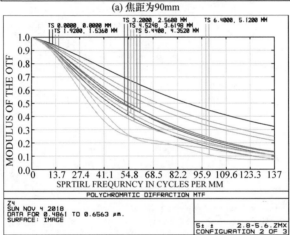

(b) 焦距为50mm

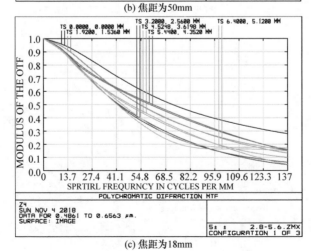

(c) 焦距为18mm

图 8.4　光学系统的调制传递函数曲线

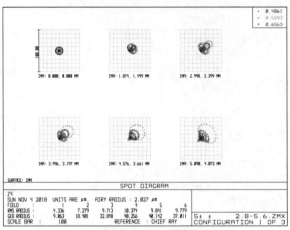

(a) 焦距为18mm，F数为5.6

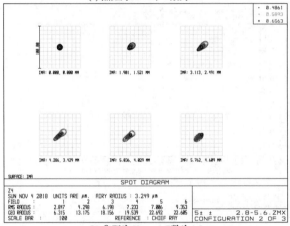

(b) 焦距为50mm，F数为4.5

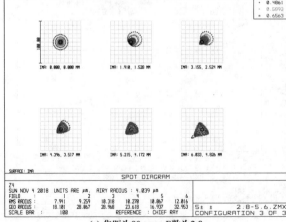

(c) 焦距为90mm，F数为2.8

图 8.5　光学系统的点列图

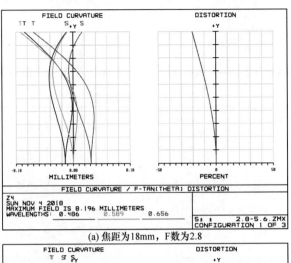

(a) 焦距为18mm，F数为2.8

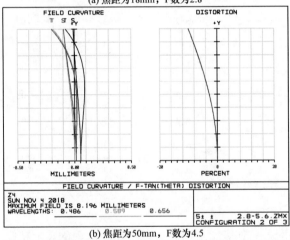

(b) 焦距为50mm，F数为4.5

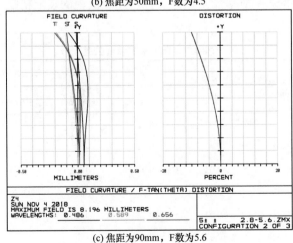

(c) 焦距为90mm，F数为5.6

图 8.6　光学系统的场曲畸变曲线

3. 公差分析

1) 元件的加工误差

元件加工误差如表 8.6 所示，基本达到了现有加工能力的极限。

表 8.6　元件加工误差

表面名称	光圈数误差(两个表面)	局部光圈误差(两个表面)	元件楔角误差/(″)	厚度误差/mm	是否与加工能力相匹配
第一透镜	±1	±0.2	±30	±0.02	是
第二透镜	±1	±0.2	±30	±0.02	是
第三透镜	±1	±0.2	±30	±0.02	是
第四透镜	±1	±0.2	±30	±0.02	是
第五透镜	±1	±0.2	±30	±0.02	是
第六透镜	±1	±0.2	±30	±0.02	是
第七透镜	±1	±0.2	±30	±0.02	是
第八透镜	±1	±0.2	±30	±0.02	是
第九透镜	±1	±0.2	±30	±0.02	是
第十透镜	±1	±0.2	±30	±0.02	是
第十一透镜	±1	±0.2	±30	±0.02	是

2) 元件的装调误差

光学系统装配公差如表 8.7 所示，其中主、次镜的装配精度基本达到了现有装调能力的极限。

表 8.7　光学系统装配公差

元件名称	间距上偏差/mm	间距下偏差/mm	元件位置偏移上偏差(x 与 y 方向)/mm	元件位置偏移下偏差(x 与 y 方向)/mm	元件倾斜(x 与 y 方向)上偏差/(°)	元件倾斜(x 与 y 方向)下偏差/(°)
第一透镜	+0.02	−0.02	+0.02	−0.02	+20	−20
第二透镜	+0.02	−0.02	+0.02	−0.02	+20	−20
第三透镜	+0.02	−0.02	+0.02	−0.02	+20	−20
第四透镜	+0.02	−0.02	+0.02	−0.02	+20	−20
第五透镜	+0.02	−0.02	+0.02	−0.02	+20	−20
第六透镜	+0.02	+0.02	+0.02	+0.02	+20	−20
第七透镜	+0.02	+0.02	+0.02	+0.02	+20	−20

续表

元件名称	间距上偏差 /mm	间距下偏差 /mm	元件位置偏移 上偏差(x 与 y 方向)/mm	元件位置偏移 下偏差(x 与 y 方向)/mm	元件倾斜(x 与 y 方向) 上偏差/(°)	元件倾斜(x 与 y 方向) 下偏差/(°)
第八透镜	+0.02	+0.02	+0.02	+0.02	+20	−20
第九透镜	+0.02	+0.02	+0.02	+0.02	+20	−20
第十透镜	+0.02	+0.02	+0.02	+0.02	+20	−20
第十一透镜	+0.02	+0.02	+0.02	+0.02	+20	−20

注：若 x 与 y 方向偏移或者倾斜量相同，则此参数只给出一个方向的偏差，代表两者相等。

8.2.2　短波红外成像光学系统

1. 系统指标

该系统采用连续变焦系统，从而达到大视场发现目标和长焦距详查目标的目的，其变焦倍率为 5 倍。短波红外偏振成像光学系统指标如表 8.8 所示。

表 8.8　短波红外偏振成像光学系统指标

指标	参数
工作波长	0.9~1.7μm
探测器像元	20μm
探测器分辨率	640×512
焦距	18~90mm
F 数	2.8~5.6
调制传递函数值	30lp/mm

2. 设计结果

一般光学系统有透射式、反射式和折反射式结构。透射式系统的优点是无中心遮拦、视场角大、易消除杂散光。本系统由于口径较小，反射式结构加工较困难，采用透射式结构；采用消色差对玻璃进行设计，通过多种玻璃的组合，消除初级和高级色差，达到各波长像质一致的目的。光学系统设计结果如表 8.9 所示。

表 8.9　光学系统设计结果

标号	面型	半径/mm	厚度/mm	材料	全口径/mm
1	标准面	65	4.5	ZF7	64
2	标准面	35.271	13.55	CAF2	54.2
3	标准面	1079.85	0.2		54.2

续表

标号	面型	半径/mm	厚度/mm	材料	全口径/mm
4	标准面	34.67	7.38	H-LAK4L	54.2
5	标准面	51.52	2.86		51
6	标准面	54.632	2.92	BAF4	38
7	标准面	13.552	9		25
8	标准面	−226	2.02	CAF2	25
9	标准面	15.3	6.5	ZF7	25
10	标准面	32.5	53.5626		26
11	标准面	∞	2		6.36421
12	标准面	24.21	2.5	CAF2	16
13	标准面	−69.16	0.2		16
14	标准面	16	7.35	ZF7	16
15	标准面	7.586	11.7	CAF2	13.6
16	标准面	−35.81	3.7474		13.6
17	标准面	−12.12	2	ZF7	13
18	标准面	−61.77	7.01	H-LAK4L	16
19	标准面	−12.12	5		16
20	标准面	∞	1	H-K9L	16
21	标准面	∞	5.004598		16

　　光学系统的镜片材料无放射性，酸碱潮解度均不低于 3 级。光学系统的二维结构如图 8.7 所示。

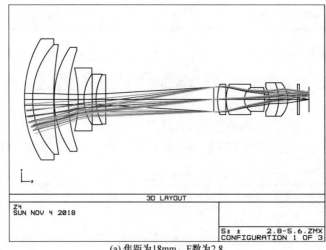

(a) 焦距为18mm，F数为2.8

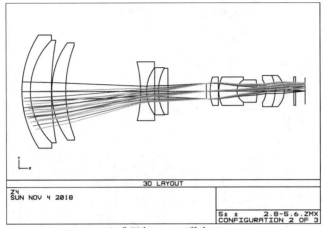

(b) 焦距为50mm，F数为4.5

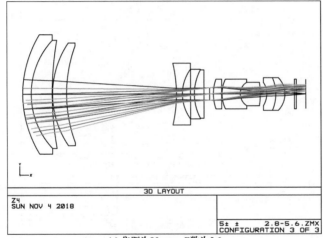

(c) 焦距为90mm，F数为5.6

图 8.7　光学系统的二维结构

　　光学系统的调制传递函数曲线如图 8.8 所示。在 30 线对处(对应 20μm 的像元大小)各变焦位置像质接近，各位置调制传递函数值大于等于 0.2，中心视场在 0.5～0.6，证明该系统像质较好，可高分辨率成像。

　　图 8.9 为光学系统的点列图，整体色差校正较好，点列图半径基本在 24μm 以内。

　　图 8.10 为光学系统的场曲畸变曲线。由图可见，该系统短焦畸变更大，畸变值不超过 20%，长焦畸变值不超过 10%。畸变可提前标定，由后续图像处理进行校正。

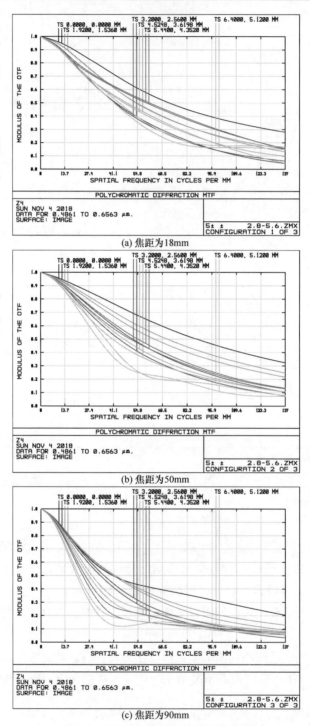

(a) 焦距为18mm

(b) 焦距为50mm

(c) 焦距为90mm

图 8.8　光学系统的调制传递函数曲线

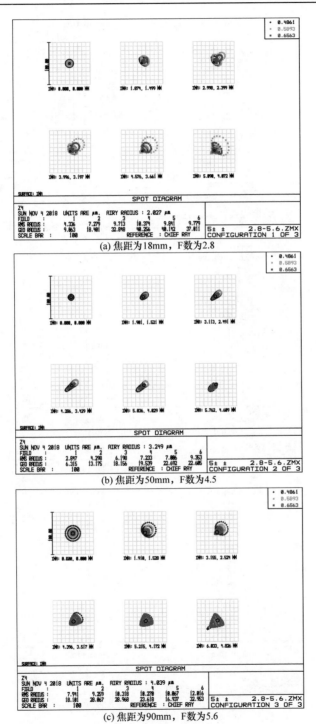

(a) 焦距为18mm，F数为2.8

(b) 焦距为50mm，F数为4.5

(c) 焦距为90mm，F数为5.6

图 8.9　光学系统的点列图

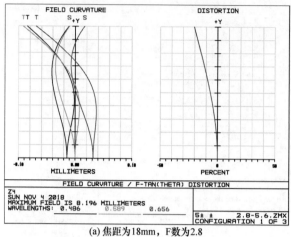

(a) 焦距为18mm，F数为2.8

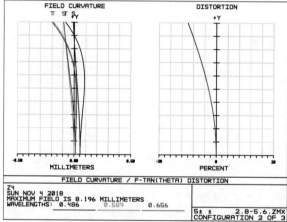

(b) 焦距为50mm，F数为4.5

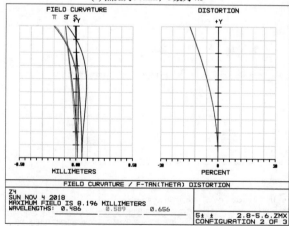

(c) 焦距为90mm，F数为5.6

图 8.10　光学系统的场曲畸变曲线

3. 公差分析

1) 元件的加工误差

元件加工误差如表 8.10 所示，基本达到了现有加工能力的极限。

表 8.10　元件加工误差

表面名称	光圈数误差 (两个表面)	局部光圈误差 (两个表面)	元件楔角误差 /(″)	厚度误差/mm	是否与加工 能力相匹配
第一透镜	±1	±0.2	±30	±0.02	是
第二透镜	±1	±0.2	±30	±0.02	是
第三透镜	±1	±0.2	±30	±0.02	是
第四透镜	±1	±0.2	±30	±0.02	是
第五透镜	±1	±0.2	±30	±0.02	是
第六透镜	±1	±0.2	±30	±0.02	是
第七透镜	±1	±0.2	±30	±0.02	是
第八透镜	±1	±0.2	±30	±0.02	是
第九透镜	±1	±0.2	±30	±0.02	是
第十透镜	±1	±0.2	±30	±0.02	是
第十一透镜	±1	±0.2	±30	±0.02	是

2) 元件的装调误差

光学系统装配公差如表 8.11 所示，其中主、次镜的装配精度基本达到了现有装调能力的极限。

表 8.11　光学系统装配公差

元件名称	间距上偏差 /mm	间距下偏差 /mm	元件位置偏移 上偏差(x 与 y 方向)/mm	元件位置偏移 下偏差(x 与 y 方向)/mm	元件倾斜(x 与 y 方向) 上偏差/(°)	元件倾斜(x 与 y 方向) 下偏差/(°)
第一透镜	+0.02	−0.02	+0.02	−0.02	+20	−20
第二透镜	+0.02	−0.02	+0.02	−0.02	+20	−20
第三透镜	+0.02	−0.02	+0.02	−0.02	+20	−20
第四透镜	+0.02	−0.02	+0.02	−0.02	+20	−20
第五透镜	+0.02	−0.02	+0.02	−0.02	+20	−20
第六透镜	+0.02	−0.02	+0.02	−0.02	+20	−20
第七透镜	+0.02	−0.02	+0.02	−0.02	+20	−20

续表

元件名称	间距上偏差/mm	间距下偏差/mm	元件位置偏移上偏差(x 与 y 方向)/mm	元件位置偏移下偏差(x 与 y 方向)/mm	元件倾斜(x 与 y 方向)上偏差/(°)	元件倾斜(x 与 y 方向)下偏差/(°)
第八透镜	+0.02	−0.02	+0.02	−0.02	+20	−20
第九透镜	+0.02	−0.02	+0.02	−0.02	+20	−20
第十透镜	+0.02	−0.02	+0.02	−0.02	+20	−20
第十一透镜	+0.02	−0.02	+0.02	−0.02	+20	−20

注：若 x 与 y 方向偏移或者倾斜量相同，则此参数只给出一个方向的偏差，代表两者相等。

8.2.3 长波红外偏振成像光学系统

1. 系统指标

该系统采用连续变焦系统，从而达到大视场发现目标和长焦距详查目标的目的，其变焦倍率为 5 倍。长波红外偏振成像光学系统指标如表 8.12 所示。

表 8.12 长波红外偏振成像光学系统指标

指标	参数
工作波长	8~14μm
探测器像元	17μm
探测器分辨率	640 × 512
焦距	18~90mm
F 数	1.2
偏振态	0°，45°，90°，135°

2. 设计结果

由于系统口径相对较小，这里采用透射式结构。系统光学设计结果如表 8.13 所示。

表 8.13 系统光学设计结果

标号	面型	半径/mm	厚度/mm	材料	全口径/mm
1	非球面	126.80	14.46	AMTIR1	130
2	标准面	251.62	55.44		124
3	非球面	−141.26	6	HWS1	56
4	标准面	150.55	33.37		56

续表

标号	面型	半径/mm	厚度/mm	材料	全口径/mm
5	标准面	277.58	6	GE	56
6	标准面	−368.42	14.73		56
7	标准面	∞	4.54		
8	标准面	−47.54	9.43	GE	36
9	标准面	−59.87	34.44		36
10	标准面	42.84	12	AMTIR3	36
11	非球面	219.71	5.53		36
12	标准面	731.78	12.14	ZNS	24
13	标准面	95.03	10.12		20

光学系统的二维结构图如图 8.11 所示。

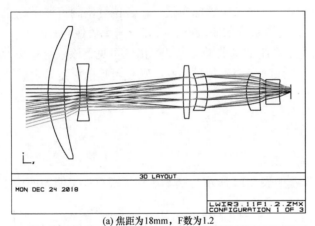

(a) 焦距为18mm，F数为1.2

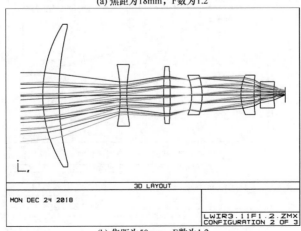

(b) 焦距为50mm，F数为1.2

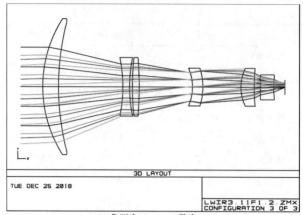

(c) 焦距为90mm，F数为1.2

图 8.11　光学系统的二维结构图

光学系统的调制传递函数曲线如图 8.12。由图可见，即使到 30 线对处(对应 17μm 的像元大小)，各变焦位置像质接近，各位置调制传递函数值较好，中心视场在 0.5～0.6，证明该系统像质较好，可高分辨率成像。

图 8.13 为光学系统的场曲畸变曲线。由图可见，该系统短焦畸变更大，畸变值不超过 20%，长焦畸变值不超过 10%。畸变可提前标定，由后续图像处理进行校正。

3. 公差分析

1) 元件的加工误差
元件加工误差如表 8.14 所示，基本达到了现有加工能力的极限。

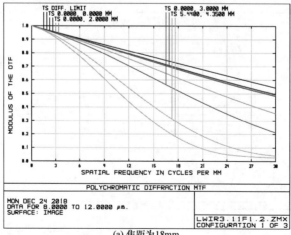

(a) 焦距为18mm

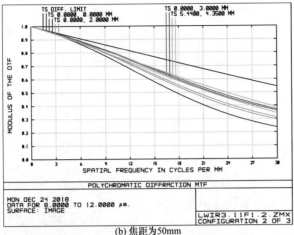

(b) 焦距为50mm

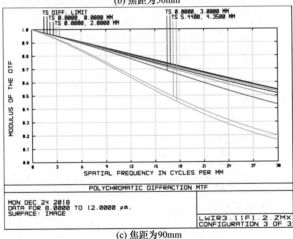

(c) 焦距为90mm

图 8.12　光学系统的调制传递函数曲线

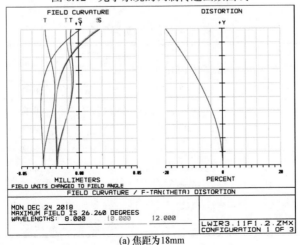

(a) 焦距为18mm

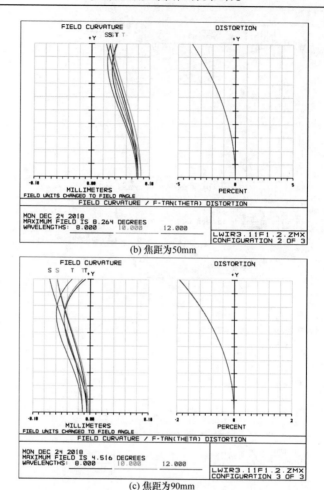

(b) 焦距为50mm

(c) 焦距为90mm

图 8.13　光学系统的场曲畸变曲线

表 8.14　元件加工误差表

表面名称	光圈数误差 (两个表面)	局部光圈误差 (两个表面)	元件楔角误差 /(")	厚度误差/mm	是否与加工 能力相匹配
第一透镜	±2	±0.02	±30	±0.02	是
第二透镜	±2	±0.02	±30	±0.02	是
第三透镜	±2	±0.02	±30	±0.02	是
第四透镜	±2	±0.02	±30	±0.02	是
第五透镜	±2	±0.02	±30	±0.02	是
第六透镜	±2	±0.02	±30	±0.02	是
第七透镜	±2	±0.02	±30	±0.02	是
第八透镜	±2	±0.02	±30	±0.02	是

续表

表面名称	光圈数误差 (两个表面)	局部光圈误差 (两个表面)	元件楔角误差 /(″)	厚度误差/mm	是否与加工 能力相匹配
第九透镜	±2	±0.02	±30	±0.02	是
第十透镜	±2	±0.02	±30	±0.02	是
第十一透镜	±2	±0.02	±30	±0.02	是
第十二透镜	±2	±0.02	±30	±0.02	是
第十三透镜	±2	±0.02	±30	±0.02	是
第十四透镜	±2	±0.02	±30	±0.02	是

2) 元件的装调误差

光学系统装配公差如表 8.15 所示，其中主、次镜的装配精度基本达到现有装调能力的极限。

表 8.15　光学系统装配公差

元件名称	间距上偏差 /mm	间距下偏差 /mm	元件位置偏移 上偏差(x 与 y 方向)/mm	元件位置偏移 下偏差(x 与 y 方向)/mm	元件倾斜(x 与 y 方向) 上偏差/(°)	元件倾斜(x 与 y 方向) 下偏差/(°)
第一透镜	+0.02	−0.02	+0.02	−0.02	+20	−20
第二透镜	+0.02	−0.02	+0.02	−0.02	+20	−20
第三透镜	+0.02	−0.02	+0.02	−0.02	+20	−20
第四透镜	+0.02	−0.02	+0.02	−0.02	+20	−20
第五透镜	+0.02	−0.02	+0.02	−0.02	+20	−20
第六透镜	+0.02	−0.02	+0.02	−0.02	+20	−20
第七透镜	+0.02	−0.02	+0.02	−0.02	+20	−20
第八透镜	+0.02	−0.02	+0.02	−0.02	+20	−20
第九透镜	+0.02	−0.02	+0.02	−0.02	+20	−20
第十透镜	+0.02	−0.02	+0.02	−0.02	+20	−20
第十一透镜	+0.02	−0.02	+0.02	−0.02	+20	−20
第十二透镜	+0.02	−0.02	+0.02	−0.02	+20	−20
第十三透镜	+0.02	−0.02	+0.02	−0.02	+20	−20
第十四透镜	+0.02	−0.02	+0.02	−0.02	+20	−20

注：若 x 与 y 方向偏移或者倾斜量相同，则参数只给出一个方向的偏差，代表两者相等。

8.3　偏振光学系统定标

8.3.1　偏振定标原理

由于偏振探测领域的深度发展，精准偏振探测的要求也在提高。光学系统表面具有的偏振特性差异大，当光线作用在介质表面时，光线发生折射或反射并改变自身的偏振状态，这种由光学系统造成的偏振态的变化称为残余偏振效应，对偏振测量精度造成巨大影响。因此，需要校正和标定此种误差来保证偏振测量精度。

当斯托克斯矢量 $S = \begin{bmatrix} I & M & C & S \end{bmatrix}$ 表示偏振光时，I 为各个偏振方向光强的总和，M 为 0° 和 90° 线偏振光光强的差，C 为 45° 和 135° 两个方向光强的差，S 表示左旋和右旋圆偏振光的光强差值，水平线偏振光的斯托克斯表达方式为 $\begin{bmatrix} 1 & 1 & 0 & 0 \end{bmatrix}^T$。当入射光经过光学元件后，两个斯托克斯矢量通过一个 4×4 的矩阵来表征，缪勒矩阵表示为[3-5]

$$\begin{bmatrix} I_2 \\ M_2 \\ C_2 \\ S_2 \end{bmatrix} = \begin{bmatrix} M_{11} & M_{12} & M_{13} & M_{14} \\ M_{21} & M_{22} & M_{23} & M_{24} \\ M_{31} & M_{32} & M_{33} & M_{34} \\ M_{41} & M_{42} & M_{43} & M_{44} \end{bmatrix} \begin{bmatrix} I_1 \\ M_1 \\ C_1 \\ S_1 \end{bmatrix} \tag{8-1}$$

光线的每次入射都可以看成是通过一个偏振元件，通过 n 个偏振元件的缪勒矩阵分别为 $(M_1, M_2, \cdots, M_n)$，则第 n 个偏振元件出射的斯托克斯矢量为

$$\begin{bmatrix} I' \\ M' \\ C' \\ S' \end{bmatrix} = M_n M_{n-1} \cdots M_2 M_1 \begin{bmatrix} I \\ M \\ C \\ S \end{bmatrix} \tag{8-2}$$

这里将 DOP 定义为偏振部分光强和总光强的比值，即 $\text{DOP} = \dfrac{\sqrt{M^2 + C^2 + S^2}}{I}$，不同目标的特性不同，偏振度也不同，不同的偏振度可以表示不同的目标特性。

通过矩阵之间的关系，得出折射光的缪勒矩阵为

$$M_t = \frac{1}{2} \frac{\sin 2\theta_1 \sin 2\theta_2}{(\sin b \cos a)^2} \begin{bmatrix} \cos^2 a + 1 & \cos^2 a - 1 & 0 & 0 \\ \cos^2 a - 1 & \cos^2 a + 1 & 0 & 0 \\ 0 & 0 & -2\cos a & 0 \\ 0 & 0 & 0 & -2\cos a \end{bmatrix} \tag{8-3}$$

式中，θ_1 为入射角；θ_2 为折射角；$a = \theta_1 - \theta_2$；$b = \theta_1 + \theta_2$。

根据辐射在金属表面反射的理论，镜面反射的缪勒矩阵为

$$M_m = \begin{bmatrix} r_p r_p^* + r_s r_s^* & r_p r_p^* - r_s r_s^* & 0 & 0 \\ r_p r_p^* - r_s r_s^* & r_p r_p^* + r_s r_s^* & 0 & 0 \\ 0 & 0 & r_p r_s^* + r_s r_p^* & \mathrm{i}(r_p r_s^* - r_s r_p^*) \\ 0 & 0 & \mathrm{i}(r_s r_p^* - r_p r_s^*) & r_s r_p^* + r_p r_s^* \end{bmatrix} \tag{8-4}$$

式中，r_p 和 r_s 为金属对入射光的 p、s 分量的反射系数，其表达式为

$$r_p = \frac{(n^2 + \chi^2)^2 \cos^2 \theta_i - n_i^2 (N^2 + \chi'^2) + 2\mathrm{i}n_i \cos \theta_i [(n^2 - \chi^2)\chi' - 2Nn\chi]}{[(n^2 - \chi^2)\cos \theta_i + n_i N]^2 + (2n\chi \cos \theta_i + n_i \chi')^2} \tag{8-5}$$

$$r_s = \frac{(n_i^2 \cos^2 \theta_i - N^2) - \chi'^2 + 2\mathrm{i}\chi' n_i \cos \theta_i}{(n_i \cos \theta_i + N)^2 + \chi'^2} \tag{8-6}$$

式中，N 和 χ' 的表达式分别为

$$N^2 = \frac{1}{2}(n^2 - \chi^2 - n_i^2 \sin^2 \theta_i + \sqrt{(n^2 - \chi^2 - n_i^2 \sin^2 \theta_i)^2 + 4n^2 \chi^2}) \tag{8-7}$$

$$\chi'^2 = -\frac{1}{2}(n^2 - \chi^2 - n_i^2 \sin^2 \theta_i - \sqrt{(n^2 - \chi^2 - n_i^2 \sin^2 \theta_i)^2 + 4n^2 \chi^2}) \tag{8-8}$$

式中，$n - \mathrm{i}\chi$ 为金属的复折射率，i 为虚数单位；n_i 为入射介质的折射率；θ_i 为入射角。

系统的缪勒矩阵 $M = \begin{bmatrix} M_{11} & M_{12} & M_{13} & M_{14} \\ M_{21} & M_{22} & M_{23} & M_{24} \\ M_{31} & M_{32} & M_{33} & M_{34} \\ M_{41} & M_{42} & M_{43} & M_{44} \end{bmatrix}$ 在对水平线偏振光 $\begin{bmatrix} 1 \\ P_{\mathrm{in}} \\ 0 \\ 0 \end{bmatrix}$ 计算

中只有 M_{11}、M_{12}、M_{21} 和 M_{22} 参与计算，且因反射和折射缪勒矩阵的特殊性，M_{12} 和 M_{21} 是相等的，M_{11} 和 M_{22} 是相等的。即在不改变数据可信度的情况下，可以在计算中将透镜的缪勒矩阵化简为

$$M_t' = \frac{\sin 2\theta_1 \sin 2\theta_2}{2(\sin b \cos a)^2} \begin{bmatrix} M_{11} & M_{12} \\ M_{12} & M_{11} \end{bmatrix} = \frac{\sin 2\theta_1 \sin 2\theta_2}{2(\sin b \cos a)^2} \begin{bmatrix} \cos^2 a + 1 & \cos^2 a - 1 \\ \cos^2 a - 1 & \cos^2 a + 1 \end{bmatrix} \tag{8-9}$$

一次透镜折射的出射光偏振度为（a_i 代表每次折射时的入射角与折射角之差，$i = 1, 2, \cdots, n$）

$$P_{t1} = \frac{|\cos^2 a_1 - 1 + (\cos^2 a_1 + 1)P_{\mathrm{in}}|}{\cos^2 a_1 + 1 + (\cos^2 a_1 - 1)P_{\mathrm{in}}} \tag{8-10}$$

二次透镜折射的缪勒矩阵为

$$
\begin{aligned}
M'_{t2} &= \left(\frac{\sin 2\theta_1 \sin 2\theta_2}{2(\sin b \cos a)^2}\right)^2
\begin{bmatrix} \cos^2 a_2 + 1 & \cos^2 a_2 - 1 \\ \cos^2 a_2 - 1 & \cos^2 a_2 + 1 \end{bmatrix}
\begin{bmatrix} \cos^2 a_1 + 1 & \cos^2 a_1 - 1 \\ \cos^2 a_1 - 1 & \cos^2 a_1 + 1 \end{bmatrix} \\
&= \left(\frac{\sin 2\theta_1 \sin 2\theta_2}{2(\sin b \cos a)^2}\right)^2
\begin{bmatrix} 2(\cos^2 a_1 \cos^2 a_2 + 1) & 2(\cos^2 a_1 \cos^2 a_2 - 1) \\ 2(\cos^2 a_1 \cos^2 a_2 - 1) & 2(\cos^2 a_1 \cos^2 a_2 + 1) \end{bmatrix}
\end{aligned} \tag{8-11}
$$

两次透镜折射的出射光偏振度为

$$
P_{tn} = \frac{\left|(\cos^2 a_1 \cos^2 a_2 \cdots \cos^2 a_n - 1) + (\cos^2 a_1 \cos^2 a_2 \cdots \cos^2 a_n + 1)P_{\text{in}}\right|}{(\cos^2 a_1 \cos^2 a_2 \cdots \cos^2 a_n + 1) + (\cos^2 a_1 \cos^2 a_2 \cdots \cos^2 a_n - 1)P_{\text{in}}} \tag{8-12}
$$

同样，对于水平方向的线偏振光，经过 n 次透镜折射的缪勒矩阵为

$$
\begin{aligned}
&M'_{tn} \\
&= \left(\frac{\sin 2\theta_1 \sin 2\theta_2}{2(\sin b \cos a)^2}\right)^n
\begin{bmatrix} \cos^2 a_n + 1 & \cos^2 a_n - 1 \\ \cos^2 a_n - 1 & \cos^2 a_n + 1 \end{bmatrix} \cdots
\begin{bmatrix} \cos^2 a_1 + 1 & \cos^2 a_1 - 1 \\ \cos^2 a_1 - 1 & \cos^2 a_1 + 1 \end{bmatrix} \\
&= \left(\frac{\sin 2\theta_1 \sin 2\theta_2}{2(\sin b \cos a)^2}\right)^n
\begin{bmatrix} 2^{n-1}\left(\cos^2 a_1 \cos^2 a_2 \cdots \cos^2 a_n + 1\right) & 2^{n-1}\left(\cos^2 a_1 \cos^2 a_2 \cdots \cos^2 a_n - 1\right) \\ 2^{n-1}\left(\cos^2 a_1 \cos^2 a_2 \cdots \cos^2 a_n - 1\right) & 2^{n-1}\left(\cos^2 a_1 \cos^2 a_2 \cdots \cos^2 a_n + 1\right) \end{bmatrix}
\end{aligned}
$$
$$\tag{8-13}$$

n 次透镜折射的出射光偏振度为

$$
P_{tn} = \frac{\left|(\cos^2 a_1 \cos^2 a_2 \cdots \cos^2 a_n - 1) + (\cos^2 a_1 \cos^2 a_2 \cdots \cos^2 a_n + 1)P_{\text{in}}\right|}{(\cos^2 a_1 \cos^2 a_2 \cdots \cos^2 a_n + 1) + (\cos^2 a_1 \cos^2 a_2 \cdots \cos^2 a_n - 1)P_{\text{in}}} \tag{8-14}
$$

由矩阵计算推算出，每次光线偏折形成的矩阵 $M_1, M_2, \cdots, M_{n-1}, M_n$ 中的 M_{11} 始终为正且越来越小，M_{12} 的值始终为负且越来越大。由 n 次折射的偏振度计算可推出以下结论：减小矩阵中 M_{12} 以保证出射光偏振度的改变量小，且因 M_{12} 是正比例函数，因此减小 M_{12} 就是使入射角和折射角相等，但透镜中入射角和折射角相等是不可能存在的，因此只能尽量减小两者的差值。M_{12} 可以看作是光学元件对偏振光的影响。光线入射到透镜时，要求系统透镜材料的折射率相对较低，以此保证光学系统对偏振光的影响较小。要想保证偏振度改变在 10% 以内，入射角与折射角的差需要保证在 5.7° 以内。

同理，对于水平方向的线偏振光，一次镜面反射的缪勒矩阵为

$$
M'_m = \begin{bmatrix} r_p r_p^* + r_s r_s^* & r_p r_p^* - r_s r_s^* \\ r_p r_p^* - r_s r_s^* & r_p r_p^* + r_s r_s^* \end{bmatrix} \tag{8-15}
$$

一次镜面反射的偏振度为

$$P_{m1} = \frac{\left| r_p r_p^* - r_s r_s^* + (r_p r_p^* + r_s r_s^*)P_{\text{in}} \right|}{r_p r_p^* + r_s r_s^* + (r_p r_p^* - r_s r_s^*)P_{\text{in}}} \tag{8-16}$$

两次镜面反射的缪勒矩阵为

$$\boldsymbol{M}'_{m2} = \begin{bmatrix} r_{p2} r_{p2}^* + r_{s2} r_{s2}^* & r_{p2} r_{p2}^* - r_{s2} r_{s2}^* \\ r_{p2} r_{p2}^* - r_{s2} r_{s2}^* & r_{p2} r_{p2}^* + r_{s2} r_{s2}^* \end{bmatrix} \begin{bmatrix} r_{p1} r_{p1}^* + r_{s1} r_{s1}^* & r_{p1} r_{p1}^* - r_{s1} r_{s1}^* \\ r_{p1} r_{p1}^* - r_{s1} r_{s1}^* & r_{p1} r_{p1}^* + r_{s1} r_{s1}^* \end{bmatrix}$$
$$= \begin{bmatrix} 2(r_{p1} r_{p1}^* r_{p2} r_{p2}^* + r_{s1} r_{s1}^* r_{s2} r_{s2}^*) & 2(r_{p1} r_{p1}^* r_{p2} r_{p2}^* - r_{s1} r_{s1}^* r_{s2} r_{s2}^*) \\ 2(r_{p1} r_{p1}^* r_{p2} r_{p2}^* - r_{s1} r_{s1}^* r_{s2} r_{s2}^*) & 2(r_{p1} r_{p1}^* r_{p2} r_{p2}^* + r_{s1} r_{s1}^* r_{s2} r_{s2}^*) \end{bmatrix} \tag{8-17}$$

两次镜面反射的偏振度为

$$P_{m2} = \frac{\left| (r_{p1} r_{p1}^* r_{p2} r_{p2}^* - r_{s1} r_{s1}^* r_{s2} r_{s2}^*) + (r_{p1} r_{p1}^* r_{p2} r_{p2}^* + r_{s1} r_{s1}^* r_{s2} r_{s2}^*)P_{\text{in}} \right|}{(r_{p1} r_{p1}^* r_{p2} r_{p2}^* + r_{s1} r_{s1}^* r_{s2} r_{s2}^*) + (r_{p1} r_{p1}^* r_{p2} r_{p2}^* - r_{s1} r_{s1}^* r_{s2} r_{s2}^*)P_{\text{in}}} \tag{8-18}$$

通过数学模型推理出 n 次镜面反射的缪勒矩阵为

$$\boldsymbol{M}'_{mn} = \begin{bmatrix} r_{pn} r_{pn}^* + r_{sn} r_{sn}^* & r_{pn} r_{pn}^* - r_{sn} r_{sn}^* \\ r_{pn} r_{pn}^* - r_{sn} r_{sn}^* & r_{pn} r_{pn}^* + r_{sn} r_{sn}^* \end{bmatrix} \cdots \begin{bmatrix} r_{p1} r_{p1}^* + r_{s1} r_{s1}^* & r_{p1} r_{p1}^* - r_{s1} r_{s1}^* \\ r_{p1} r_{p1}^* - r_{s1} r_{s1}^* & r_{p1} r_{p1}^* + r_{s1} r_{s1}^* \end{bmatrix}$$
$$= \begin{bmatrix} 2^{n-1}(r_{p1} r_{p1}^* \cdots r_{pn} r_{pn}^* + r_{s1} r_{s1}^* \cdots r_{sn} r_{sn}^*) & 2^{n-1}(r_{p1} r_{p1}^* \cdots r_{pn} r_{pn}^* - r_{s1} r_{s1}^* \cdots r_{sn} r_{sn}^*) \\ 2^{n-1}(r_{p1} r_{p1}^* \cdots r_{pn} r_{pn}^* - r_{s1} r_{s1}^* \cdots r_{sn} r_{sn}^*) & 2^{n-1}(r_{p1} r_{p1}^* \cdots r_{pn} r_{pn}^* + r_{s1} r_{s1}^* \cdots r_{sn} r_{sn}^*) \end{bmatrix}$$
$$\tag{8-19}$$

n 次镜面反射的偏振度为

$$P_{mn} = \frac{\left| (r_{p1} r_{p1}^* \cdots r_{pn} r_{pn}^* - r_{s1} r_{s1}^* \cdots r_{sn} r_{sn}^*) + (r_{p1} r_{p1}^* \cdots r_{pn} r_{pn}^* + r_{s1} r_{s1}^* \cdots r_{sn} r_{sn}^*)P_{\text{in}} \right|}{(r_{p1} r_{p1}^* \cdots r_{pn} r_{pn}^* + r_{s1} r_{s1}^* \cdots r_{sn} r_{sn}^*) + (r_{p1} r_{p1}^* \cdots r_{pn} r_{pn}^* - r_{s1} r_{s1}^* \cdots r_{sn} r_{sn}^*)P_{\text{in}}} \tag{8-20}$$

通过上述推导得出，不论反射还是折射，M_{11} 始终为正且越来越小，M_{12} 始终为负且越来越大，以出射光偏振度为 Y 轴、入射光偏振度为 X 轴建立平面坐标系曲线，该曲线应该是一个先减少后增大，最后达到 $(1,1)$ 的函数。当入射光偏振度为 0 时，函数与 Y 轴的交点为系统自带的偏振度，受反射镜的影响。在入射光偏振度 $(X$ 轴$)$ $P_{\text{in}} = \left| \dfrac{M_2}{M_1} \right|$ 时，出射光偏振度 $(Y$ 轴$)$ 达到最小值。

M_{12} 反映了整个光学系统对偏振光的影响，减小 M_{12} 就可以减小系统对偏振度的影响，具体措施如下：依据对缪勒矩阵的分析，减小系统中反射、折射次数 n；降低透射折射角和其入射角的差值 a(减小透镜折射率)；降低反射镜入射角 θ_i；减小反射镜镀层金属负折射率 $n - \mathrm{i}\chi$。以上分析为后续光学设计提供了思路，优先考虑偏振再进行光学设计，将对偏振度的指标要求转化成对光学设计的限制，也为设计后的偏振分析奠定了基础。

8.3.2　偏振标定方案

光学系统要求具有高质量和高光能透过率，接收光学系统要求满足偏振片等对入射角的要求。在光学系统整体设计中，采用双折射率低的材料，用增透膜作为保偏膜、尽量减小装配应力以减小光学系统产生的双折射，从而保证系统和全偏振探测的精度。对于如何保证接收系统的偏振度，本方案中制定了相应的检偏方案——偏振检测标定。

偏振检测标定是测定偏振系统对一个已知辐射特性或偏振特性目标的响应。对测量结果的定量分析可以确定系统对不同偏振光的测量误差，依据标定结果，对系统的偏振图像进行校正，达到高精度偏振测量的目的[6-9]。偏振探测装置的标定在室内进行，图 8.14 给出了系统标定示意图。

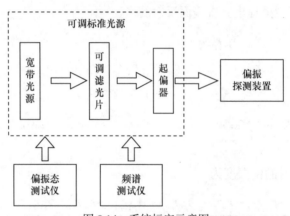

图 8.14　系统标定示意图

检测装置由宽光谱光源、可调滤光片、起偏片组成。系统标定时，宽光谱光源通过准直扩束得到强度均匀的完全非偏振光，通过滤光片和偏振片得到单波长线偏振光。

在实际偏振态检测过程中，斯托克斯参量可以全面地描述光束的偏振信息，因此测量斯托克斯参量是确定光束偏振态的重要方法。斯托克斯矢量 $\boldsymbol{S}$ 包含 4 个参量，分别为 S_0、S_1、S_2、S_3，其定义为

$$\boldsymbol{S} = \begin{bmatrix} S_0 \\ S_1 \\ S_2 \\ S_3 \end{bmatrix} = \begin{bmatrix} I_0 + I_{90} \\ I_0 - I_{90} \\ I_{45} - I_{135} \\ I_R - I_L \end{bmatrix} \tag{8-21}$$

式中，S_0 表示光的总强度；S_1 表示水平偏振光强度与垂直偏振光强度之差；S_2 表示 45°偏振光强度与 135°偏振光强度之差；S_3 表示右旋圆偏振光与左旋圆偏振光强度之差。S 也可以用 $\boldsymbol{S} = \begin{bmatrix} I & Q & U & V \end{bmatrix}^{\mathrm{T}}$ 表示。目标光谱的全偏振需要获得全部斯托克斯参量。

　　通过偏振系统对得到的已知偏振态的信号进行测量，并将结果与利用偏振度测试仪测得的斯托克斯矢量作对比，分析偏振系统的测量误差，对结果进行修正。在实际测量时，也可以利用得到的斯托克斯矢量图像计算相关的偏振参数图像，通过与已知的偏振度 P 和偏振角 A 的参数作对比，分析测量误差。

8.4　雾霾环境下多谱段偏振成像探测实验

8.4.1　实验方案

　　利用研制的原理样机，在雾霾天气条件下，在长春理工大学南区科技大厦 A 座 16 楼同时对 1km 处的东区主教学楼和 5km 处的吉林广播电视塔成像，获取目标的可见光偏振、短波红外及长波红外偏振图像，融合处理后与仅采用可见光强度成像方式进行对比，测试样机成像效果。测试装置与实验现场如图 8.15 和图 8.16 所示。

图 8.15　测试装置　　　　　　图 8.16　实验现场

8.4.2　测试结果

　　2019 年 1 月 24 日上午 8:50，长春地区天气晴，气温为−10℃，空气为轻度污染，大气中雾霾含量较高，能见度为 1km。图 8.17 为可见光相机拍摄图像，仅能看清 1km 处的长春理工大学东区主教学楼。由图可知，位于 5km 处的吉林电视塔受当天雾霾天气影响，几乎看不清楚，难以识别。

图 8.17　可见光相机拍摄图像

　　图 8.18 为可见光工业相机拍摄图像。从图中可以看出，在相同时间段的强度图像，依然难以看清远处吉林电视塔。可见光强度图像的上半部分由于雾气遮挡，无法辨识建筑物，仅有部分塔身及楼体可以识别。

图 8.18　可见光工业相机拍摄图像

　　图 8.19 为短波红外相机摄影图像。这是仅利用短波红外相机拍摄的同一时间段的图像，由图可知，短波红外相机的透雾霾能力较强，几乎不受雾霾天气影响，远处的吉林电视塔清晰可见。

　　图 8.20 为长波红外偏振相机拍摄图像。这是利用长波红外偏振相机拍摄的同一时间段的偏振图像，可见该相机同样不受雾霾天气影响，远处吉林电视塔清晰可见，而且得益于偏振信息的加入，建筑物的轮廓信息非常明显，目标对比度较高。

图 8.19　短波红外相机摄影图像

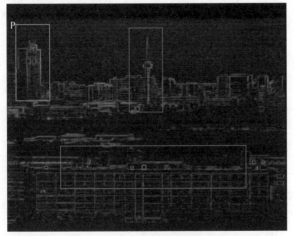

图 8.20　长波红外偏振相机拍摄图像

　　图 8.21 为短波红外和长波红外偏振配准图像,图 8.22 为短波红外及长波红外偏振融合图像。

　　图 8.23 为配准后的红外图像和可见光图像。图 8.24 为短波红外及长波红外偏振和可见光融合图像,融合后的图像目标对比度得到显著提升。

　　相较于短波红外及长波红外偏振融合图像,近处东区主教学楼的可见光图像强度信息明显,因此需要将可见光图像的强度信息基本融合进去,从而实现远处被雾气遮挡的部分可见,同时保证近处目标的细节信息。

　　通过计算部分目标与背景的对比度,得到雾霾环境下多种维度探测图像目标与背景的对比度,如表 8.16 所示。由表可知,相较于可见光图像,融合后的塔身部分对比度提高了约 52.6%(塔身),融合后的楼体部分对比度提高了约 66%(海航大厦)。

(a) 短波红外配准图　　　　　　　　　　　　(b) 长波红外偏振配准图像

图 8.21　红外偏振配准图像

图 8.22　短波红外及长波红外偏振融合图像

 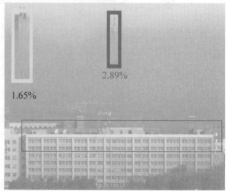

(a) 短波红外及长波红外偏振融合图像　　　　　　　(b) 可见光配准图像

图 8.23　配准后的红外图像和可见光图像

图 8.24 短波红外及长波红外偏振和可见光融合图像

表 8.16 雾霾环境下多种维度探测图像目标与背景的对比度 (单位: %)

图像目标	可见光强度	短波红外偏振	长波红外强度	短波红外偏振	短波红外及长波红外偏振融合	短波红外及长波红外偏振和可见光融合
1km 处教学楼	4.01	3.53	3.64	3.88	3.91	5.03
4km 处海航大厦	1.65	1.88	2.05	2.19	2.51	2.74
5km 处电视塔	2.89	3.58	3.87	3.96	4.14	4.41

在能见度更低的天气条件下(能见度为 1km)，利用多维度复合探测装置对 1km 处教学楼、4km 处海航大厦、5km 处电视塔三种目标进行成像探测实验。图 8.25 为可见光强度图像，图 8.26 为短波红外强度图像，图 8.27 为可见光偏振图像，图 8.28 为长波红外偏振图像。

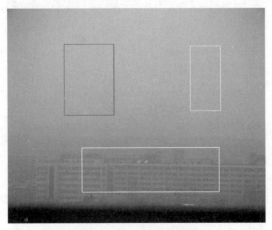

图 8.25 可见光强度图像

图 8.26　短波红外强度图像

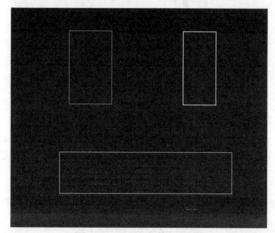

图 8.27　可见光偏振图像

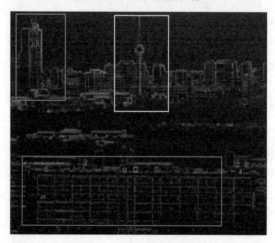

图 8.28　长波红外偏振图像

　　首先将上述可见光强度图像、短波红外强度图像、可见光偏振图像、长波红外偏振图像进行融合,然后对可见光强度图像和融合图像的目标与背景对比度进行计算与分析,得到可见光强度图像目标对比度(图 8.29)、融合图像目标对比度(图 8.30),以及更低能见度雾霾环境下多种维度探测图像目标与背景的对比度(表 8.17)。

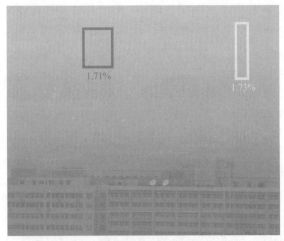

图 8.29　可见光强度图像目标对比度

图 8.30　融合图像目标对比度

表 8.17　更低能见度雾霾环境下多种维度探测图像目标与背景的对比度 (单位:%)

图像目标	可见光强度	短波红外强度	可见光偏振	长波红外偏振	融合
1km 处教学楼	2.03	2.08	2.11	2.14	3.06
4km 处海航大厦	1.71	2.09	2.13	2.15	2.57
5km 处电视塔	1.73	2.07	2.08	2.17	2.44

8.4.3　结果分析

可见光图像的上半部分由于雾气遮挡，无法辨识建筑物，仅仅有部分塔身及楼体可以识别。但是，相较于短波红外及长波红外偏振融合图像，近处东区主教学楼的可见光图像强度信息明显，因此需要将可见光图像的强度信息基本融合进去，从而实现远处被雾气遮挡的部分可见，同时保证近处目标的细节信息。

通过计算部分目标与背景的对比度，如塔身部分，可以发现，相较于可见光图像，融合后的塔身部分对比度提高了约 52.6%，融合后的楼体部分对比度提高了约 66%，由此可见，融合算法的运用相较于传统的、单一的目标识别具有更大的优势，因为融合算法会结合不同图像的有用信息，进而达到识别目标的目的。但是，融合算法的缺点也是显而易见的，通过融合，虽然缺陷可以互补，但是某一个优点有时可能会被均分。如图，虽然最终融合的图像对比度有所提升，但是近景，如融合后的图像的楼顶部分相较于可见光图像亮度变暗，损失了部分强度信息和目标的特征信息，通过调整合适的比例系数，可以将部分信息损失降到最低[11-14]。

通过实验结果可以看出，仅用可见光成像方法时，受雾霾天气影响严重，清晰成像距离较近，短波红外和长波红外由于波长较长，透雾霾成像能力相对较强，同时结合偏振信息，可有效提高目标成像对比度，并且具备区分自然目标和人造目标的能力。雾霾天气条件下，常规可见光强度成像探测方法仅能探测到 1km 远处的教学楼，而透雾霾成像探测仪器可以探测到 5km 远处的吉林电视塔，实现了探测距离提高 4 倍的技术指标，并且图像对比度提升 50% 以上，有效提升雾霾天气条件下目标成像识别概率。

8.5　海雾环境下多谱段偏振成像探测实验

8.5.1　实验方案

利用研制的原理样机，在海雾天气条件下，在青岛市崂山区南姜码头同时对 0.848km 处楼房、2.02km 处楼房及 6.5km 处岛屿成像，获取目标的可见光偏振、短波红外及长波红外偏振图像，将其处理后与仅采用可见光强度成像方式进行对比，测试样机成像效果。测试装置与实验现场如图 8.31 所示，实验测试目标如图 8.32 所示。

8.5.2　测试结果

2020 年 9 月 19 日，地点为青岛市崂山区南姜码头，气温为 26℃，天气晴，大气中海雾含量较低。利用研制的样机分别在 10:00、11:00、12:00 及 13:00 对目标进行成像实验，太阳高度角分别为 50°14′、52°54′、54°50′及 50°52′。利用图像处理软件分别得到可见光强度成像与可见光偏振成像、短波红外成像、长波红外偏振成像的对比度，并将四种成像方式进行对比。

图 8.31　实验现场及装置图

(a) 0.848km处近楼　　　　　　　(b) 2.02km处远楼　　　　　　　(c) 6.5km处岛屿

图 8.32　实验测试目标

1. 可见光强度成像与偏振成像对比实验

(1) 10:00 的可见光强度图像与偏振图像如图 8.33 所示。

图 8.33　10:00 的可见光强度图像与偏振图像

(2) 11:00 的可见光强度图像与偏振图像如图 8.34 所示。

图 8.34　11:00 的可见光强度图像与偏振图像

(3) 12:00 的可见光强度图像与偏振图像如图 8.35 所示。

图 8.35　12:00 的可见光强度图像与偏振图像

(4) 13:00 的可见光强度图像与偏振图像如图 8.36 所示。

(5) 不同远近目标可见光强度-偏振图像对比度随时间变化曲线如图 8.37 所示。

表 8.18 为 0.848km 处楼房对比数据表。由图 8.37(a)和表 8.18 可知，0.848km 处楼房可见光偏振目标背景对比度维持在 4.92%～6.32%，随时间变化幅度小，为 22%；可见光强度目标背景对比度维持在 1.47%～2.63%，随时间变化幅度大，为 44%。随着时间的变化，偏振比强度受太阳高度角变化影响小；可见光偏振比强

度成像对比度好，提升了 1.92～3.35 倍，因为建筑物、楼房、岛屿都是选择以天空为背景，偏振成像有效抑制大气粒子散射造成的杂散光。

图 8.36　13:00 的可见光强度图像与偏振图像

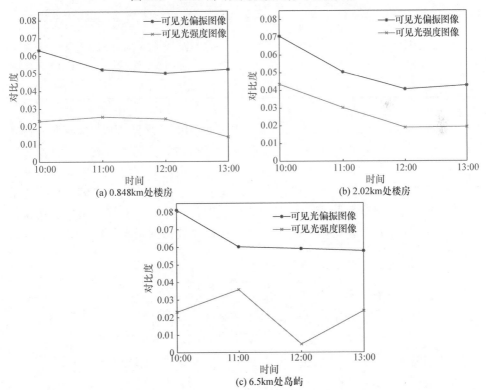

图 8.37　不同远近目标可见光强度-偏振图像对比度随时间的变化曲线

表 8.18　0.848km 处楼房对比数据表

时间	可见光偏振 目标背景对比度/%	可见光强度 目标背景对比度/%	提升倍数
10:00	6.32	2.33	2.71
11:00	5.22	2.63	1.98
12:00	5.01	2.60	1.92
13:00	4.92	1.47	3.35

表 8.19 为 2.02km 处楼房对比数据表，由图 8.37(b)和表 8.19 可知，2.02km 处楼房可见光偏振目标背景对比度维持在 4%～7.06%，随时间变化幅度为 43%，可见光强度目标背景对比度维持在 1.9%～4.34%，随时间变化幅度为 56%。可见光偏振成像比强度成像对比度好，提升了 1.32～2.25 倍，在 2.02km 处，偏振成像对大气粒子散射导致的杂散光依旧表现出了很好的抑制作用。

表 8.19　2.02km 处楼房对比数据表

时间	可见光偏振 目标背景对比度/%	可见光强度 目标背景对比度/%	提升倍数
10:00	7.06	4.34	1.63
11:00	5.04	3.02	1.67
12:00	4	1.9	1.32
13:00	4.27	1.9	2.25

表 8.20 为 6.5km 岛屿对比数据表。由图 8.37(c)和表 8.20 可知，6.5km 处岛屿可见光偏振目标背景对比度维持在 5.78%～8.12%，可见光强度目标背景对比度维持在 1.4%～3.57%,可见光强度目标背景对比度随时间变化幅度大，为 61%，可见光偏振目标背景对比度受时间变化幅度小，为 29%。可见光偏振目标背景对比度比可见光强度目标背景对比度好，提升了 2.45～4.21 倍，由于建筑物、楼房、岛屿都是选择以天空为背景，偏振成像有效抑制了大气粒子散射造成的杂散光。

表 8.20　6.5km 处岛屿对比数据表

时间	可见光偏振 目标背景对比度/%	可见光强度 目标背景对比度/%	提升倍数
10:00	8.12	2.3	3.53
11:00	6.02	3.57	1.69
12:00	5.9	1.4	4.21
13:00	5.78	2.36	2.45

综上可得出以下结论：由图 8.37(a)~(c)和表 8.18~表 8.20 可知，随着距离的增加(0.848km、2.02km、6.5km)，可见光强度成像受杂散光影响变大，偏振成像由于对杂散有抑制作用，目标背景对比度可保持在较高水平，偏振成像图像对比度好。

2. 长波红外强度成像与偏振成像对比实验

(1) 10:00 的长波红外强度图像与偏振图像如图 8.38 所示。

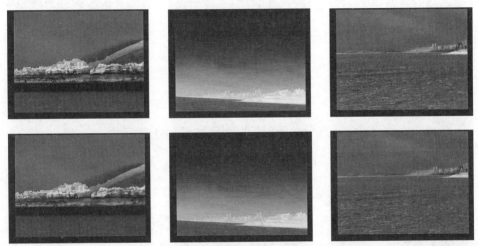

图 8.38　10:00 的长波红外强度图像与偏振图像

(2) 11:00 的长波红外强度图像与偏振图像如图 8.39 所示。

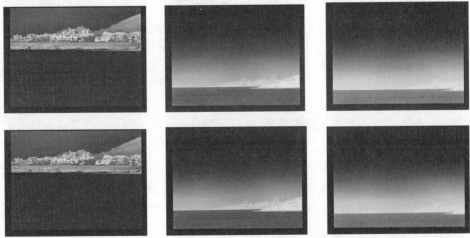

图 8.39　11:00 的长波红外强度图像与偏振图像

(3) 12:00 的长波红外强度图像与偏振图像如图 8.40 所示。

图 8.40　12:00 的长波红外强度图像与偏振图像

(4) 13:00 的长波红外强度图像与偏振图像如图 8.41 所示。

图 8.41　13:00 的长波红外强度图像与偏振图像

(5) 不同远近目标长波红外强度-偏振图像对比度随时间的变化曲线如图 8.42 所示。

表 8.21 为 0.848km 处楼房对比数据表。由图 8.42(a)和表 8.21 可知，0.848km 处楼房长波红外偏振目标背景对比度维持在 0.8%～8.2%，随时间变化幅度为 90%；长波红外强度目标背景对比度维持在 0.7%～7.8%，长波随时间变化幅度为 91%。随着时间的变化，偏振比强度受太阳高度角变化影响小；长波红外偏振目标背景对比度比长波红外强度目标背景对比度好，提升了 1.04～1.14 倍，因为建筑物、楼房、岛屿都是选择以天空为背景，所以偏振成像有效抑制了大气粒子散射造成的杂散光。

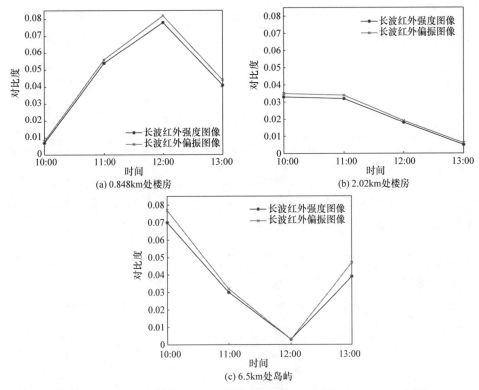

图 8.42　不同远近目标长波红外强度-偏振图像对比度随时间的变化曲线

表 8.21　0.848km 处楼房对比数据表

时间	长波红外偏振 目标背景对比度/%	长波红外强度 目标背景对比度/%	提升倍数
10:00	0.8	0.7	1.14
11:00	5.6	5.4	1.04
12:00	8.2	7.8	1.05
13:00	4.4	4.1	1.07

　　表 8.22 为 2.02km 处楼房对比数据表。由图 8.42(b)和表 8.22 可知,2.02km 处楼房长波红外偏振成像的对比度维持在 0.6%～3.5%,随时间变化幅度为 83%,可见光强度成像对比度维持在 0.5%～3.3%,随时间变化幅度为 85%。可见光偏振比强度成像对比度好,提升了 1.06～1.2 倍,但两者差距不明显,由表 8.22 可知,在 2.02km 处,偏振成像对大气粒子散射导致的杂散光依旧表现出了很好的抑制作用。

表 8.22　2.02km 处楼房对比数据表

时间	长波红外偏振 目标背景对比度/%	长波红外强度 目标背景对比度/%	提升倍数
10:00	3.5	3.3	1.06
11:00	3.4	3.2	1.06
12:00	1.9	1.8	1.06
13:00	0.6	0.5	1.2

表 8.23 为 6.5km 处岛屿对比数据表。由图 8.42(c)和表 8.23 可知，6.5km 处岛屿测试实验由于成像目标选取的是植被，而植被由于水汽蒸腾作用，相比于建筑物等人造目标偏振特性较弱，故偏振成像效果不明显。

表 8.23　6.5km 处岛屿对比数据表

时间	长波红外偏振 目标背景对比度/%	长波红外强度 目标背景对比度/%	提升倍数
10:00	7.7	7	1.1
11:00	3.2	3	1.06
12:00	0.3	0.3	1
13:00	4.7	3.9	1.2

综上可得出结论：由图 8.42(a)～(c)和表 8.21～表 8.23 可知，受温度影响，长波红外强度图像与偏振图像对比度变化趋势基本一致，但是长波红外偏振图像比强度图像目标背景对比度略高；岛屿成像目标选取的是植被，植被由于水汽蒸腾作用，相比于建筑物等人造目标偏振特性较弱，故偏振成像效果不明显。

3. 短波红外偏振成像实验

(1) 10:00 的短波红外偏振图像如图 8.43 所示。

图 8.43　10:00 的短波红外偏振图像

(2) 11:00 的短波红外偏振图像如图 8.44 所示。

图 8.44　11:00 的短波红外偏振图像

(3) 12:00 的短波红外偏振图像如图 8.45 所示。

图 8.45　12:00 的短波红外偏振图像

(4) 13:00 的短波红外偏振图像如图 8.46 所示。

图 8.46　13:00 的短波红外偏振图像

(5) 不同远近目标短波红外偏振图像对比度随时间变化趋势如图 8.47 所示。

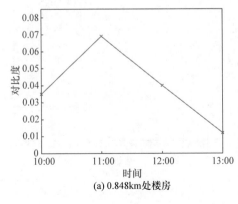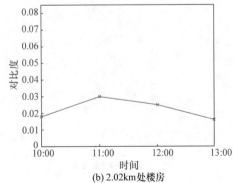

(a) 0.848km处楼房　　　　　　　(b) 2.02km处楼房

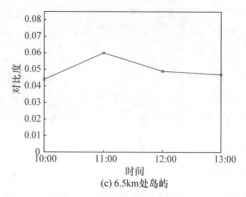

(c) 6.5km处岛屿

图 8.47　不同远近目标短波红外偏振图像对比度随时间的变化趋势

实验结果表明，11:00 时入射天顶角近似为目标的布鲁斯特角，反射光达到了最大，曲线在 11:00 处达到峰值。

8.5.3　结果分析

将上述实验结果进行分析，不同远近多维度融合图像对比度随时间的变化趋势如图 8.48 所示。

由图 8.48(a)、(b)可知，在某一时段内(10:30～13:30)，短波红外偏振、长波红外偏振比可见光偏振成像效果更好，因为波长越长，透过海雾粒子的能力越强，故短波红外偏振、长波红外偏振图像对比度越高。由图 8.48(c)可知，短波红外偏振图像对比度曲线随时间变化较平稳，而长波红外偏振图像对比度曲线随时间变化幅度大，由于短波红外偏振和长波红外偏振都有自发辐射，但短波红外偏振比长波红外偏振受温度影响弱，受自发辐射少[15-18]。另外，图 8.48(c)中长波红外偏振图像与短波红外偏振图像对比度都低于可见光，因为目标选取到的植被是自然目标，偏振度低，又因为长波红外自发辐射占偏振主要程度，而中午时刻温度较

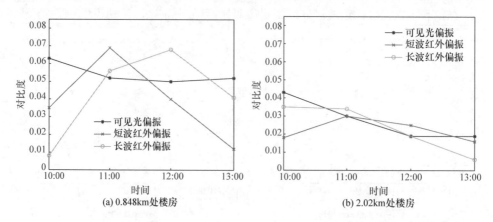

(a) 0.848km处楼房　　　　(b) 2.02km处楼房

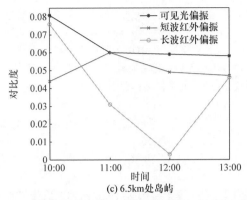

(c) 6.5km 处岛屿

图 8.48 不同远近多维度融合图像对比度随时间的变化趋势

高，植被水分蒸发，植被表面温度降低，长波红外自发辐射不高，这使得此时的植被长波红外偏振特性较弱[19-22]。

8.6 本 章 小 结

本章研制了透雾霾多谱段偏振成像探测装置，完成了雾霾和海雾环境下多谱段偏振成像探测实验。通过雾霾环境和海雾环境下目标成像外场实验，验证了红外和偏振探测手段的透雾霾成像性能，通过对可见光、短波红外、长波红外三个波段强度、偏振图像进行融合，结合融合算法，验证了多谱段偏振成像探测技术透雾霾工作距离成像能力较传统强度成像探测仪器可提高 2～4 倍。

参 考 文 献

[1] 姜会林, 付强, 段锦,等. 红外偏振成像探测技术及应用研究[J]. 红外技术, 2014, 36(5): 345-349.

[2] 付强, 姜会林, 张肃,等. 基于多谱段全偏振的透雾霾成像系统[P]. CN201410814085.7, 2016-05-11.

[3] 顾行发, 陈兴峰, 程天海, 等. 多角度偏振遥感相机 DPC 在轨偏振定标[J]. 物理学报, 2011, 60(7): 70702-1-70702-8.

[4] 宋茂新, 孙斌, 孙晓兵, 等. 航空多角度偏振辐射计的偏振定标[J]. 光学精密工程, 2012, 20(6): 1153-1158.

[5] 张海洋, 张军强, 杨斌. 多线阵分焦平面型偏振遥感探测系统的标定[J]. 光学学报, 2016, 36(11): 1128003.

[6] 杨斌, 颜昌翔, 张军强. 多通道型偏振成像仪的偏振定标[J]. 光学精密工程, 2017, 25(5):1126-1134.

[7] 汪方斌, 刘涛, 洪津. 分振幅光偏振探测系统多点定标方法[J]. 红外与激光工程, 2017, 46(5): 0517006-1-0517006-8.

[8]　王国聪，常伟军，胡博. 低轨空间目标地基偏振成像系统偏振定标方法[J]. 应用光学, 2017, 38(6): 896-902.

[9]　张海洋. 分振幅偏振成像系统定标研究[D]. 北京: 中国科学院大学, 2018.

[10]　莫春和. 浑浊介质中偏振图像融合方法研究[D]. 长春: 长春理工大学, 2014.

[11]　孙晨, 赵义武, 安衷德, 等. 油雾扩散过程中浓度对偏振激光传输特性的影响[J]. 应用光学, 2017, 38(6): 1012-1017.

[12]　赵长霞, 段锦, 王欣欣, 等. 三个任意角度与 2 个正交角度偏振图像复原实验比较[J].激光与光电子学进展, 2015, 52(10): 151-156.

[13]　陈振跃, 王霞, 张明阳, 等. 高位灰度图像假彩色显示方法研究[J]. 北京理工大学学报, 2014, 34(3): 294-298.

[14]　刘敬, 夏润秋, 金伟其, 等. 基于斯托克斯矢量的偏振成像仪器及其进展[J]. 光学技术, 2013, 39(1): 56-62.

[15]　陈立刚, 洪津, 乔延利, 等. 新型偏振特性因子及其传递关系的研究[J]. 光电工程, 2007, 34(9): 66-69.

[16]　Duan J, Fu Q, Mo C, et al. Review of polarization imaging for international military application[C]//International Symposium on Photoelectronic Detection and Imaging. International Society for Optics and Photonics, 2013: 890813-890816.

[17]　Fu Q, Jiang H, Duan J, et al. Target detection technology based on polarization imaging in the complex environment[C]//International Symposium on Photoelectronic Detection and Imaging, 2013: 89050W-1-89050W-9.

[18]　徐文斌, 陈伟力, 李军伟, 等. 采用长波红外高光谱偏振技术的目标探测实验[J]. 红外与激光工程, 2017, 46(5): 504005-1-504005-7.

[19]　王安祥, 吴振森. 光散射模型中遮蔽函数的参数反演[J]. 红外与激光工程, 2014, 43(1): 332-337.

[20]　张凯丽. 随机粗糙面光散射的后向增强效应研究[D]. 西安: 西安电子科技大学, 2015.

[21]　Gartley M G, Brown S D, Goodenough A D,et al. Polarimetric scene modeling in the thermal infrared[J]. Proceedings of SPIE, 2007, 6682(66820C): 1-2.

[22]　AndrewResnick, ChrisPerson, George Lindquist. Polarized emissivity and Kirchhoff's law[J]. Applied Optics, 1999, 38(8): 1384-1387.

第9章　高分辨多谱段偏振成像探测装置

9.1　总　体　方　案

9.1.1　组成功能

高分辨多谱段偏振成像探测装置系统组成框图如图 9.1 所示，由电源子系统、电子学子系统、光学探测子系统及伺服子系统四部分组成。其中，电源子系统用

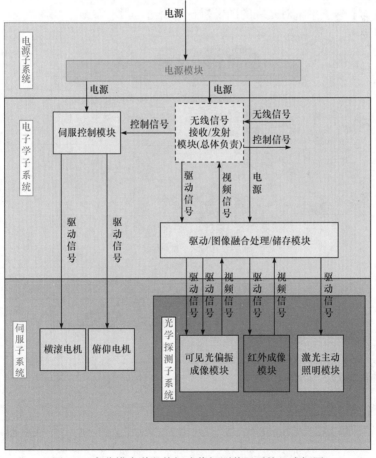

图 9.1　高分辨多谱段偏振成像探测装置系统组成框图

于对设备进行供电驱动；电子学子系统用于视频图像处理及存储；光学探测子系统用于获取目标多维信息；伺服子系统用于稳像及横滚俯仰控制。其中，光学探测子系统包括可见光偏振成像模块、红外成像模块及激光主动照明模块。可见光偏振模块用于白天获取目标可见光波段的偏振信息；红外成像模块用于在夜晚获取目标的长波红外辐射信息；激光主动照明模块用于在低照度环境下辅助照明，提升成像效果[1]。

9.1.2 工作流程

系统工作场景示意图如图 9.2 所示，具体工作流程如下：

(1) 电源子系统供电给电子学和光学探测子系统中成像及照明模块。

(2) 光学探测子系统对目标进行拍摄，获取目标可见光偏振及红外图像。

(3) 伺服子系统为光学探测子系统提供稳像及俯仰、旋转，实现扫描成像。

(4) 电子学子系统对获取的图像进行融合处理并存储。

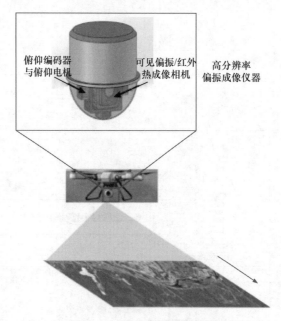

图 9.2 系统工作场景示意图

9.1.3 器件选取

1) 可见光偏振成像模块探测器

这里选用 DALSA Genie Nano 系列中 M2450 Polarized 型号探测器，可见光微偏振片探测器参数如表 9.1 所示。

表 9.1 可见光微偏振片探测器参数

指标	参数
型号	DALSA_M2450 Polarized
像元数	2448×2048
像元大小	3.45μm
帧频	34.4f/s
响应波段	400~1000nm
工作温度	−20~+60℃
尺寸	38.9mm × 29mm × 44mm
重量	46g
功耗	3.6~4.6W
电压	10~36V

可见光探测器实物如图 9.3 所示，探测器波长响应曲线如图 9.4 所示。

图 9.3 可见光探测器实物图

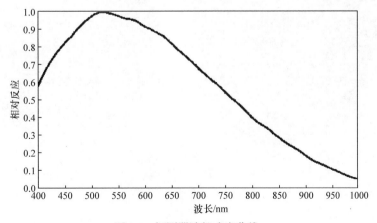

图 9.4 探测器波长响应曲线

2) 红外偏振成像模块探测器

选用某公司红外微偏振探测机芯,结合自主研发的电路和算法实现偏振成像,长波红外偏振探测器参数如表 9.2 所示。

表 9.2　长波红外偏振探测器参数

指标	参数
型号	北方广微
像元数	640 × 512
像元大小	17μm
帧频	50f/s
响应波段	8～14μm
工作温度	−40～+60℃
电压	5V
功耗	1.8W
温度分辨率	70mk
尺寸	39mm × 43mm × 47mm
重量	145g

长波红外探测器实物如图 9.5 所示，探测器波长响应曲线如图 9.6 所示。

图 9.5　长波红外探测器实物

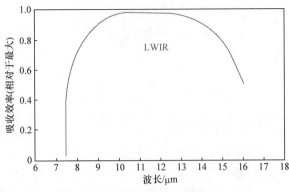

图 9.6　探测器波长响应曲线

9.1.4　指标计算

1) 可见光偏振成像模块指标计算

光学系统指标计算如下。

短焦距为

$$f_{s} = \frac{V}{2\tan(26.5°)} = \frac{7.066}{2\tan(26.5°)} = 7.086\text{mm}$$

全视场为

$$\text{VFOV} = 2\arctan\left(\frac{V}{2f_{s}}\right) = 2\arctan\left(\frac{7.066}{2\times7.086}\right) = 53°$$

物距为 3m 时的像元分辨率为

$$\sigma_{s} = \frac{d}{f_{s}}L = \frac{3.45\times3}{7.086} = 1.46\text{mm}$$

物距为 10m 时的像元分辨率为

$$\sigma_{s} = \frac{d}{f_{s}}L = \frac{3.45\times10}{7.086} = 4.87\text{mm}$$

长焦距

$$f_{L} = 2\times f_{s} = 14.172\text{mm}$$

全视场

$$\text{VFOV} = 2\arctan\left(\frac{V}{2f_{L}}\right) = 2\arctan\left(\frac{7.066}{2\times14.172}\right) = 28°$$

物距为 3m 时的像元分辨率

$$\sigma_L = \frac{d}{f_L} L = \frac{3.45 \times 3}{14.172} = 0.73\text{mm}$$

物距为 10m 时的像元分辨率为

$$\sigma_L = \frac{d}{f_L} L = \frac{3.45 \times 10}{14.172} = 2.43\text{mm}$$

偏振光学系统指标如表 9.3 所示。

表 9.3　偏振光学系统指标

参数	指标
焦距	7.086/14.172mm
F 数	1.8/2.7
视场 V	53°/28°
工作波长	486～656nm
像元分辨率	(0.73～4.87)mm/pixel
工作距离	3～10m

2) 红外偏振成像模块指标计算

红外光学系统指标计算如下。

焦距为

$$f_s = \frac{V}{2\tan(15°)} = \frac{13.933}{2 \times \tan(15°)} = 26\text{mm}\ (\text{取对角线方向全视场 } 30°)$$

全视场为

$$\text{DFOV} = 2\arctan\left(\frac{D}{2f_s}\right) = 30°$$

物距为 3m 时的像元分辨率为

$$\sigma_s = \frac{d}{f_s} L = \frac{17 \times 3}{26} = 1.96\text{mm}$$

红外光学系统指标如表 9.4 所示。

表 9.4　红外光学系统指标

参数	指标
焦距	26mm
F 数	1.1
视场 V	30°

续表

参数	指标
工作波长	8～12um
像元分辨率	1.96mm
工作距离	3m

9.2　偏振光学系统设计

1) 可见光偏振成像模块

可见光偏振成像光学系统由变焦物镜、微偏振片阵列、探测器组成。变焦物镜用于汇聚入射光，探测器将光信号转化成电信号传输给控制/图像/储存模块从而实现探测。该系统与普通成像系统的不同之处在于，系统的焦平面处设置了微偏振片阵列[2,3]。可见光偏振成像组成示意图如图 9.7 所示。

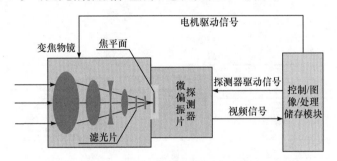

图 9.7　可见光偏振成像组成示意图

通过不断调整镜头结构参数进行优化，光学系统结构图如图 9.8 所示。优化

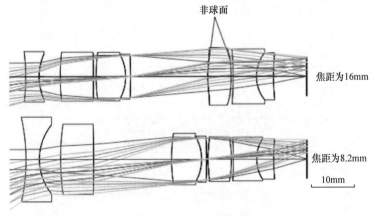

图 9.8　光学系统结构图

后的系统前组包括一个双凹透镜和一个双凸透镜；变倍组包括一个双胶合透镜和光阑；后组包括一个非球面透镜和一个双胶合透镜。系统采用两片非球面，总长小于 70mm。变焦时，光阑大小保持不变，直接移动变倍组即可，使变焦机械结构简单化。

　　光学系统调制传递函数曲线如图 9.9 所示。长、短焦调制传递函数值在奈奎斯特频率 145lp/mm 处均优于 0.38，表明光学镜头成像质量较好，满足设计要求。

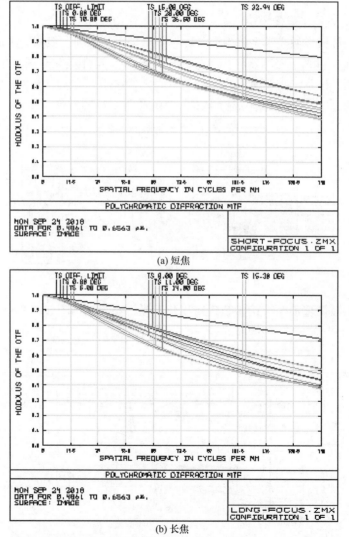

(a) 短焦

(b) 长焦

图 9.9　光学系统调制传递函数曲线

取短焦距 $f = 8.2\text{mm}$ ，飞行高度 $L = 10\text{m}$ ，探测器水平方向尺寸 $h = 8.466\text{mm}$ ，地面水平方向扫描宽度 $H = hL/f = 8.6\text{m}$ ，探测器垂直方向尺寸 $h = 7.066\text{mm}$ ，地面垂直方向扫描宽度 $H = hL/f = 8.6\text{m}$ ，因此本系统最大搜索范围为 $10.3\text{m} \times 8.6\text{m}$ 。

取长焦距 $f = 16\text{mm}$ ，飞行高度 $L = 3\text{m}$ ，探测器像元尺寸 $d = 3.45\mu\text{m}$ ，地面目标分辨率 $\sigma = 2dL/f = 1.3\text{mm}$ ，因此本系统最小地面分辨率为 1.3mm 。

光学点列图如图 9.10 所示。

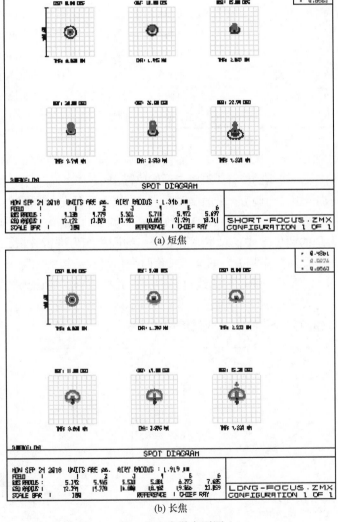

(a) 短焦

(b) 长焦

图 9.10　光学点列图

本系统物距为 3～10m，工作波段为 486～656nm，取 $\lambda = 550\text{nm}$，光学系统焦深计算公式为 $\delta = \pm 2F^2 \lambda$。本系统按物距为 10m 进行设计，对焦深进行计算。光学系统的距离离焦量如表 9.5 所示，其最大离焦量达 0.0579mm，离焦现象严重，会对偏振成像造成很大影响，因此本系统必须添加自动调焦装置。

表 9.5　光学系统的距离离焦量

物距/m	短焦/mm	长焦/mm
3	0.0107	0.0579
4	0.0069	0.0371
5	0.0046	0.0247
6	0.0030	0.0164
7	0.0019	0.0105
8	0.0010	0.0061
9	0.0003	0.0027
10	0	0

目前常用调焦方式有镜组调焦、平面反射镜调焦和像面移动调焦。镜组调焦通过调节光学系统中某一镜组的位置来调整成像的位置，该方法可通过光学系统中原本使用的镜组或附加镜组进行调节；平面反射镜调焦常用于反射式光学系统；像面移动调焦采用通过移动成像平面(一般为 CCD 或胶片)进行调整的工作方式完成调焦。

为确定合理的调焦方式，对本系统变倍组的调焦能力进行分析，在保证像面不动的条件下，得到了物距 L 与短焦、长焦时变倍组到后组的间隔 D 之间的变化关系，如图 9.11 所示。通过对曲线进行拟合，并把拟合后的调焦数据用 Matlab 仿真后，重新带入 Zemax 进行验证，得到了不同物距下，调焦后长焦、短焦的边缘视场调制传递函数变化曲线，变倍组调焦曲线如图 9.11 所示。

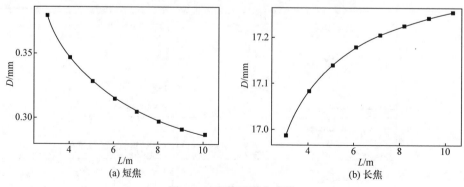

图 9.11　变倍组调焦曲线

　　结果显示，当物距改变时，通过调整变倍组位置，可实现短焦、长焦时边缘视场的调制传递函数均大于 0.37，符合成像质量要求，验证了此种调焦方式的可行性。因此，本系统可选择镜组调焦方式进行调焦，无需移动像面，无需附加镜组，通过调整变倍组的位置即可调焦，这有利于简化系统结构。调焦后物距与边缘视场的调制传递函数变化曲线如图 9.12 所示。

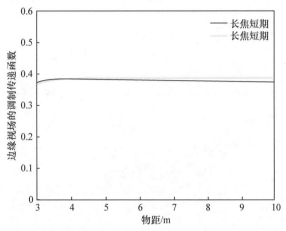

图 9.12　调焦后物距与边缘视场的调制传递函数变化曲线

　　为确定系统是否满足加工和装配公差要求，需要对镜头两个焦距位置进行公差分析。镜头公差范围如表 9.6 所示，蒙特卡罗采样计算结果如表 9.7 所示。表 9.7 列出了在此公差范围内 500 次蒙特卡罗采样计算结果，给出了调制传递函数值与累积概率的关系。图 9.13 给出了 100 次蒙特卡罗采样计算调制传递函数曲线图。可以看出在此公差范围内，短焦、长焦边缘视场的调制传递函数值均有 90% 的概率大于 0.2，成像质量满足使用要求，且此公差范围满足现有加工制造水平。

表 9.6　镜头公差范围

类型	数值
TFRN	2
TIRR	0.2
TTHI/mm	0.02
TEDX/TEDY/mm	0.01
TETX/TETY/min^{-1}	1
TIND	0.0005
TABB/%	0.5

表 9.7　蒙特卡罗采样计算结果

累积概率	短焦对应 SMTF	长焦对应 SMTF
小于 98%	0.33807270	0.34475250
小于 90%	0.38088793	0.37892367
小于 80%	0.39780968	0.39307087
小于 50%	0.42658538	0.41380696
小于 20%	0.44291031	0.42499726
小于 10%	0.44852622	0.43087436
小于 2%	0.45480252	0.43914590

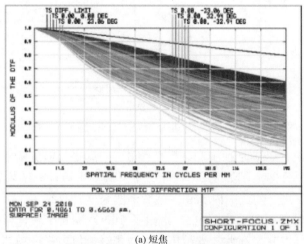

(a) 短焦

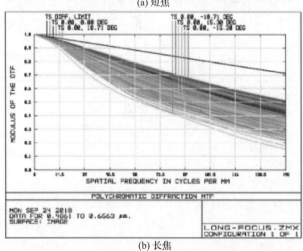

(b) 长焦

图 9.13　100 次蒙特卡罗采样计算得出的调制传递函数曲线图

2) 红外成像模块设计

红外成像模块由大相对孔径红外物镜、非制冷型长波红外探测器、控制图像处理存储模块三部分组成。其中，大相对孔径红外物镜负责收集目标红外辐射；非制冷型长波红外探测器用于将红外辐射转换成视频信号；控制图像处理存储模块用于储存视频图像。红外成像模块组成示意图如图 9.14 所示。

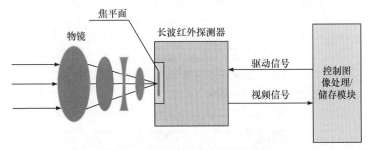

图 9.14　红外成像模块组成示意图

最终获得的红外光学系统结构如图 9.15 所示，优化后的系统由 4 片透镜组成，包括 3 个双凹透镜和 1 个双凸透镜，系统采用 3 片非球面，总长小于 40mm，全视场为 31.4°。

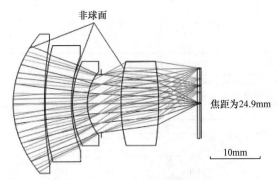

图 9.15　红外光学系统结构

取焦距 $f = 24.9\text{mm}$，飞行高度 $L = 3\text{m}$，探测器水平方向尺寸 $h = 10.88\text{mm}$，则地面水平方向扫描宽度 $H = hL/f = 1.31\text{m}$，探测器垂直方向尺寸 $h = 8.704\text{mm}$，则地面垂直方向扫描宽度 $H = hL/f = 1.05\text{m}$。因此，本系统在 3m 飞行高度时，搜索范围为 $1.31\text{m} \times 1.05\text{m}$。同时，探测器像元尺寸 $d = 17\mu\text{m}$ 时，像元分辨率 $\sigma = dL/f = 2.05\text{m}$，因此本系统在 3m 飞行高度时，搜索范围为 $1.31\text{m} \times 1.05\text{m}$，精确识别目标。

红外光学系统调制传递函数曲线如图 9.16 所示。调制传递函数值在奈奎斯特频率 30lp/mm 处均优于 0.38，并且已进行无热化处理，满足 -40~60℃ 环境温度条件下的工作需求。红外光学系统点列图如图 9.17 所示。由该图表明，红外光学镜头成像质量较好，满足使用要求。

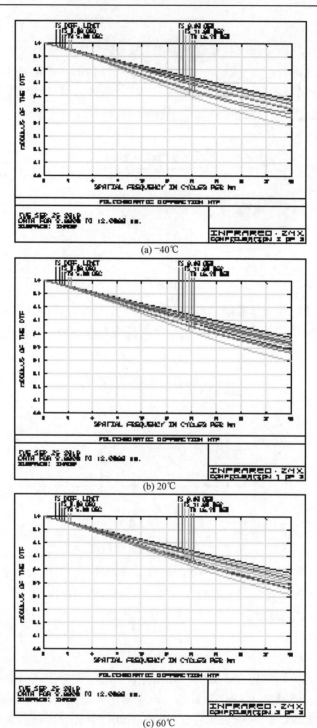

(a) −40℃

(b) 20℃

(c) 60℃

图 9.16　红外光学系统调制传递函数曲线

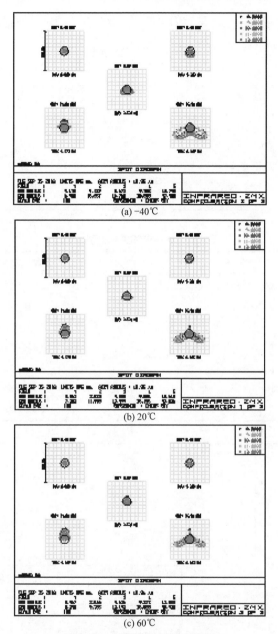

(a) −40℃

(b) 20℃

(c) 60℃

图 9.17　红外光学系统点列图

　　对镜头进行公差分析，镜头公差范围如表 9.8 所示。蒙特卡罗采样计算结果如表 9.8 所示。表 9.9 列出了镜头公差范围内，500 次蒙特卡罗采样计算结果，给出了调制传递函数值与累积概率的关系。图 9.18 给出了 100 次蒙特卡罗采样计算调制传递函数曲线图。可以看出，在此公差范围内，红外镜头边缘视场的调制传递函数值均有 98%

的概率大于 0.25，成像质量满足使用要求，且此公差范围满足现有加工制造水平。

表 9.8　镜头公差范围

类型	数值
TFRN(fringe)	2
TIRR(fringe)	0.2
TTHI/mm	0.02
TEDX/TEDY/mm	0.01
TETX/TETY/min^{-1}	1
TIND	0.0005
TABB/%	0.5

表 9.9　蒙特卡罗采样计算结果

累积概率	调制传递函数
小于 98%	0.42507648
小于 90%	0.44116866
小于 80%	0.44791353
小于 50%	0.45963731
小于 20%	0.46745739
小于 10%	0.46995569
小于 2%	0.47374214

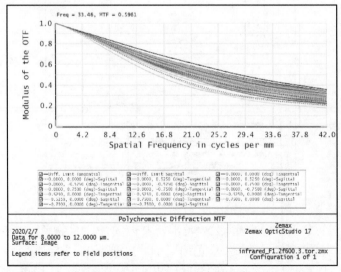

图 9.18　100 次蒙特卡罗采样计算得到了调制传递函数曲线图

9.3　仪器研制与装调测试

9.3.1　仪器研制

本节研制了可见光微偏振探测器和红外微偏振探测器，设计完成了与探测器匹配的光学镜头、搭载在无人机平台上的吊舱，完成了对系统进行整机装调及电控调试，实现了俯仰旋转和偏振成像功能。可见光偏振成像模块如图 9.19 所示，红外偏振成像模块如图 9.20 所示，伺服转台及吊舱如图 9.21 所示，控制电路如图 9.22 所示，整机装调如图 9.23 所示。

图 9.19　可见光偏振成像模块

图 9.20　红外偏振成像模块

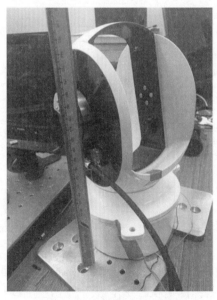

图 9.21　伺服转台及吊舱

图 9.22　控制电路

9.3.2　室内实验

搭建室内实验场景的实验光路由如图 9.24 所示，实验现场如图 9.25 所示。实验设备有偏振相机、红外相机、工业相机(可见光)、手持式测温仪，实验目标放置于土、沙土、沙的表面上。

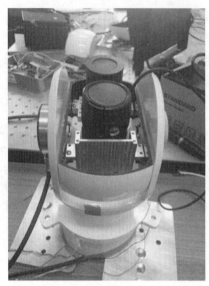

图 9.23　整机装调

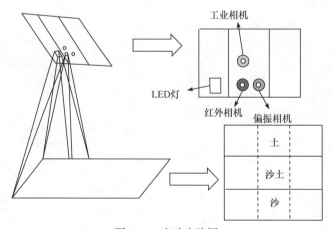

图 9.24　实验光路图

实验过程如下：

(1) 将偏振相机、红外相机、可见光相机固定在天花板上，调好光圈、焦距使成像清晰；将沙子、沙土混合物、土三种物体固定在一块木板上，分九个区域，并确定这九个区域都在三个相机的视场内；将九个区域进行无目标物的拍摄，然后获取背景的偏振角、线偏振度等图像。

(2) 摆放小刀、布、锯子、矿泉水瓶、锤子、泡沫板、剪刀、砖头、木板这九种物品，每拍一组，调换一次顺序，拍摄这九种物品在三种不同背景下的三幅图像。

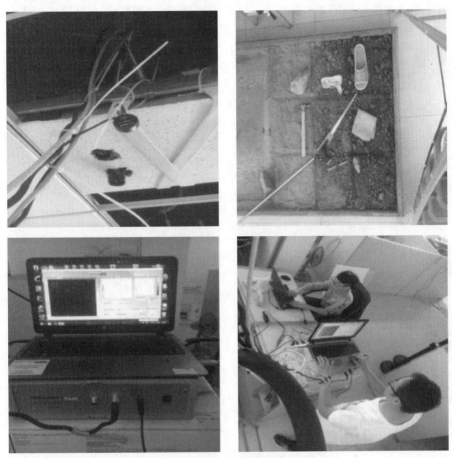

图 9.25　实验现场

(3) 替换目标物品，摆放肉、骨头、锯子、石头、拖鞋、布、钢管、小刀、锤子九种物品，每拍一组，调换一次顺序，拍摄这九种物品在三种不同背景下的三幅图像。分别在三个目标区域摆放子弹头、小刀、遥控器，拍摄微小物体在三个相机下的图像。在背景上加上大量的草进行遮挡，获取目标物体在有遮挡物情况下的图像。分为白天的自然光照和夜晚的 LED 灯照射两种情况进行拍摄，在每次偏振成像时，分别转换 670nm、532nm 和 450nm 三种滤光片进行成像。

将 Salsa 偏振相机拍摄结果与多谱段偏振成像装置结果进行对比，Salsa 相机在 670nm 谱段的偏振处理图如图 9.26 所示，Salsa 相机 532nm 谱段的偏振处理图如图 9.27 所示，Salsa 相机 450nm 谱段的偏振处理图如图 9.28 所示。

　　以上结果表明，670nm 波段在探测远距离目标时具有一定优势，在距离目标物体较近时，532nm 波段偏振成像效果明显。因此，本实验仅分析了 532nm 波段滤光片采集的强度图像与偏振图像成像效果。采用微偏振阵列相机进行拍摄，微偏振片相机偏振处理图如图 9.29 所示，强度图像与偏振融合图像对比图如图 9.30所示，可以看出，偏振融合图像比强度图像的对比度要高。

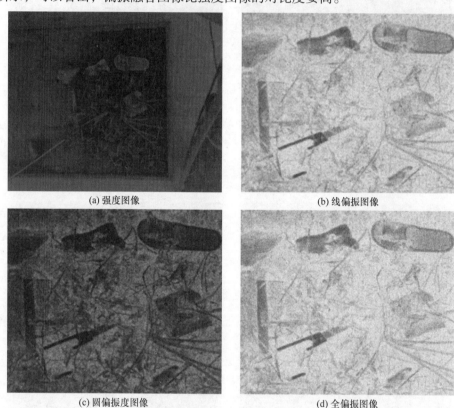

(a) 强度图像　　　　　　　　　　　　　　　　(b) 线偏振图像

(c) 圆偏振度图像　　　　　　　　　　　　　　(d) 全偏振图像

图 9.26　Salsa 相机 670nm 偏振处理图

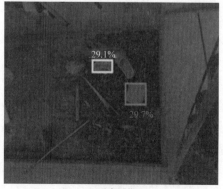

(a) 强度图像　　　　　　　　　　　　　　　　(b) 线偏振图像

(c) 圆偏振度图像　　　　　　　　　　(d) 全偏振图像

图 9.27　Salsa 相机 532nm 偏振处理图

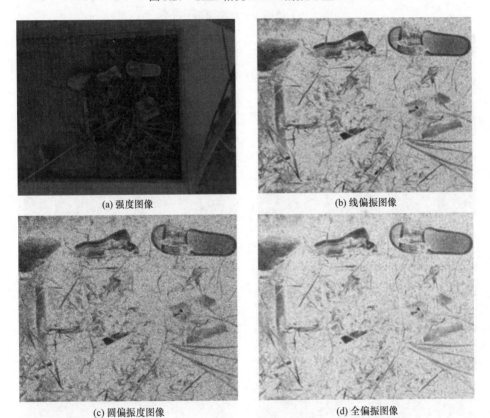

(a) 强度图像　　　　　　　　　　(b) 线偏振图像

(c) 圆偏振度图像　　　　　　　　　　(d) 全偏振图像

图 9.28　Salsa 相机 450nm 偏振处理图

9.3.3　室外实验

2020 年 6 月 18 日 10:00～18:00，在吉林省长春市朝阳区长春理工大学南区草坪开展了伪装物识别实验。目标物为涂有绿色喷漆的 1m × 1.2m 大小的钢板，目标处在带树阴的绿色草坪上。实验将目标物伪装于绿色草坪中，对目标物方向进行实时拍摄，实验获取的图像如图 9.31 所示，从图中可以看出图像对比度提升了 5.0961 倍。

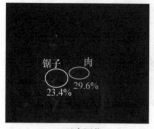
(a) 强度图像

(b) 偏振角图

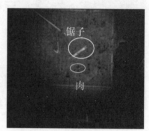
(c) 偏振度图

图 9.29　微偏振片相机偏振处理图

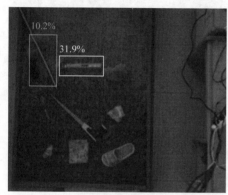
(a) 强度图像

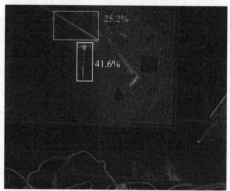
(b) 偏振融合图像

图 9.30　强度图像与偏振融合图像对比图

(a) 强度图像

(b) 融合图像

图 9.31　强度图像和融合图像

为了展现实验效果，这里对不同时段、不同靶标地平角偏振图像进行采集并统计，不同时段、不同靶板地平角偏振效果如图 9.32 所示。

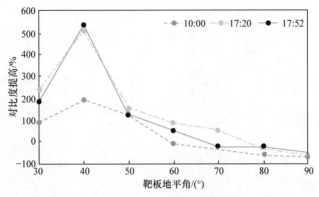

图 9.32　不同时段、不同靶板地平角偏振效果

由图 9.32 可知，在 30°～50°目标的对比度提升 100%以上，对比度效果明显，表明本探测装置能够对大范围目标进行高对比图像和伪装识别，实现了偏振成像系统快速发现伪装目标的效果。

9.4　外场挂飞与实验结果

9.4.1　外场挂飞实验

本节开展了外场挂飞实验，对高分辨多谱段偏振成像装置进行实验验证，计算了原始图像、偏振图像及偏振角图像的对比度以及不同物证的偏振度值。实验地点为吉林省长春市朝阳区长春理工大学南区，实验时间为 2019 年 9 月 18 日 10:00～11:00，天气晴朗，试验时外场环境温度约为 10℃，风速约为 3m/s。选取 20m×20m大小的区域放置试验目标，区域地理位置图如图 9.33 所示，试验现场如图 9.34 所示。

图 9.33　区域地理位置图

图 9.34　实验现场

实验样品规格统计如表 9.10 所示。实验样品摆放方式如图 9.35 所示，实验物证细节图如图 9.36 所示。

表 9.10　实验样品规格统计

实验样品	长×宽/cm²	材质	颜色
刀	29.7×2.0	钢、橡胶	主体白色，刀柄黑色
锯	36.0×2.4	钢、橡胶	主体白色，握柄红色 + 黑色
铁棒	71.5×1.5	钢	白
绿毛巾	28.5×28.5	棉纺	绿
组件工具	30.0×1.5	钢	白
螺丝刀	20.0×0.8	钢、橡胶	主体白色，握柄绿色 + 黄色
遥控器	10.8×4.8	塑料、橡胶	白

实验仪器如图 9.37 所示，包括实验挂飞用无人机、高分辨率偏振成像仪器、便携式工作站图及便携式图像无线传输信号基站。

在室外，利用六旋翼无人机挂载研制的高分辨偏振成像仪器，对多种物证样品在不同飞行高度下进行连续拍摄采集，实时获取长波红外图像、可见光偏振图像、偏振角图像。对拍摄到的图像进行提取，利用软件对获取的图像进行处理，计算得到目标对比度和偏振度，通过分析原始图像和偏振图像的对比度验证仪器在外场实际使用时的性能，为后续仪器改进提供依据。

首先在草坪上摆放各种物证，打开多谱段偏振成像系统，预热 5 分钟，通过控制电脑终端对物证发现偏振成像系统进行连接，并进行简单调试。组装无人机后，将无人机载新型物证快速发现偏振成像系统与其固定，进而起飞，无人机同时在电脑控制终端观测系统成像质量，检测一切无误后，保持在 3m 飞行高度。采用无人机载新型物证快速发现偏振成像系统对多种物证样品进行连续拍摄采集，对地面进行大视场高分辨实时偏振成像，无人机载新型物证快速发现偏振成像系统中含有的 PC 端对获取大量长波红外、可见光原始图像的灰度图像进行实时存储。与此同时，利用录屏软件对控制电脑终端软件采集到的偏振度、偏振角及各技术伪彩效果图进行截取。由于红外线的波长较长，在夜晚 LED 灯光照不足的情况下，红外相机仍可以正常观测目标。但是，由于肉、骨头等目标内部及表面温度较低，在红外相机下显示为黑色，而遥控器、螺丝刀、铁棍等目标自身温度较高，在红外相机下显示为白色。通过实验测量发现，随着目标物体温度的不同，当物体表面温度由低到高变化时，红外相机成像依次显示为黑色、灰色、灰白色、白色。

图 9.35　实验样品摆放方式

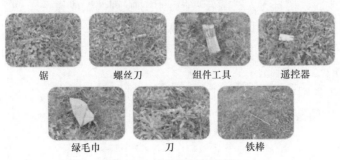

图 9.36　实验物证细节图

(a) 实验挂飞用无人机

(b) 高分辨率偏振成像仪器

(c) 便携式工作站图

(d) 便携式图像无线传输信号基站

图 9.37　实验仪器

　　在夜间观察时，由于光强不足、对比度差及可见光波长短的问题，存在观测效果差甚至不能正常工作的情况时，可以采用红外相机成像观测目标。因为红外相机是被动接受目标自身的红外热辐射，所以无论白天还是黑夜均可以正常工作，并且不会暴露自身所在位置。

　　实验完成后，挑选无人机载新型物证快速发现偏振成像系统 PC 端存储的图像后进行解偏处理，进而利用软件对解偏后的偏振度及偏振角图像进行处理，得到各物证的对比度和偏振度，多次计算取平均值，将其与原始图像的对比度进行对比分析，最终得出结论。

　　实验结果如图 9.38 所示，(a)图为可见光工业相机强度图像与目标的对比度，(b)图为可见光偏振图像与目标的对比度，(c)图为可见光偏振角图像与目标的对比度。

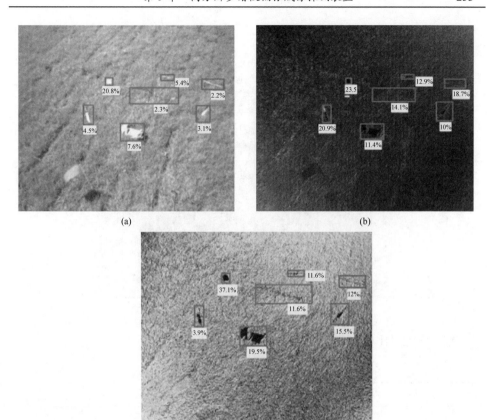

(a)　　　　　　　　　　　　　(b)

(c)

图 9.38　实验结果

可见光偏振成像计算结果如表 9.11 所示。

表 **9.11**　可见光微偏成像计算结果

物体	原图对比度	偏振图像对比度	偏振角图像对比度	偏振度
刀	0.045	0.209	0.039	0.088
铁棒	0.023	0.141	0.116	0.418
绿毛巾	0.076	0.114	0.195	0.478
遥控器	0.208	0.235	0.371	0.392
锯	0.031	0.100	0.155	0.084
组件工具	0.022	0.187	0.120	0.114
螺丝刀	0.054	0.129	0.116	0.076

长波红外图像如图 9.39 所示。

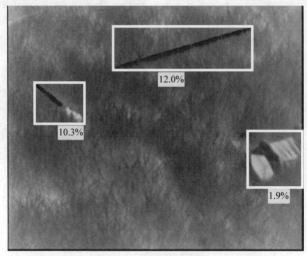

图 9.39　长波红外图像

红外图像对比度如表 9.12 所示。

表 9.12　红外图像对比度

物体	对比度
刀	0.103
短棒	0.120
毛巾	0.019

通过实验可得出以下结论:物证偏振图像的对比度远大于物证原图的对比度,表明偏振成像系统可以实现快速发现新型物证的效果。金属类的物证,如刀、铁棒,它们的偏振图像相对倍数比较大;塑料类的物证,如遥控器,它的偏振相对倍数比较小;表面光滑的物体,如短棒,它的偏振相对倍数比较大;表面粗糙的物体,如毛巾,它的偏振相对倍数比较小。以上表明,物体的偏振对比度和自身材料及表面是否光滑有关。

由表 9.11 可以发现,材质不同、表面粗糙光滑程度不同及对光的吸收不同都会对偏振度产生影响。

2020 年 10 月 20 日,在长春理工大学内开展了更多物品的挂飞实验,无人机距地面飞行高度为 3m,实验目标为小刀、短铁棒、长铁棒、遥控器、锉、短扳手、长扳手、长螺丝刀、短螺丝刀、塑料壳、铁盒、水果刀、肉、子弹壳、锤子。实验目标图如图 9.40 所示,实验现场图如图 9.41 所示。

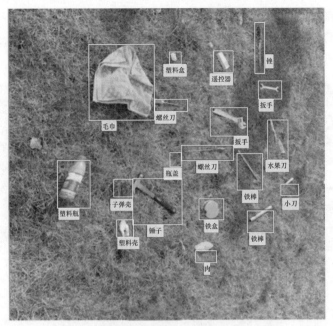

图 9.40 实验目标图

图 9.41 实验现场图

实验方法同前,对可见光强度图像、偏振图像、偏振角图像进行采集,具体结果如图 9.42 所示。

9.4.2 实验结果分析

为了验证本仪器工作在波长为 0.4～0.96μm 和 8～12μm 时,获取物证目标图像经增强及融合处理后对比度较强度成像提高 20%，选取背景区域和目标区域进行对比度计算，得出目标平均灰度值，将各图像目标平均灰度值代入偏振度公式，得出物证偏振度。

(a) 可见光强度图像

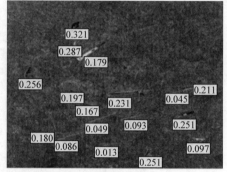
(b) 可见光偏振图像

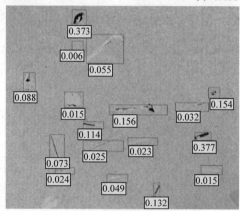
(c) 可见光偏振角图像

图 9.42　实验结果图

$$\mathrm{DOP} = \frac{\sqrt{Q^2 + U^2 + V^2}}{I}$$

$$偏振图像相对倍数 = \frac{偏振图像对比度 - 原始图像对比度}{原始图像对比度}$$

$$偏振角图像相对倍数 = \frac{偏振角图像对比度 - 原始图像对比度}{原始图像对比度}$$

当偏振图像或偏振角图像相对倍数大于 20%时，即完成相关指标。

1) 室内静态实验结果分析

依据微偏振片采集的强度图像与偏振图像计算了目标的对比度，结果如表 9.13 所示。

表 9.13　不同目标对比度结果分析

物体	强度图像对比度/%	偏振图像对比度/%	偏振图像相对倍率/%
肉	29.6	41.8	41.2
锯	23.4	89.2	281
钢管	10.2	25.2	147
锤子柄	31.9	41.6	30

通过室内静态实验可以看出,经过偏振图像增强及融合处理后的物证目标对比度得到了显著提升,无论是探测人造物体还是非人造物体,偏振图像较强度成像对比度均可提高 20%。当探测目标为金属时(如锯、钢管等),偏振成像对比度提升量远大于非金属目标(锤子柄、肉、布等),因此采用本仪器可以有效且快速实现物证发现。

2) 外场挂飞实验结果分析

第一次外场挂飞实验选用 7 种物证目标,分别计算了不同目标原图对比度、偏振图像对比度、偏振角图像对比度、偏振图像相对倍率、偏振角图像相对倍率、偏振度。计算结果如表 9.14 所示。

表 9.14　不同目标对比度计算结果

物体	原图对比度	偏振图像对比度	偏振角图像对比度	偏振图像相对倍率/%	偏振角图像相对倍率/%	偏振度
刀	0.045	0.209	0.039	364.44	−13.33	0.088
铁棒	0.023	0.141	0.116	513.04	404.34	0.418
毛巾	0.076	0.114	0.195	50.00	156.58	0.478
遥控器	0.208	0.235	0.371	12.98	78.37	0.392
锯	0.031	0.100	0.155	222.58	400.00	0.084
短棒	0.022	0.187	0.120	750.00	445.45	0.114
螺丝刀	0.054	0.129	0.116	138.89	114.81	0.076

第二次外场挂飞实验增加了物证目标,不同目标对比度计算结果如表 9.15 所示。

表 9.15　不同目标对比度计算结果

物体	原图对比度	偏振图像对比度	偏振角图像对比度	偏振图像相对倍率/%	偏振角图像相对倍率/%	偏振度
小刀	0.071	0.167	0.114	135.21	60.56	0.124
短铁棒	0.068	0.180	0.073	164.71	7.35	0.179
长铁棒	0.013	0.049	0.025	276.92	92.31	0.149
遥控器	0.242	0.251	0.377	3.72	55.79	0.301

续表

物体	原图对比度	偏振图像对比度	偏振角图像对比度	偏振图像相对倍数/%	偏振角图像相对倍数/%	偏振度
锉	0.011	0.097	0.015	781.81	36.36	0.132
短扳手	0.131	0.251	0.132	91.6	0.76	0.111
长螺丝刀	0.020	0.086	0.024	330.00	20.00	0.114
短螺丝刀	0.021	0.045	0.032	114.29	52.38	0.106
塑料壳	0.292	0.321	0.373	9.93	27.73	0.116
铁盒	0.138	0.197	0.015	42.75	89.13	0.141
水果刀	0.021	0.093	0.023	342.86	9.52	0.142
肉	0.201	0.256	0.088	27.36	56.22	0.154
子弹壳	0.034	0.287	0.006	744.12	82.35	0.379
长扳手	0.142	0.231	0.156	62.67	9.85	0.125
锤子	0.173	0.179	0.055	3.47	68.21	0.253
水果刀鞘	0.011	0.013	0.049	18.18	345.45	0.251

由两次外场挂飞实验可以看出，在室外真实物证搜寻环境下，物证目标经过偏振图像增强及融合处理后对比度得到显著提升，对比度提升量均优于20%。

3) 总结

在复杂条件下目标探测识别及处理方面，相对于传统的强度成像，偏振图像具有明显的优势，获取到的偏振图像可从复杂背景中凸显目标；而且偏振图像对纹理较为敏感，在强度成像中难以发现的纹理细节在偏振图像中可以很好地显现。通过对比室内静态试验与外场挂飞实验可以看出，本仪器工作在波长为 0.4～0.96μm 和 8～12μm 时，获取的人造物证目标图像经增强及融合处理后对比度较强度成像提高20%，满足响应指标，实现了偏振成像系统快速发现新型物证的预期效果，可快速区分并识别物证目标。因此，运用偏振成像探测技术可以获取复杂背景中目标的偏振矢量信息，进而提高复杂条件下目标偏振图像对比度、清晰度，增加目标偏振图像的信息量，在应用上可以改善目标探测成像质量、提高探测精度、增加探测距离等，在复杂场景下为及时发现目标提供有效的手段[4-7]。

9.5　本章小结

本章研制了高分辨率多谱段偏振成像仪器，用偏振、红外、可见光三种相机进行了静态实验，在白天和黑夜灯光下摆放九种物品并用 Salsa 拍摄背景的偏振角、线偏振度等图像，并分析了 532nm 滤光片采集的强度图像与偏振图像的成像效果。开展了室内静态实验与两次外场挂飞实验，将高分辨率偏振成像仪器与传统强度相机性能做对比，结果证明偏振成像仪器在复杂环境下对目标的探测识别及处理方面具有明显优势，实现了通过偏振成像系统快速发现新型物证且快速区分并识别物证的目标。

参 考 文 献

[1] 尹骁. 物证搜寻中无人机载双波段偏振成像技术研究[D]. 长春: 长春理工大学, 2019.

[2] 赵劲松. 偏振成像技术的进展[J]. 红外技术, 2013, 35(12): 743-750.

[3] 李淑军, 姜会林, 朱京平, 等. 偏振成像探测技术发展现状及关键技术[J]. 中国光学, 2013, 6(6): 803-809.

[4] 张海洋, 李颐, 颜昌翔, 等. 分时偏振光谱测量系统的起偏效应校正[J]. 光学精密工程, 2017, 25(2): 325-333.

[5] 罗海波, 刘燕德, 兰乐佳, 等. 分焦平面偏振成像关键技术[J]. 华东交通大学学报, 2017, 34(1): 8-13.

[6] 张朝阳, 程海峰, 陈朝辉, 等. 伪装遮障的光学与红外偏振成像[J]. 红外与激光工程, 2009, 38(3): 424-427.

[7] 王玲妹, 高隽, 谢昭. 光的地表反射偏振特性分析及空间偏振模式计算方法[J]. 中国科学: 物理学力学天文学, 2013, 43(7): 833-843.